教育部高等学校计算机类专业教学指导委员会-华为ICT产学合作项目
物联网实践系列教材

华为信息与网络
技术学院指定教材

物联网
应用技术
（智能家居）

IoT Application Technology
(Smart Home)

方娟 陈锬 张佳玥 易涛◉编著

人民邮电出版社
北京

图书在版编目（CIP）数据

物联网应用技术 ：智能家居 / 方娟等编著. -- 北
京 ：人民邮电出版社，2021.1（2024.2重印）
物联网实践系列教材
ISBN 978-7-115-53361-6

Ⅰ. ①物… Ⅱ. ①方… Ⅲ. ①互联网络－应用－住宅
－智能化建筑－教材②智能技术－应用－住宅－智能化建
筑－教材 Ⅳ. ①TU241-39

中国版本图书馆CIP数据核字(2020)第021266号

内 容 提 要

本书详细讲解了物联网应用技术（智能家居）领域涉及的基本概念、基础理论和开发技术。全书分为3篇，分别为基础篇、技术篇和开发篇，共8章，分别介绍了智能家居概述、传感与控制技术、短距离无线通信技术、智能化技术、智能家居企业平台与生态、智能家居单品、集成开发环境，以及智能家居系统开发样例。本书将理论讲解与实际操作相结合，由华为提供行业实际案例和实训项目，配套资源丰富，适合教学。

本书适合作为应用型本科及职业院校物联网相关专业的教材，也可供参加HCNA、HCDA认证的读者自学参考。

◆ 编　　著　方　娟　陈　锬　张佳玥　易　涛
责任编辑　桑　珊
责任印制　王　郁　马振武
◆ 人民邮电出版社出版发行　　北京市丰台区成寿寺路11号
邮编　100164　　电子邮件　315@ptpress.com.cn
网址　https://www.ptpress.com.cn
固安县铭成印刷有限公司印刷
◆ 开本：787×1092　1/16
印张：13.75　　2021年1月第1版
字数：291千字　　2024年2月河北第5次印刷

定价：49.80元

读者服务热线：(010)81055256　印装质量热线：(010)81055316
反盗版热线：(010)81055315
广告经营许可证：京东市监广登字20170147号

教育部高等学校计算机类专业教学指导委员会-华为 ICT 产学合作项目
物联网实践系列教材

专家委员会

主　任	傅育熙	上海交通大学
副主任	冯宝帅	华为技术有限公司
	张立科	人民邮电出版社有限公司
委　员	陈　钟	北京大学
	马殿富	北京航空航天大学
	杨　波	临沂大学
	秦磊华	华中科技大学
	朱　敏	四川大学
	马华东	北京邮电大学
	蒋建伟	上海交通大学
	卢　鹏	华为技术有限公司
秘书长	刘耀林	华为技术有限公司
	魏　彪	华为技术有限公司
	曾　斌	人民邮电出版社有限公司

丛书序一 FOREWORD

5G 网络的建设与商用、NB-IoT 等低功耗广域网的广泛应用推动了以物联网为核心的新技术迅猛发展。当前物联网在国际范围内得到认可，我国也出台了国家层面的发展规划，物联网已经成为新一代信息技术重要组成部分，物联网发展的大趋势已经十分明显。2018 年 12 月 19 日至 21 日，中央经济工作会议在北京举行，会议重新定义了基础设施建设，把 5G、人工智能、工业互联网、物联网定义为“新型基础设施建设”。物联网正在推动人类社会从“信息化”向“智能化”转变，促进信息科技与产业发生巨大变化。物联网已成为全球新一轮科技革命与产业变革的重要驱动力，物联网技术正在推动万物互联时代的开启。

我国在物联网领域的进展很快，完全有可能在物联网的某些领域引领潮流，从跟跑者变成领跑者。但物联网等新技术快速发展使得人才出现巨大缺口，高校需要深化机制体制改革，推进人才培养模式创新，进一步深化产教融合、校企合作、协同育人，促进人才培养与产业需求紧密衔接，有效支撑我国产业结构深度调整、新旧动能接续转换。

从 2009 年开始到现在，国内对物联网的关注和推广程度都比国外要高。我很高兴看到由高校教学一线的教育工作者与华为技术有限公司技术专家联合成立的编委会，能共同编写“物联网实践系列教材”，这样可以将物联网的基础理论与华为技术有限公司相关系列产品深度融合，帮助读者构建完善的物联网理论知识和工程技术体系，搭建基础理论到工程实践的知识桥梁。华为自主原创的物联网相关核心技术不仅在业界中得到了广泛应用，而且在这套教材中得到了充分体现。

我们希望培养具备扎实理论基础，从事工程实践的优秀应用型人才，这套教材就很好地做到了这一点：涵盖基础应用、综合应用、行业应用三大方向，覆盖云、管、边、端。系列教材体系完整、内容全面，符合物联网技术发展的趋势，代表物联网领域的产业实践，非常值得在高校中进行推广。希望读者在学习后，能够构建起完备的物联网知识体系，掌握相关的实用工程技能，未来成为优秀的应用型人才。

中国工程院院士　倪光南

倪光南

2020 年 4 月

丛书序二 FOREWORD

随着 5G、人工智能、云计算和区块链等新技术的应用发展，数字化技术正在重塑这个世界，推动着人类走向智能社会。这些新技术与物联网技术交织、碰撞和融合，物联网技术将进入万物互联的新阶段。

目前，我国物联网正加速进入新阶段，实现跨界融合、集成创新和规模化发展。人才是产业发展的基石。在工业和信息化部编制的《信息通信行业发展规划物联网分册（2016—2020 年）》中更是强调了需要“加强物联网学科建设，培养物联网复合型专业人才”。物联网人才培养的重要性，可见一斑。

华为始终聚焦使用 ICT 技术推动各行各业的数字化，把数字世界带入每个人、每个家庭、每个组织，构建万物互联的智能世界。华为云 IoT 服务秉承“联万物，+智能，为行业”的理念，发展涵盖芯、端、边、管、云的 IoT 全栈云服务，携手行业伙伴打造 AIoT 行业解决方案，培育万物互联的黑土地，全面加速企业数字化转型，助力物联网产业全面升级。

随着产业数字化转型不断推进，国家数字化人才建设战略不断深入，社会对 ICT 人才的知识体系和综合技能提出了更高挑战。健康可持续的 ICT 人才链，是产业链发展的基础。华为始终坚持构建良性人才生态，激发产业持续活力。2020 年，华为正式发布了“华为 ICT 学院 2.0”计划，旨在联合海内外各地的高校，在未来 5 年内培养 200 万 ICT 人才，持续为 ICT 产业输送新鲜血液，促进 ICT 产业的欣欣向荣。

教材建设是高校人才培养改革的重要举措，这套教材是学术界与产业界理论实践结合的产物，是华为深入高校物联网人才培养的重要实践。在此，请让我向本套教材的各位作者表示由衷的感谢，没有你们一年的辛勤和汗水，就没有这套教材的输出！

同学们、朋友们，翻过这篇序言，你们将开启物联网的学习探索之旅。愿你们能够在物联网的知识海洋里，尽情遨游，展现自我！

华为公司副总裁　云 BU 总裁　郑叶来

郑叶来

2020 年 4 月

前言 PREFACE

“物联网+人工智能”（IoT+AI）技术的发展与融合，正在推动越来越多的智能家居产品走进千家万户。智能家居蕴含着巨大的市场潜力，是消费类物联网最大的细分市场之一。据互联网数据中心（Internet Data Center，IDC）预计，到 2023 年，智能家居产品出货量将增长至 16 亿台。近年来，与智能家居相关的设备制造商和互联网科技企业大量涌现，社会对智能家居行业人才的需求量急剧增加。

本书由长期从事物联网及智能家居领域科研和教学的教师编写，内容选取和组织有利于教学的实施。全书共 8 章，分为基础篇、技术篇和开发篇，从 3 个方面对智能家居的基本概念、基础理论和开发技术进行深入的讲解。

基础篇即第 1 章，重点阐述智能家居的系统组成、主要特征、发展现状和当前标准，使读者对智能家居建立初步的、整体的认识。技术篇包括第 2～4 章，详细讲解用于数据感知和家庭设施自动化控制的传感与控制技术、用于数据交互和指令传输的无线通信技术，以及用于实现智能家居系统真正“智能化”的信息领域前沿技术，通过对智能家居系统的执行、传输和决策 3 个部分的讲述来加深读者对系统关键理论和技术的理解和掌握。开发篇包括第 5～8 章，主要介绍智能家居系统开发技术，实用性和可操作性强，是本书的主要特色之一。开发篇的编写注重系统性和完整性，涵盖云、管、端全方位的智能家居开发相关内容；同时，将理论讲解与实际操作相结合，配合以华为 HiLink 云平台、智能家居 App 为主线的开发样例介绍智能家居开发架构、方法及流程。通过学习本篇内容，读者将对智能家居云平台的格局及其生态有全面的了解，对智能家居终端的功能、特点及未来发展趋势有精准的把握，形成领先的智能家居设计理念，具备从设计到实现、从平台到终端、从硬件接入到 UI 设计全套的智能家居开发能力。

本书结构清晰、知识全面、实战性强、图文并茂，旨在满足相关专业的教学需求，在智能家居产业蓬勃发展的趋势中，培养具备良好工程实践能力和应用创新能力的高素质人才。建议全书授课学时数为 32 学时。

本书由方娟、陈锬、张佳玥、易涛编著，其中第 1 章和第 4 章由方娟编写，第 2 章和第 3 章由陈锬编写，第 5～8 章由张佳玥编写，易涛负责书中案例的编写和整理。同时，本书第 4 章的编写得到了马傲男、于婷雯、李凯、李宝才、魏泽琳等多位研究生同学的帮助，一并表示感谢。全书由方娟统编全稿。

前言 PREFACE

本书的编写得到了华为技术有限公司的技术支持，尤其是刘耀林、魏彪、罗静等的大力协助，在此表示衷心的感谢！

智能家居正处在发展阶段，产品标准尚未统一，并且限于编者的水平，书中难免存在疏漏与不足，敬请专家和广大读者不吝赐教。

编　者

2020 年 2 月

目 录 CONTENTS

基础篇

技术篇

开发篇

基础篇

第 1 章 智能家居概述

01

学习目标

① 了解智能家居的发展现状与未来发展趋势。
② 了解智能家居与物联网、云计算、大数据、人工智能等信息化技术的关系。
③ 掌握智能家居的系统组成与主要特征。

随着物联网技术的不断发展，传统的普通家居形式已经无法满足现今的万物互联及智能化的需求，家居设计者迫切需要更具现代化、更加智能的家居新模式。智能家居的出现，在实现家居正常功能的前提下，增加了许多新特性，极大地满足了居住者的需求。本章将对智能家居的系统组成、主要特征、发展现状及当前标准进行详细讲解。

1.1 智能家居的相关概念

1.1.1 智能家居的基本概念

智能家居是以住宅为平台，通过物联网技术将与家居生活有关的设施连接到一起，以实现智能化的生态系统。智能家居系统通常具有智能灯光控制、智能电器控制、安防监控、智能背景音乐控制、智能视频共享、可视对讲和家庭影院等功能。这些功能共同提升了家居的安全性、便利性、舒适性、艺术性，并提供了环保节能的居住环境。

1.1.2 智能家居与物联网

早期的智能家居系统价格昂贵、安装复杂、操作烦琐，这些弊端限制了智能家居在普通用户中的普及，但是物联网时代给予了智能家居新的生命力。

物联网通过无线射频识别（Radio Frequency Identification，RFID）、传感器、全球定位系统等设备按约定的协议把任意物品与互联网连接起来，进行信息交换和通信，以实现智能化识别、感知、定位、监控和管理。物联网融合了电子技术、控制技术、计算机和网络通信技术。智能家居是一种典型的物联网应用。物联网时代智能家居系统示意图如图 1-1 所示。

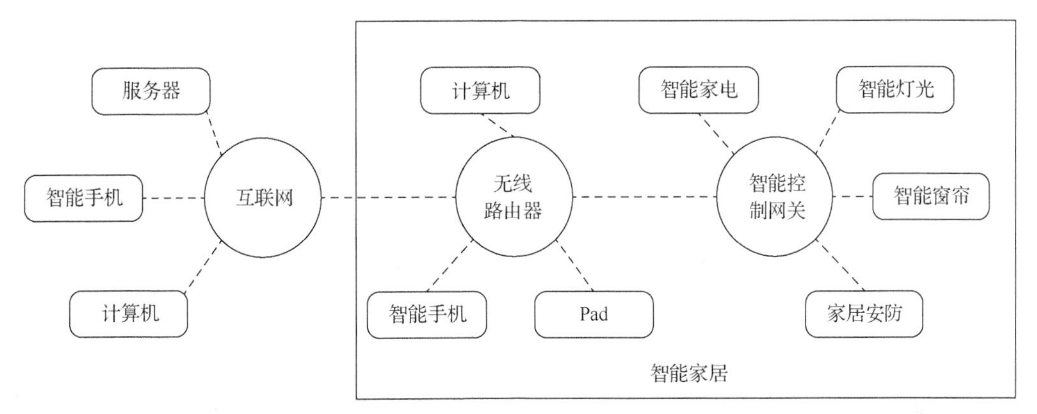

图 1-1 物联网时代智能家居系统示意图

从概念上来说，物联网的发展重新定义了智能家居，把智能家居从“数字家庭”升级到“智慧家居”。物联网技术的出现，对智能家居的市场空间、发展方向、产业规模等进行了拓宽和延伸，给智能家居带来了第二次“生命”。

1.1.3 智能家居与云计算、边缘计算

智能家居所有的功能都建立在互联网与移动互联网的基础上。它通过各类传感器采集相关信息，并对这些信息进行分析和反馈来实现相关的功能。智能家居的“智能化”在很大程度上建立在良好的硬件基础上，要求极大的存储容量和计算能力，仅靠个人计算机存储成本过高。云计算能够提供低成本的计算资源，目前已得到广泛应用。生活中智能化的设备通常需要相应的云计算基础设施为用户提供服务。

然而，现有的云计算是一种集中式的服务，资源集中在“云”中，这种模式并不能完全满足智能家居系统的稳定性和实时性的要求。例如，在网络出现故障时，由于智能单品的联动逻辑是在“云”上的，所以联动设备很容易失控；而对响应速度要求严格的智能设备，如灯光设备，一点点的延时就会使用户体验大打折扣。

将资源分散化，在用户的邻近区域为用户提供服务的计算模式作为一种发展趋势，被认为更适合物联网的发展需求。这种计算模式称为边缘计算，主要特点是提供一种数据就近处理的计算服务。边缘计算内的逻辑在云计算上备份，使智能设备产生的数据在本地进行处理，设备之间的联动通过局域网内的边缘计算实现，同时实现边缘计算的控制与云计算的控制同步，这样可以解决云计算效率低、体验差的问题。目前，边缘计算已被广泛运用于智能家居领域，并已经有了很多实际应用案例。

1.1.4 智能家居与大数据、人工智能

随着信息技术的飞速发展，人类活动产生的数据量空前地增长，各类设备对数据的处理速度也在迅速地提升，大数据时代已经到来。大数据技术促进了很多行业的技术革新，人们的家居方式也依托数据处理不断地朝着数据化、网络化的方向发展。除了传统家居的一些基本功能之外，智能家居能够让人们对家中物品的使用情况了解得更加详细，同时也能更方便地远程控制家居物品。

同时，智能家居的发展与当前计算机领域中的热门话题——人工智能技术也息息相关。随着人工智能（Artificial Intelligence，AI）技术的发展，智能家居也正在从最初的无须人工干预的“自动化”逐渐发展为真正的“智能化”。智能音箱就是人工智能技术在智能家居中的典型应用。它不仅能播放音乐，而且能基于语音识别技术将用户的语音指令转化为系统内部控制指令，并能够实现与用户的语音交互。用户只要发出几个简单的语音指令，就可以体验到智能家居的多项功能，如音乐播放、灯光调节等，这极大地提高了系统操作的便捷程度。

伴随着全球性产业转移的浪潮，我国目前已成为家电产品的出口大国和全球主要供应商。在智能家居解决方案方面，目前我国与世界领先水平保持同步，甚至在某些领域还具有领先优势。随着人工智能技术的快速发展，以及人民群众对高水平家居生活追求的不断提高，可以预见，智能家居产业将进入快速发展阶段。据业内估计，2020 年，我国智能家电销售收入将突破千亿关口，达到 1 015 亿元。

1.2 智能家居系统的组成与主要特征

智能家居系统通过在家庭环境中实现自动化和智能化，给用户提供舒适、便利和安全的家居环境。一个典型的智能家居系统应包括传感器、安装在家电或其他家庭设施中的嵌入式系统、通信网络系统、控制中心和人机交互系统。

1.2.1 传感器

智能家居系统中的传感器，类似于人的眼睛、鼻子和耳朵等感觉器官，用来监测家居环境中的各种信息，为控制系统的决策提供数据支持。

传感器一般由敏感元件、转换元件和调节电路 3 部分组成。敏感元件用于感知外部的温度、湿度、光照度和气体浓度等被测物理量；转换元件将感知到的信息转换成电信号；调节电路进一步调整该信号以便于记录、存储、传输和显示，并将其输出给信息系统。智能传感器是传感器的一个新的发展方向。通过将计算、存储和通信器件集成在传感器中，智能传感器能够提高测量精度和稳定性等方面的性能。本书的 2.1 节将详细介绍传感器的定义、分类和工作原理。

传感器是实现智能家居系统自动化控制的基础，并已得到广泛应用。例如，温湿度传感器可测量住宅内各个房间的温湿度值，控制中心可分析这些数值并根据结果发出指令，打开或关闭空调、加湿器等电器设备；光照传感器可检测室内的光照值，智能家居系统由此可根据用户的设定及时调节灯光亮度和窗帘的打开或关闭；烟雾和可燃气体传感器可通过检测烟雾和气体浓度来实现火灾的防范，是消防系统的重要组成装置；玻璃破碎探测器可根据声音和振动来探测家居中的窗户玻璃是否被敲击震碎，配合人体红外探测器和安防监控摄像头，可为用户提供一个安全的家居环境。

1.2.2　嵌入式系统

为了将传统的家用电器和其他家庭设施合理地纳入智能家居系统中，接受统一的管理和控制，需要使用嵌入式技术将一台微型计算机和相应的执行装置安装在电器或设施内部，用来接收控制中心的指令，并经过逻辑运算和数据处理，将指令转换为该电器或设施本身的操作，从而完成指令的执行。

嵌入式系统是一种特殊的计算机系统，没有独立、统一的外观，而是根据设备和应用的需要嵌入在设备内部以起到计算、处理、存储和控制的作用。一般来说，嵌入式系统由嵌入式硬件系统和嵌入式软件系统两部分组成。嵌入式硬件系统包括嵌入式处理器、外围电路和外部设备。嵌入式处理器包括嵌入式微处理器（Microprocessor Unit，MPU）、微控制器（Microcontroller Unit，MCU）、数字信号处理器（Digital Signal Processing，DSP）；外围电路包括各式存储器（RAM、ROM、FLASH）、时钟电路、各种 I/O 接口电路、调试接口等；外部设备包括各种存储卡（CF、SD 卡）、LCD 屏、触摸屏、键盘等。嵌入式软件系统包括嵌入式操作系统（Windows CE、VxWorks、嵌入式 Linux、Android、μC/OS-Ⅱ等）和应用软件。本书的 2.2 节和 2.3 节将进一步介绍微控制器和嵌入式系统。

与通用计算机系统相比，嵌入式系统具有小型化、成本低、功耗低、可靠性高等特点，目前已被广泛应用在工业控制、电子消费等领域。嵌入式系统是实现智能家居自动化控制的核心。智能家居通过嵌入式系统将家中的各种设备连接到一起，可以提供家电控制、照明控制、窗帘控制、电话远程控制、室内外遥控、防盗报警等多种功能。

1.2.3　通信网络系统

1. 无线技术

智能家居通信中，无线技术和有线技术各有优势，视客户情况而定。目前没有一种真正意义上的、国际标准化的、用于智能家居和智能照明的通信技术。比较常用的无线技术有以下 5 种。

（1）紫蜂（ZigBee）技术。紫蜂技术适用于自动控制和远程控制领域，可以嵌入各种设备。其特点是传播距离近、功耗低、成本低、数据速率低、可自组网、协议简单、安全性有保障。

（2）蓝牙（Bluetooth）技术。蓝牙技术是一种可使电子设备在 10～100 m 的空间范围内建立网络连接并进行数据传输或语音通话的无线通信技术。其优点是功耗低、传输速率快、建立连接速度快、稳定性好、安全性高，缺点是传输数据包文件量小、设备连接数量少。

（3）Wi-Fi。Wi-Fi 是一种允许将电子设备连接到一个无线局域网的技术，是一种支持数据、图像、语音和多媒体且输出速率高的无线传输技术。Wi-Fi 功耗低，传输速率可达 54 Mbit/s，理想传输距离可达 100 m，安全性相对较低。

（4）红外（IrDA）技术。红外技术是新一代手机的标准配置，它支持手机与计算机及其他数字设备进行数据交流。红外通信有着成本低廉、连接方便、简单易用和结构紧凑的特点，因此在小型移动设备中获得了广泛的应用。

（5）HomeRF 无线标准。HomeRF 无线标准的目的是在家庭范围内，使计算机与其他电子设备之间实现无线通信。它是对现有无线通信标准的综合和改进，当进行数据通信时，采用 IEEE 802.11 规范中的 TCP/IP 传输协议；当进行语音通信时，则采用数字增强型无绳通信标准。

智能家居中常用的无线通信技术将在本书第 3 章进行详细介绍。

2．有线技术

智能家居中比较常用的有线（总线）技术主要是现场总线。现场总线是近十年中蓬勃发展起来的新生事物，在实际工程应用中体现出了其强大的生命力。控制网必将沿着现场总线方向发展，现场总线技术也将是控制网技术的核心。现场总线控制网的每个现场控制单元具有数字处理和双向高速通信的能力，采用分散控制的方式，其网络规模大且具有高度的稳定性。常用的现场总线有以下 4 种。

（1）RS-485 总线。RS-485 总线是被广泛采用的总线型网络结构。它的总线节点数有限，使用标准 485 收发器时，单条通道的最大节点数为 32 个；传输距离较近（约 1.2 km）、传输速率低（300 bit/s～9.6 Kbit/s）、传输可靠性较差；对于单个节点，电路成本较低、设计容易、实现方便、维护费用较低。

（2）CAN（Controller Area Network）总线。CAN 总线是一种支持分布式控制和实时控制的对等式现场总线网络。其网络特性包括使用差分电压传输方式，总线节点数有限。使用标准 CAN 收发器时，单条通道的最大节点数为 110 个。它的传输速率范围是 5 Kbit/s～1 Mbit/s，传输介质可以是双绞线和光纤等，任意两个节点之间的传输距离可达 10 km。在目前已有的几种现场总线方式中，CAN 总线具有较高的性能价格比。

（3）LonWorks 总线。LonWorks 总线是由美国 Echelon 公司于 1991 年推出的一种全面的现场总线测控网络，又称为局部操作网（Local Operating Netwok，LON）。LonWorks 技术具有完整的开发控制网络系统的平台，包括所有设计、配置安装和维护控制网络所需的硬件和软件。LonWorks 网络的基本单元是节点，一个网络节点包括神经元芯片（Neuron Chip）、电源、收发器和有监控设备接口的 I/O 电路。我国智能建筑界对 LonWorks 技术的开发与应用起步于 20 世纪90年代中期，与国外大公司对该技术的开发与应用基本上是同步的，现已初步形成适合我国国情的产品系列。

（4）CC-Link 总线。CC-Link 总线是三菱电机推出的开放式现场总线。其数据容量大，有多级通信速度可选择。它是一个以设备层为主的网络，同时也可覆盖较高层次的控制层和较低层次的传感层。一般情况下，CC-Link 一层网络可由 1 个主站和 64 个从站组成。网络中的主站由 PLC（Programmable Logic Controller，可编程逻辑控制器）担当，从站可以是远程 I/O 模块、特殊功能模块。它带有 CPU（Central Processing Unit，中央处理器）和 PLC 本地站、人机界面、变频器及各种测量仪表、阀门等现场仪表设备，可实现从 CC-Link 到 AS-I 总线的连接。CC-Link 具有较高的数据传输速率，最高可达 10 Mbit/s。CC-Link 的底层通信协议遵循 RS485 标准。一般情况下，CC-Link 主要采用广播—轮询的方式进行通信。CC-Link 也支持主站与本地站、智能设备站之间的瞬间通信。2005 年 7 月，CC-Link 被中国国家标准化管理委员会批准为中国国家标准指导性技术文件。

1.2.4　控制中心

控制中心是智能家居系统的重要组成部分。从智能家居系统内部来看，控制中心是传感信息汇聚的枢纽、逻辑计算和数据处理的平台、控制指令发布的中心。由于接入智能家居系统的各种家电和设施会通过不同的网络技术使用不同的网络协议传输不同格式的数据，所以控制中心应是一台具有多种无线网络接入功能、具有一定计算能力和存储空间的主机，能够在异构的环境下完成整个系统的检测和控制。

控制中心还是智能家居系统与外部网络进行信息交换的接口。用户可以在住宅内部通过控制中心检索互联网中的各种信息，也可以在出门的时候，通过外部网络接入智能家居信息，进行对家居状态的查询和控制。因此，控制中心还应具备连接外部网络的功能。

从长远来看，随着信息技术的发展，单独的智能家居系统会作为一个组成单元融入更广阔的智能平台中，其控制中心的部分功能会迁移到云计算平台，并且借助大数据、云计算和人工智能技术，通过使用更丰富的计算和信息资源，在智能家居内部实现真正的智能化。在不久的将来，电影《流浪地球》中空间站的慕斯这样的智能管理者也会出现在智能家居中，作为管家甚至朋友、家人，为用户提供更便捷的服务。智能化是智能家居的一个重要发展方向，在本书第 4 章，将详细介绍实现智能化所需的云计算、大数据和人工智能等技术。

1.2.5　人机交互系统

人机交互系统在智能家居系统中起着非常重要的作用，交互的高效性和可用性将直接影响智能家居系统的用户体验。早期的智能家居人机交互系统延续了工业控制中的基于触摸屏的方式。随着智能手机的出现和普及，手机交互成为目前最常见的智能家居交互方式。与传统的交互方式相比，手机交互能够通过安装相应的手机 App 实现远程控制和定时开关等功能，极大地提高了操作的便捷性和高效性。语音交互也越来越多地出现在成熟的智能家居商业产品中，是继手机等触控交互后的另一种发展趋势，也成为未来最被看好的人机交互方式之一。从长远来看，语音交互、体感交互及触控交互等多种交互模式并行的多模态交互将得到全面发展。通过采集跟踪人脸、手势、姿态、语音等用户信息，并在对其进行理解和处理之后将其转换为用户操作，多模态交互将会极大地提升用户的交互体验。

1.2.6 智能家居的主要特征

智能家居具有以下主要特征。

1. 安装简单性

智能家居的系统可以简单地进行安装，而不必破坏建筑，不必购买新的电器设备，系统完全可与家中现有的电器设备，如灯具、电话和家电等进行连接。各种电器及其他智能子系统既可在家操控，也能进行远程控制。

2. 功能可扩展性

智能家居的系统功能具备可扩展性，因此能够满足不同用户的需求。例如，最初，用户的智能家居系统只可以与照明设备或常用的电器连接，而随着智能家居的发展，将来也可以与其他设备连接，以适应新的智能生活需要。为了满足不同类型、不同档次、不同风格的用户的需求，智能家居系统的控制主机还可以在线升级，控制功能也可以不断完善，除了实现智能灯光控制、家电控制、安防报警、门窗控制和远程监控之外，还能拓展出其他的功能，如喂养宠物、看护老人和小孩、浇灌花园等。

3. 服务便利性

智能家居最基本的目标是为人们提供一个舒适、安全、方便和高效的生活环境。对智能家居产品来说，最重要的是实用，摒弃那些华而不实、只能充当摆设的功能，产品以实用性、易用性和人性化为主。在设计智能家居系统时，应根据用户对智能家居功能的需求，整合最实用、最基本的家居控制功能，包括智能家电控制、智能灯光控制、电动窗帘控制、防盗报警、门禁对讲、煤气泄漏报警等，同时还可以拓展三表抄送、视频点播等服务增值功能。

4. 系统可靠性

整个建筑的各个智能化子系统应能 24 小时运转，系统的安全性、可靠性和容错能力必须予以高度重视。对各个子系统，在电源、系统备份等方面采取相应的容错措施，保证系统正常安全使用，质量、性能良好，具备应付各种复杂环境变化的能力。

5. 操作多样性

智能家居的操作方式多样化，可以用智能触摸屏进行操作，也可以用情景遥控器进行操作，还可以用手机进行操作，没有时间和空间的限制，可以在任何时间、任何地点对任何设备实现智能控制。例如照明控制，只要按几下按钮就能调节所有房间的照明；情景功能可实现各种情景模式；全开全关功能可实现所有灯具的一键全开和一键全关等。

6. 规格一致性

智能家居系统的智能开关、智能插座与普通电源开关、插座的规格一样，可直接代替原有的墙壁开关和插座。假设新房装修时采用的是双线智能开关，则多布一根零线到开关即可。智能家居产品规格一致性的另一个重要体现是，普通电工看着简单的说明书就能组装完成整套智能家居系统。

1.3 智能家居的发展现状

早在 1995 年，美国和新加坡等国家就已经开始着手研发智能家居，并对其进行大量的市场推广。到目前为止，全世界智能家居使用率最高的国家是美国，其次则是日本、德国等。随着智能家居的推广，智能家居的市场也在不断扩大，截止到 2016 年，美国的智能家居市场容量已经达到 97 亿美元，并且以平均每年 30 亿美元左右的增长速度迅速增长，市场的总收入已经达到 9 912 万美元，家庭普及率为 5.3%左右。根据目前的发展态势估计，到 2020 年，北美地区的智能家居家庭普及率将达到 17.23%。

在国内，智能家居作为一个新兴产业，目前正处于一个导入期与成长期的临界点。尽管对于智能家居的市场消费观念还未完全形成，但随着市场推广普及的进一步落实，智能家居有着光明的市场前景。也正因如此，国内诸多智能家居生产企业越来越重视对行业市场的研究，特别是对企业发展环境和客户需求趋势变化的深入研究，一大批优秀的国产智能家居品牌正在迅速崛起，逐渐占领国内市场的主要份额。

智能家居在中国的发展经历了 5 个阶段，分别是萌芽期、开创期、徘徊期、融合演变期和爆发期。

1. 萌芽期/智能小区期（1994—1999 年）

作为智能家居产业发展的初期阶段，在这一时期，整个行业还处在一个概念熟悉、产品认知的阶段，国内还没有专业的智能家居生产厂商，只有深圳的两家从事美国 X-10 智能家居代理销售的公司，其主要客户群体为居住在中国的欧美客户。

2. 开创期（2000—2005 年）

随着智能家居产业的不断成熟，从 2000 年开始，国内先后成立了 50 多家智能家居研发生产企业，其主要集中在深圳、上海、天津、北京、杭州、厦门等城市。与此同时，智能家居的市场营销、技术培训体系也逐步建立与完善。

3. 徘徊期（2006—2010 年）

尽管智能家居产业在国内的发展十分迅速，但与此同时，国内各智能家居企业也存在着野蛮生长和恶性竞争等问题。因此，在经历了大约 5 年的快速增长后，上一阶段各企业的畸形发展也给智能家居行业带来了一定的负面影响，包括过分夸大智能家居的功能，厂商只顾发展代理商却忽略了对代理商的培训和扶持导致的代理商经营困难，产品不稳定导致的用户投诉率高等。这也导致一部分行业用户、媒体开始对智能家居的实际效果持怀疑态度。从2006年开始，智能家居市场几年来首次出现增长减缓甚至销售额下降的现象。在这一时期，大约有20家智能家居生产企业退出了智能家居市场，而其他智能家居企业，也大多经历了企业规模缩减。随着国内企业市场份额的减少，许多国外的智能家居品牌看准这一商机进入中国市场，如罗格朗、霍尼韦尔、施耐德、Control4等。

4. **融合演变期**（2011—2014年）

进入2011年以来，在房地产开始受到调控的宏观背景下，智能家居市场再次迎来了增长的势头。智能家居的放量增长说明智能家居行业的发展到达了一个拐点，即由徘徊期进入新一轮的融合演变期。之后的3～5年，智能家居产业一方面进入了一个相对快速的发展阶段，另一方面也开始互通和融合协议与技术标准，并且行业并购现象开始大量出现。

5. **爆发期**（2015年至今）

进入2015年以来，各大厂商已云集智能家居领域。尽管从产业的角度来看，业内目前还没有特别成功的案例显现，但随着越来越多的厂商介入这一领域，外界已经意识到，智能家居成为未来家居业的主流这一趋势已不可逆转。目前来看，智能家居产业在经过多年与市场的磨合后，已正式进入了爆发期。业内人士认为，2015年后，诸多智能家居企业已经开始大量产出研究成果，智能家居新品将会层出不穷，并且业内的新案例也将会越来越多。

1.3.1 运营商

近年来，随着物联网、云计算、大数据及人工智能技术的不断融合发展，尤其是5G技术的成熟，IoT（Internet of Things，物联网）迎来高速发展，智能家居产业也因此有了质的飞跃。此外，以欧瑞博为代表的无线智能家居企业崛起，持续推出科技含量更高、外观更具艺术美感、使用更便捷、价格更亲民的智能家居产品和系统，为智能家居产业的进一步发展提供可能。相关研究机构表示，2018年全球智能家居市场规模达710亿美元，其中中国市场占比达32%。

在此背景下，运营商充分利用自身在固话、宽带、移动等网络方面的优势，与技术实力雄厚的第三方品牌合作发展，形成具有竞争力的生态格局。在智能家居落地方式上，运营商巧妙地借鉴了当年苹果公司和中国联通推出iPhone合约机加速智能手机消费普及的营销思路，和智能家居供应商合作，以补贴的形式刺激消费者尝试智能家居，加速培育智能家居市场。

在当今形势下，曾经发挥过巨大作用的电信实体营业厅遭受的线上冲击越来越大。但是，随着智能家居市场潜在用户数量的空前增长，实体营业厅作为新零售模式下关键的体验入口依然具备不可替代的价值，将其升级为智慧营业厅成为关键。以湖南电信为例，其与欧瑞博合作的“智慧营业厅”开启了湖南电信零售的全新尝试，试营业第一天就吸引了大量潜在用户，单日入店人数超千人。未来，5G 商用将促使智能家居设备的互联性进一步加强，从而推动家庭 IoT 生态的建立。而随着家庭场景自动化需求的逐渐涌现，安防和控制类设备市场将迎来快速增长期，运营商将在智能控制领域的基础上涉足更多硬件领域，智能音箱或者超级智能面板市场将在运营商的推动下快速发展。

1.3.2 终端企业

中国智能家居行业在应用领域的探索十分积极，华为、小米、美的、阿里巴巴等企业都积极向这一领域进军，推出自己的智能家居平台和各种软、硬件产品，已经取得了非常显著的成果，产业联动优势正在快速凸显。由于人口规模具备明显优势，加上阿里巴巴、京东等厂商本身就有明显的渠道优势，部分硬件产品的销量已经取得了非常不错的成绩。Canalys 报道显示，在 2018 年第 3 季度，全球智能音箱销量达到 1 970 万台，同比增长 137%，其中阿里巴巴天猫精灵销量达到 220 万台，排名全球第 3，国内另一厂商小米则跻身第 4 位。

1. 阿里巴巴

天猫精灵是阿里巴巴出品的一款智能语音终端设备。作为终端消费者，第一时间想到的会是天猫精灵独有的语音购物支付功能。天猫精灵为近 400 家家电品牌、近 300 个 IoT 平台提供了语音交互入口。阿里智能家居平台支持飞利浦、美的、海尔、格兰仕、海信、志高、康佳、TCL、方太等品牌的众多家电产品，品类覆盖生活的方方面面，可连接智能设备超过 7 500 万台。上百家顶级厂商采用天猫蓝牙 mesh 秒配方案，天猫精灵模组量产后 3 个月认证注册设备超过 300 万台。

2. 酷宅

作为国内领先的一站式智能硬件方案服务商，酷宅科技已经服务了 700 多家传统制造企业，为它们带来高效、超低成本的智能化转型，在智能家居方案行业有着极好的口碑。酷宅科技是国内领先的 IoT 解决方案提供商，专注于为传统制造企业提供一站式智能解决方案，通过联网模块、“易微联”全球化云平台、App 控制端、微信公众号等核心组件，能够帮助企业大幅度降低研发成本、云平台部署成本和后期用户运营成本。

3. 紫光物联

随着物联网、人工智能、大数据等新技术的发展，智能家居从概念到落地有了更多的可能性。紫光物联作为一家专注于全屋无线智能家居系统的企业，在落地方面取得了一些成绩，目前已进行了多个大项目的落地。例如，万科杭州 3 个智能家居社区落地项目，全部采用紫光物联全屋智能家居产品。万科溪望是杭州万科打造的湿地精工排屋及洋房项目，项目配置安全防护、环境调节、能源管理 3 大紫光物联全屋智能家居系统。

4. 涂鸦智能

涂鸦智能公司成立于 2014 年，目前已成长为全球物联网平台中的佼佼者。涂鸦智能专注于智能家居领域，致力于为扫地机等家电品牌、制造商、零售商、运营商打造产品智能联网的神经系统。凭借 Plug and Play（即插即用）能力，涂鸦现已连接超过 1 亿台智能产品投放全球市场。

5. 小米

小米旗下 IoT 平台连接了上亿台智能设备，是全球最具规模的生态平台，另外，面向智能家居的人工智能开放平台获得世界互联网领先科技成果。小米已利用生态链成功进驻智能家居市场。如今，AI+IoT 已成为小米核心战略之一，构成了万物智慧互联崭新生态。小米旗下百家智能硬件生态链企业，推出涵盖家电、安防和照明等多个品类的智能硬件，覆盖家庭生活的方方面面。小米 IoT 生态平台的开放，有望加速 AI 融入家庭更多的智能设备，并基于 IoT 平台形成互通，让普通家庭可以搭建属于自己的智能家居。

6. 绿米联创

深圳绿米联创科技有限公司是一家智能家居和物联网解决方案提供商，致力于智能家居产品的研发。2014 年，由米家、顺为及世界著名投资机构注资后，绿米联创正式加入小米公司的米家生态链并同米家公司一起，从智能硬件、软件和互联网等方面着手，研发和创造智能新产品，共同推动智能产品在智能家居和物联网领域的应用和普及。

7. 海尔

海尔提供的智能家居领域全开放、全兼容、全交互的智慧生活平台是“U+智慧生活平台”（简称“U+平台”）。“U+平台”以 U+物联平台、U+大数据平台、U+交互平台、U+生态平台为基础，以引领物联网时代智能家居为目标，以用户社群为中心，通过自然的人机交互和分布式场景网络，搭建“U+智慧生活平台”的物联云和云脑，为行业提供物联网时代智能家居全场景生态解决方案，为用户提供厨房美食、卫浴洗护、起居、安防、娱乐等家庭生态体验。2017 年 3 月，海尔 U+发布 U+智慧生活 3.0 战略——U+云脑，推出以云脑升维、UHomeOS 和场景定制为核心的物联平台，让设备具备主动学习、感知和用户画像能力，进一步完善智慧生活的个性化体验，引领智能家居进入全场景智能时代。

1.3.3 互联网企业

如今，国外互联网企业在智能家居行业的布局已初具规模，它们纷纷为争夺家居场景中的控制权而战，且各有侧重。亚马逊公司以 Echo 智能音箱为入口，通过 Alexa 语音助手实现声控功能，已兼容 2 000 多个品牌的 12 000 多个智能设备；谷歌公司同样凭借智能音箱，通过“人工智能+软件+硬件”的方式与 Nest 智能家居产品融合；三星公司相继收购了 Smart Things 和 Viv Labs，在软、硬件全产业链能力中占据优势；苹果公司主要依靠开放的应用程序接口制定标准协议，通过 Home Kit 匹配互联网设备。

与国外市场的统一、单调不同，国内智能家居市场的竞争可以称得上是百家争鸣、百花齐放。除了争夺家居场景的控制权，国内互联网企业从平台、生态、社交、安全等方面对智能家居行业展开了全方面“围剿”，竞争加剧升级。

小米智能家居围绕小米手机、小米电视和小米路由器，以及小米物联网生态链企业的智能硬件产品构成了一套完整的产业闭环，其完善的智能生活体系已初见端倪。

（1）产品。以高性价比硬件为核心，递进式布局新产品和投资企业。

（2）技术。与百度公司合作，布局物联网和人工智能。

（3）渠道。利用新零售为产品“赋能”，通过利润率较低的硬件获取大量用户，再通过提供付费增值服务赚取利润。通过“全产品线”布局，小米在智能家居领域发展迅速。MIOT 平台的联网设备总量突破 6 000 万台，米家 App 日活跃用户超过 500 万。

作为人工智能的重要应用场景之一，智能家居也是百度公司布局 AI 的一场重头戏。百度收购渡鸦科技，与齐家、海尔、酷开网络等第三方合作，以智能音箱为入口，以 Duer OS 对话式 AI 系统为支撑，试图与第三方品牌合作构建开放的智能家居生态圈。目前，搭载 Duer OS 的激活设备量超过 9 000 万台，活跃设备数量超过 2 500 万台。从数据上看，百度在智能家居领域的成绩相当不错。

阿里巴巴以天猫精灵为入口，结合 AliGenie 交互系统，试图联合硬件厂商构建 AI 生态。天猫精灵上线 9 个月，销量过百万，吸引了 6 500 名开发者，上线了 356 款技能。

在布局智能家居上，腾讯公司推出微信的智能硬件接入计划和 QQ 物联开放计划，试图依靠巨大的社交用户量，与第三方厂商共同构建基于 IP 授权与物联云技术合作，打造智能家居生态体系。2018 年，微信月活跃用户突破 10 亿，QQ 月活跃用户也超过 8 亿，强大的社交网络体量是腾讯后来居上的关键。

作为 3C 电商的领头羊，京东很早就转型布局智能家居。在智能家居领域，京东发布京东微联“智慧家”战略，创立智能家居项目孵化器，联合科大讯飞推出叮咚智能音箱，并不断与第三方品牌合作扩大智能家居品类。由于布局早、执行多，京东在智能家居领域的收获较大，智能家电的销量也看涨。

自 2015 年发布 HiLink 平台以来，经过几年的探索，华为公司于 2018 年正式宣布进军智能家居市场。由于华为会把智能家居产品质量定位到和华为自有品牌同一水准，这在智能家居产品良莠不齐的今天，将使消费者多一个高品质的选择。在智能家居上，华为意在开放 HiLink 协议，通过 LiteOS 操作系统，打造开放平台，实现各品牌之间产品的互联，为用户提供一个统一管理的华为智能家居 App。

1.3.4 传统家居企业

2018 年，智能家居逐渐走入了人们的生活。除了百度、阿里巴巴、腾讯公司外，中国知名的传统家电企业海尔、格力和美的等，也加入了智能家居行业的竞争。

对于互联网企业，它们没有自己的硬件产品，所以能够调查受众的需求，创造出新产品。

亚马逊旗下智能音箱 Echo 问世后，智能音箱被视为智能家居的入口，但单就工艺和功能来说，国内的智能音箱还远达不到智能家庭主机的地位。而对于传统企业来说，硬件是必不可少的。它们对于智能产品的思考，都建立在一件件硬件实体上。传统企业的设计师想的是如何为产品插上智能的翅膀，因此，他们把 Wi-Fi 模块加入硬件，让硬件能被手机控制，形成人们普遍认为的智能家居。

通过无缝集成的智能硬件与大规模产品平台化，打造出由物业管理系统、社区 O2O 服务系统、社区 B2F 电子商务系统和社区 SNS 社交系统 4 大基本功能系统构成的智慧社区平台是智能家居产业前进的一个方向。在智能家居逐渐普及的今天，部分企业选择打造面向家庭、社区和社会性公共服务管理的智慧社区。在此发展趋势下，智能家居市场需要在智能制造上有经验、在系统功能上能自主创新、能够提供兼容性技术平台的企业。因此，传统企业与互联网企业的强强联合，是智能产业的发展趋势。传统的硬件厂商需要借助更大的平台去实现产品升级和推广，而互联网企业也需要专业的硬件生产商做好创意落地。行业在发展过程中势必要经历一系列磕磕碰碰的探索。就目前趋势来看，在风起云涌的“百箱大战”之后，新一代的行业颠覆或许马上就要到来。

1.4　智能家居的当前标准

一直以来，通信协议不统一、设备之间不互联、用户交互体验差等因素制约着智能家居市场的发展进程。但随着行业标准的陆续制定和执行，这一现象将会得到极大改善。

国家质量监督检验检疫总局、国家标准化管理委员会批准发布了《物联网智能家居 数据和设备编码》《物联网智能家居 设备描述方法》和《智能家居自动控制设备通用技术要求》3 项智能家居系列国家标准，重点在文本图形标识、数据和设备编码、设备描述、用户界面、设计内容等方面对物联网智能家居进行了详细定义和规范。该规范文件的发布，为我国智能家居提供了新的标准，进一步规范了我国智能家居市场。

随着人工智能的发展和物联网技术的普及，智能家居逐渐被人们了解和接受，目前正以燎原之势开始推广和普及，给人们带来了全新的生活方式。按照目前的发展趋势，预计在未来几年全球将有更多家庭拥有智能家居。

智能家居系列标准的出台将为智能家居产品的设计、生产、操作等方面提供技术指导，加快推动我国智能家居系列产品的产业化，为我国物联网技术在智能家居领域的广泛普及和推广提供标准化保障。

《物联网智能家居 设备描述方法》（GB/T 35134—2017）规定了物联网智能家居设备的描述方法、描述文件的格式要求、功能对象类型、描述文件元素的定义域和编码、描述文件的使用流程和功能对象数据结构。《物联网智能家居 数据和设备编码》（GB/T 35143—2017）规定了智能家居系统中各种设备的基础数据和运行数据的编码序号、设备类型的划分和设备编码规则。这两项标准适用于智能家居系统中相关设备的应用与管理。《智能家居自动控制设备通用技术要求》（GB/T 35136—2017）规定了家庭自动化系统中家用电子设备自主协同工作所涉及的通信要求、设备要求、控制要求和控制安全要求，适用于智能家居电子设备的自动控制应用。

智能家居标准的制定密切结合目前的发展现状，标准的实施将会对我国信息产业起到重要的推动作用，以上 3 项标准已于 2018 年 7 月 1 日起正式实施。

本章小结

本章首先讲解了智能家居的基本概念，然后介绍了智能家居与物联网、云计算、边缘计算、大数据和人工智能等信息化技术的关系，接下来详细地说明了智能家居系统由传感器、嵌入式系统、通信网络系统、控制中心和人机交互系统组成，并进一步讲解了智能家居的主要特征，最后对智能家居的发展现状和当前的标准进行了分类讲解。

思考与练习

1. 智能家居系统有哪些组成部分？
2. 智能家居系统有哪些特征？
3. 简述智能家居与物联网、云计算、大数据和人工智能等技术之间的关系。

技术篇

第 2 章 传感与控制技术

02

学习目标

① 了解传感器的定义、分类、性能指标和发展趋势。
② 掌握微控制器的概念和特征。
③ 熟悉 ARM Cortex-M0 微控制器的结构和特点。
④ 理解嵌入式系统的定义和特点。

智能家居系统包含各式各样的传感器和嵌入式设备，用于对家居环境的各种信息进行获取和处理。本章将对智能家居中用于感知外部信息的传感器技术和用于控制的嵌入式技术的定义、特点、分类及发展趋势进行详细讲解。

2.1 传感器

在信息技术飞速发展的今天，人与世界交互的方式发生了很大的变化。对于人来说，基本的途径是依靠自身的眼睛、耳朵、鼻子、舌头和皮肤的视觉、听觉、嗅觉、味觉和触觉来感知外部世界，然而这种基于人体本能的方式已远远不能满足当前信息技术发展的要求。传感器作为多学科融合产生的一种新技术，可被用于在更深、更广的领域采集客观世界的各种信息数据，可看作是人体感知能力在信息系统中的延伸。

传感器已经在人们的生活和工作中广泛应用，如智能家居系统中包含用于调节环境的温湿度传感器，用于照明系统的光电传感器，用于安防的红外传感器、图像传感器、气体传感器和声学传感器等；而在我们日常使用的智能手机中，也包含光电传感器、距离传感器、重力传感器、加速度传感器、指纹传感器、陀螺仪和霍尔传感器等十几种传感器。

如图 2-1 所示，传感器技术与通信技术、计算机技术一起构成了现代信息技术的 3 大支柱。

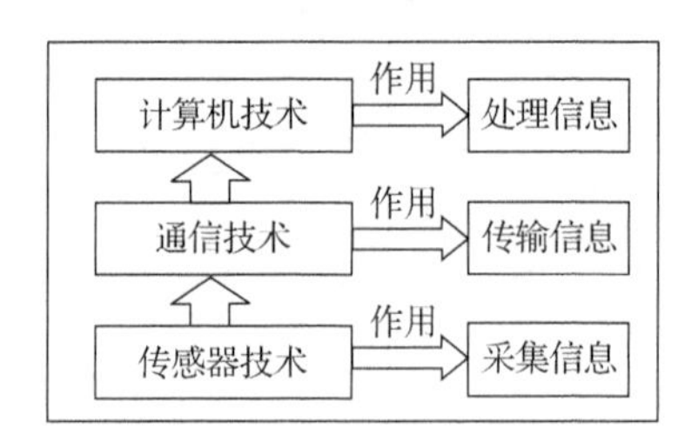

图 2-1 传感器技术、通信技术与计算机技术

传感器技术是一个多类型交叉学科，涉及物理、化学、材料、生物和电子等方向。许多基础学科的研究和创新型的应用，最大的障碍之一就是难以获取足够的信息，而一些新机理、高灵敏度传感器的出现往往会导致该领域的突破。传感器是实现真实的物理世界和逻辑的信息世界融合的基石，能够帮助人类将认知世界的行为向更广阔的领域纵深发展。

2.1.1 传感器的定义

传感器是一种特定的器件或装置，能感知和探测外部的信息，包括声音、温度、光照等物理信息，烟雾、气体浓度等化学信息，以及细菌、核酸、酶等生物信息，并将探测到的信息传递给其他器件或装置。

《传感器通用术语》（GB/T 7665—2005）对传感器的定义为：能感受被测量并按照一定的规律转换成可用输出信号的器件或装置。该定义说明传感器是由敏感元件和转换元件构成的检测装置，具有“感”和“传”两方面的基本功能，能够完成检测任务，然后将探知到的信息转换成电信号或其他预先指定的信号形式输出，便于传输、存储、处理和显示等。传感器的输出与输入之间存在确定的对应关系，并且具有一定的精确程度。在不同的技术领域中，传感器有不同的名称，如传送器、变送器、检测器和探头等。这是根据器件的用途对同一类型的器件使用不同的技术术语，而近年来已经逐渐统一使用“传感器”这一名称。

传统的传感器由敏感元件、转换元件及信号调节与转换电路 3 部分组成，如图 2-2 所示。

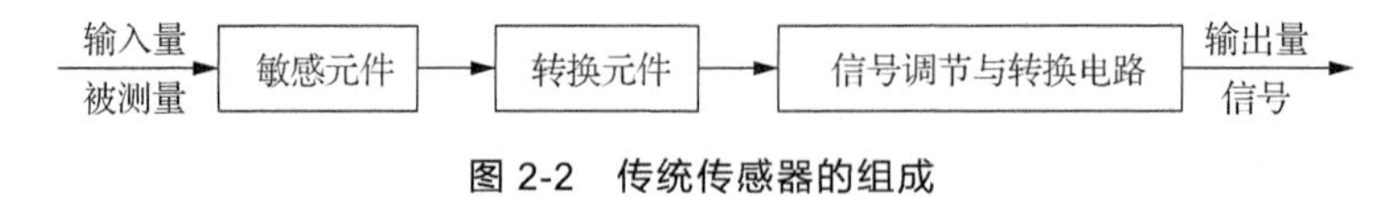

图 2-2 传统传感器的组成

敏感元件直接感受被测量，并输出与被测量成确定关系的指定的物理量；转换元件接收敏感元件的输出量，并将其转换成电信号输出；信号调节与转换电路负责信号的调节和转换，将转换元件输出的电信号转换为便于记录、存储、传输和显示的有用电信号，常用的电路有电桥、放大器、变阻器和振荡器等。

2.1.2 传感器的分类

传感器种类繁多、原理各异，同一个被测量可以使用多种技术来测量，而同一原理的传感器又可测量不同类型的物理量，因此对传感器国内外目前尚无统一的分类方法。按照被测量进行划分，传感器可分为物理型、化学型和生物型等类型；按照感知功能进行划分，传感器可分为电敏、磁敏、光敏、力敏、热敏和声敏等类型；按照信息转换原理进行划分，传感器可分为压电式、压阻式、磁阻式、热点式、光电式、电阻式、电容式和霍尔式等类型；按照敏感元件使用的材料进行划分，传感器可分为金属传感器、聚合物传感器、陶瓷传感器和混合物传感器等类型；按照输出信号进行划分，传感器可分为模拟型、数字型、膺数字型等类型；按照技术发展阶段进行划分，传感器可分为分立传感器、集成传感器和智能传感器等类型。在实践中传感器经常根据被测量、信息转换原理、使用材料和输出信号等方式进行分类。

1. 根据被测量分类

根据输入量，即被测量对象的类型，传感器可以分为物理量传感器、化学量传感器和生理量传感器 3 大类，如表 2-1 所示。这种划分方法对传感器的使用者来说直观、清晰，传感器手册的编排通常采用这种分类方法。

表 2-1　　根据被测量划分的传感器类型

物理量	力学量	压力传感器、力传感器、力矩传感器、速度传感器、加速度传感器、流量传感器、位移传感器、位置传感器、尺度传感器、密度传感器、黏度传感器、硬度传感器
	热学量	温度传感器、热流传感器、热导率传感器
	光学量	可见光传感器、红外光传感器、紫外光传感器、照度传感器、色度传感器、图像传感器、亮度传感器
	磁学量	磁场强度传感器、磁通传感器
	电学量	电流传感器、电压传感器、电场强度传感器
	声学量	声压传感器、噪声传感器、超声波传感器、声表面波传感器
	射线	X 射线传感器、β 射线传感器、γ 射线传感器
化学量	离子传感器、气体传感器、湿度传感器	
生理量	生物量	体压传感器、脉搏传感器、心音传感器、体温传感器、血流传感器、呼吸传感器、血容量传感器、体电图传感器
	生化量	酶式传感器、免疫血型传感器、微生物型传感器、血气传感器、血液电解传感器

2. 根据信息转换原理分类

传感器的信息转换原理都是基于各种物理或化学效应和定律的。根据信息转换原理分类的方法明确地体现出输入信息与输出信息之间的转换关系，如表 2-2 所示。这种划分方法便于专业人员从原理和设计上对传感器进行分析与研究。

表 2-2　　根据信息转换原理划分的传感器类型

转换原理	传感器
转换电阻	电位器式、应变式、压阻式、光敏式、热敏式
转换磁阻	电感式、差动变压器式、涡流式

续表

转换原理	传感器
转换电容	电容式、湿敏式
转换谐振频率	振动膜式
转换电荷	压电式
转换电势	霍尔式、感应式、热电偶式

3. 根据使用材料分类

在外界因素的作用下，所有材料都会做出具有特征性的反应，因此可以从中选择对外界反应最敏感的材料来制作传感器的敏感元件。根据传感器使用的材料的性质也可对传感器进行分类。按照材料的类别，传感器可分为金属传感器、聚合物传感器、陶瓷传感器和混合物传感器；按照材料的物理性质，传感器可分为绝缘体传感器、半导体传感器、导体传感器、磁性材料传感器；按照材料的晶体结构，传感器可分为单晶传感器、多晶传感器和非晶体材料传感器。

4. 根据输出信号分类

根据传感器的输出信号，传感器可分为模拟传感器、数字传感器、膺数字传感器和开关传感器等类型。模拟传感器将被测量的非电学量转换为模拟电信号；数字传感器将被测量的非电学量直接或间接地转换为数字电信号；膺数字传感器将被测量的信号量直接或间接地转换为频率信号或短周期信号；开关传感器在一个被测量的信号达到某个特定的阈值时，会相应地输出一个设定的低电平或高电平信号。

2.1.3 传感器的性能指标

一个传感器就是一个系统，因此可以用数学方程式或函数来描述传感器输出和输入的关系与特性，进而用这种关系与特性指导传感器的设计、制造、校正和使用。对于传感器的输入和输出的关系，通常从静态和动态两个方面建立数学模型来分析。

1. 传感器的静态特性

传感器的静态特性是指在输入信号不随时间变化的情况下，传感器的输出与输入量的函数关系。因为与时间无关，所以当不考虑蠕动效应和迟滞特性时，传感器的静态特性可用一个不含时间变量的多项式来表示。用于刻画传感器静态特性的主要参数有线性度、灵敏度、迟滞、重复性和分辨率等。

（1）线性度。一般情况下，传感器的镜头输出是一条曲线，可通过实际测试获得。但为了仪表刻度均匀及数据处理的方便，通常对其进行线性化处理，用一条拟合直线近似地代表实际的特性曲线。线性度，又称为非线性误差，是用来表征这个近似程度的性能指标，即输出量与输入量之间的实际关系曲线偏离直线的程度。

拟合直线是计算线性度的基准直线，因此拟合直线的选择很重要，目标应是获得最小的非线性误差。常用的拟合直线方法有理论拟合、过零旋转拟合、端点连线拟合、端点连线平移拟合和最小二乘拟合。

（2）灵敏度。灵敏度是指传感器在稳定工作的状态下，输出的变化量 y 与引起该变化量的输入变化量 x 的比值。对线性传感器而言，灵敏度就是传感器输出曲线的斜率，灵敏度为一常数，与输入量的大小无关。而对非线性传感器而言，灵敏度是一个变量，因此只能表示传感器在某一工作点的灵敏度。提高灵敏度可以获得较高的测量精度，但测量范围随之变窄，稳定性也往往减弱。

（3）迟滞。迟滞是指传感器在输入量增大（正行程）和输入量减小（反行程）区间，输入输出特性曲线不重合的程度。

（4）重复性。重复性是指传感器的输入量按同一方向做全量程连续多次测试时，所得特性曲线不一致的程度。重复性误差可用正、反行程的最大偏差表示。

（5）分辨率。分辨率是指传感器在规定的范围内所能检测输入量的最小变化量，反映了传感器检测输入微小变化的能力。

2. 传感器的动态特性

传感器的动态特性是指在输入信号是动态信号或准动态信号的情况下，传感器的输出量和输入量的函数关系。此时，输入量和输出量都是与时间有关的函数，因此动态特性通常用微分方程和传递函数描述。实际应用中，传感器的动态特性常用对标准输入信号的响应来表示。最常见的标准输入信号是单位阶跃信号和正弦信号。对于单位阶跃信号，常用阶跃响应或瞬态响应来表示传感器的动态特性；对于正弦信号，常用频率响应或稳态响应来表示传感器的动态特性。

2.1.4　智能传感器

传感器的发展历程大致可分为 3 个阶段。第一阶段为结构型传感器，以形状、尺寸等结构为基础，利用参量变化来感受信号；第二阶段为固体传感器，由半导体、电介质和磁性材料等固体元件构成，基于物理或化学效应和定律，利用材料的某些特性来感受信号；第三阶段是当前正在逐渐发展的智能传感器。

智能传感器是计算机技术、微电子技术与检测技术相结合的产物，利用 MEMS（Micro Electromechanical System，微机电系统）技术和大规模集成电路技术，将敏感元件、信号调理电路、微处理器、存储器及无线通信组件集成在一块芯片上，使传感器具备检测、自诊断、数据处理、多参量测量及网络通信等功能，实现微型化、集成化和智能化。

智能传感器的结构如图 2-3 所示，其工作原理为，传感器感受到待测信号后产生模拟信号，预处理器进一步将接收到的模拟信号转换为数字信号，微控制器随之对数字信号进行相应的计算和处理，中间结果可被保存在存储器中，或者通过通信接口与其他设备进行信息交换。智能传感器的性能更依赖于其软件开发水平，软件可以实现硬件难以完成的功能，如智能传感器自带的故障诊断软件和自检测软件能够提供自我诊断的功能，从而改善智能传感器的稳定性和测量精度等方面的性能。目前具备高精度和高分辨率的智能传感器已相继出现，如美国达拉斯半导体公司生产的集成测量系统和存储器于一体的 DS1624 传感器，其数字接口电路简单，与 I^2C 总线兼容，数字温度输出可达 13 位，精度可达到 0.03℃。

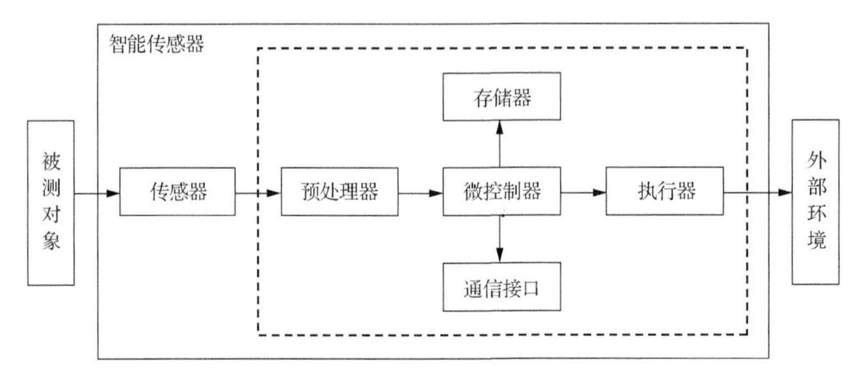

图 2-3　智能传感器结构图

与传统传感器相比，智能传感器具有的特点包括高精度、高可靠性、高稳定性、高分辨率、强自适应性和低价格。一个真正意义上的智能传感器应具有以下主要功能。

（1）自动采集数据、逻辑判断和数据处理功能。

（2）自校准、自标定和自动补偿功能。

（3）自调整、自适应功能。

（4）存储、识别和信息处理功能。

（5）双向通信、标准数字化输出或者符号输出功能。

（6）算法、判断、决策处理功能。

2.2　微控制器

2.2.1　微控制器概述

20 世纪 70 年代末出现的单片机（Single Chip Microcomputer）是集成电路技术和微型计算机技术高速发展的产物，将 CPU、存储器、I/O 接口集成在一片半导体芯片中，具有通用微型计算机的全部特征，仍属于经典的冯 • 诺依曼计算机体系结构，因而被称为单片微型计算机，简称单片机。单片机以其体积小、成本低、应用方便和稳定可靠等特点，广泛应用在工业自动化、自动检测与控制、智能仪器仪表、个人信息终端及通信产品、汽车电子和家用电器等各个领域。

为了更好地满足控制领域嵌入式应用的需求，随着技术的进步，单片机不断扩展，集成了性能更强的 CPU、容量更大的存储器和一些满足控制要求的电路单元。目前，单片机已广泛称作微控制器（Microcontroller Unit，MCU）。相比于“单片机”，“微控制器”这个名称的应用指向性更强一些。

MCU 的结构如图 2-4 所示，包括 CPU、存储器 RAM 和 ROM、并行和串行 I/O 接口、定时器/计数器、系统时钟和内部总线等组件。

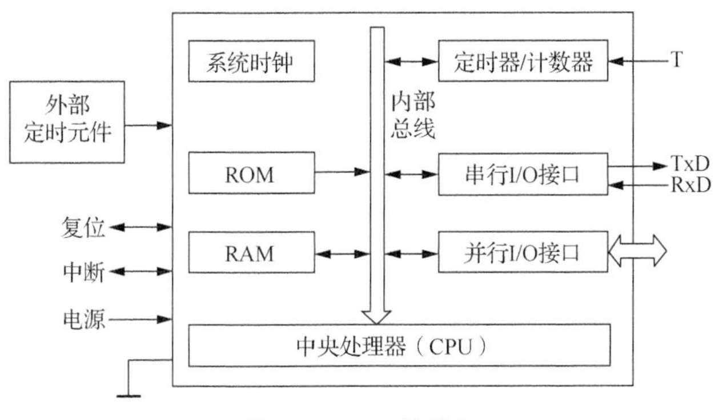

图 2-4　MCU 的结构

CPU 是微控制器的核心部件，它通常由运算器、控制器和中断电路等组成。只读存储器 ROM 一般用于存放应用程序，通常容量较大；随机存取存储器 RAM 主要用来存放实时数据，或作为数据堆栈和数据缓冲器，通常容量相对较小。总线连接片内各主要部件，是各类信息传送的公共通道，根据其性质可以分为 3 种不同类型：地址总线、数据总线和控制总线。微控制器通过 I/O 接口实现对外部电路的控制和信息交换，因此通常的微控制器包含若干个并行 I/O 接口和全双工的可编程串行 I/O 接口，而各种不同功能、不同总线的 I/O 接口也构成了不同品牌、不同类型的微控制器的主要特色。微控制器可从不同方面进行分类，如下所述。

1. 根据 CPU 处理二进制位数分类

微控制器根据 CPU 处理二进制位数可分为 8 位、16 位和 32 位机。目前常见的 MCU 包括 8 位的 MCS-51 系列、8～32 位的 PIC 系列、16 位的 MSP430 系列、8～32 位的 AVR 系列和 32 位的 ARM Cortex-M 系列。其中，Intel（英特尔）公司的 MCS-51 系列 MCU 是一款在全球范围得到广泛使用的 8 位机型。通过专利转让或技术交换，Intel 公司将 8051 内核技术转让给许多半导体芯片生产厂家，如 ATMEL（爱特梅尔）、Philips（飞利浦）等公司。技术人员常用 8051 来泛指所有这些具有 8051 内核、使用 8051 指令系统的增强型和扩展型 MCU。

2. 根据存储器与 CPU 的连接结构分类

微控制器根据存储器与 CPU 的连接结构可分为普林斯顿结构和哈佛结构两类。普林斯顿结构，即我们熟悉的冯·诺依曼体系结构，只包含一个主存储器，指令和数据都存在主存储器中，因而也只有一种访问主存储器的指令，在取指令周期从存储器中取出的二进制数才是要被执行的机器指令。普林斯顿结构如图 2-5 所示。哈佛体系结构将存储器分为两部分，分别存放指令和数据，其地址空间、访问指令及使用的总线都是不同的。哈佛结构如图 2-6 所示。可以看出，哈佛结构的 MCU 的数据吞吐率比普林斯顿结构的 MCU 大约要高一倍，具有很好的执行效率。

因此，许多 MCU 采用哈佛结构，如 Intel 公司的 MCS-51 系列、Motorola（摩托罗拉）公司的 MC68 系列、ATMEL 公司的 AVR 系列等。

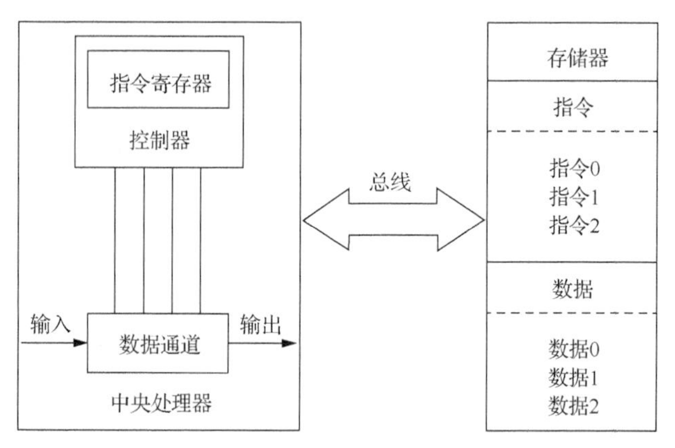

图 2-5　普林斯顿结构

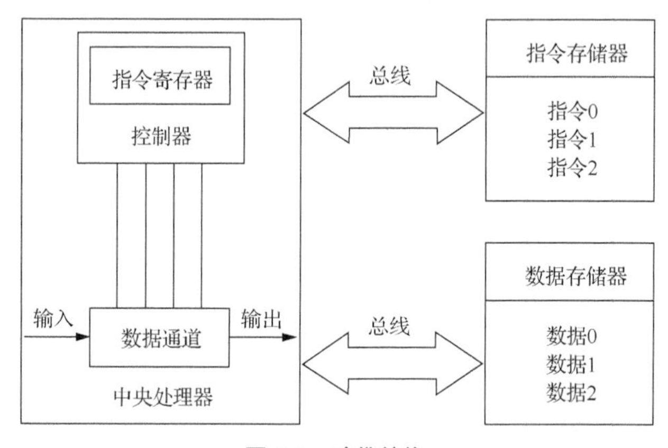

图 2-6　哈佛结构

3. **根据指令结构分类**

微控制器根据指令结构可分为复杂指令集计算机（Complex Instruction Set Computer，CISC）和精简指令集计算机（Reduced Instruction Set Computer，RISC）。

一直以来，提高计算机性能的常用方法是增加硬件的复杂性。随着集成电路技术，特别是超大规模集成电路（Very Large Scale Integration，VLSI）技术的迅速发展，硬件工程师不断增加可实现复杂功能的指令和多种灵活的编址方式，以此获得更强的计算能力。这种设计的型式被称为 CISC 结构。通常 CISC 计算机所含的指令数目在 300 条以上，有的甚至超过 500 条。Intel 公司的 MCS-51 系列 MCU 及 Motorola 公司的 68HC 系列微控制器属于基于 CISC 架构的微控制器。

但经过分析，各种指令的使用率并不相同甚至相差悬殊，使用得最频繁的是一些简单的指令，通常一个常规程序的运算所使用的 80%指令只占一个处理器包含指令数目的 20%。指令系统复杂性的增加必然造成 CISC 结构的硬件越来越复杂，造价也越来越高，同时增加了设计难度和失误的概率。为了解决这一弊端，国际商业机器（International Business Machines，IBM）公司提出了 RISC 结构的构想，即指令系统中只包含使用频率高的少量指令，同时也提供一些必要的指令以支持操作系统和高级语言。Microchip（微芯）公司的 PIC 系列微控制器、ATMEL 公司的 AVR 系列微控制器都属于基于 RISC 架构的微控制器。通过设置指令为单字长度，上述 MCU 取指令的周期缩短，且支持预取指令和流水作业，实现代码压缩，有效地提高了代码的执行速度。由于 RISC MCU 包含较少的单元电路，所以硬件结构设计更为简单，芯片面积小且功耗低。

4. 根据内嵌程序存储器分类

微控制器根据内嵌程序存储器的类别可分为掩膜、OTP、EPROM/E^2PROM 和 FLASH（闪存）。

掩膜 ROM 的写入必须在工厂进行，成本低廉，适于大批量定制，但灵活性较差，上市周期长。OTP 等其他类型的 ROM 可由用户在专用的编程器中进行写入和校验。EPROM 和 E^2PROM 可用专用的紫外线擦除器擦除程序代码，然后继续在线编写和修改，但写入周期较长，并且重复改写的次数受限。FLASH 的读写效率高，可以直接与 CPU 连接，特别适合于便携式系统。

MCU 本身是一个微型计算机，通过适当增加一些外围扩展电路就可灵活地构成各种应用系统，如智能家电系统、数据采集系统和自动控制系统等。与其他微处理器相比，MCU 的特点体现在以下 4 个方面。

（1）灵活性强。MCU 的体积小，容易被嵌入系统之中来进行各种方式的检测、计算或控制。

（2）实时性强。MCU 对中断的响应速度快，能够很好地支持实时多任务。

（3）低功耗。现代 MCU 具有良好的电源管理和专门的低功耗模式，可将运行功耗降低至 100 μW/MHz 左右，能够有效满足目前以智能家居为代表的物联网应用的低功耗需求。

（4）可扩展性强。目前常见的 MCU 产品都能集成大量功能丰富、类型多样的外部设备，从而帮助研发人员迅速、高效地开发针对各种应用需求的嵌入式产品。

随着嵌入式应用的功能越来越丰富、需求越来越高，尽管 8 位的 8051 系列 MCU 在过去取得了巨大的成功，尽管兼容 8051 的 TI（德州仪器）的 MSP430 系列、Renesas（瑞萨）的 RL78 系列、ATMEL 的 megaAVR 系列等增强型 MCU 具备存储空间大、执行速度快等特点，仍然不能改变 8 位/16 位 MCU 逐渐退出嵌入式应用的趋势。以 ARM（安谋）公司系列产品为代表的 32 位 MCU 凭借更高的集成度、更快的数据处理速度、更优越的性能，已经开始成为市场的主流。

2.2.2 ARM 体系结构

ARM 是 Advanced RISC Machines 的首字母缩写，它既是一个公司的名称，也是该公司设计的微处理器的统称。1990 年 ARM 公司成立于英国剑桥，致力于设计低功耗、低成本和高性能的 32 位嵌入式 RISC 系列处理器，目前 ARM 公司出品的系列微处理器市场覆盖率最高，发展前景广阔，已经占据 32 位 RISC 微处理器 80%以上的市场份额，广泛应用在移动设备等嵌入式领域中。

知识产权（Intellectual Property，IP）核的概念出现在 20 世纪 90 年代。集成电路制造商将经过检验的合格的电路设计文件保存在数据库中，当日后进行类似功能的集成电路（Integrated Circuit，IC）设计时，设计人员可以直接将库中的文件取出作为子模块进行调用，从而减少重复开发的工作量，降低设计成本。这些具有固定的不可再分功能的 IC 设计部件被称为核（core），核文件已被称为知识产权核或 IP 核。

ARM 公司是 IP 核供应商，本身并不生产芯片，只从事芯片设计开发，并授权其他半导体合作厂商使用其设计来制造和销售产品。图 2-7 所示是基于 ARM 的 IP 核设计 SoC 的一个示例。全世界几十家半导体生产商从 ARM 公司购买 ARM 微处理器核，然后基于自身的技术优势和应用领域，通过增加外围电路形成各具特色的微处理器芯片。我国的中兴集成电路、大唐电信、中芯国际和上海华虹，以及国外的 TI、Philips、Intel 等公司都推出了自己设计的基于 ARM 核的微处理器。

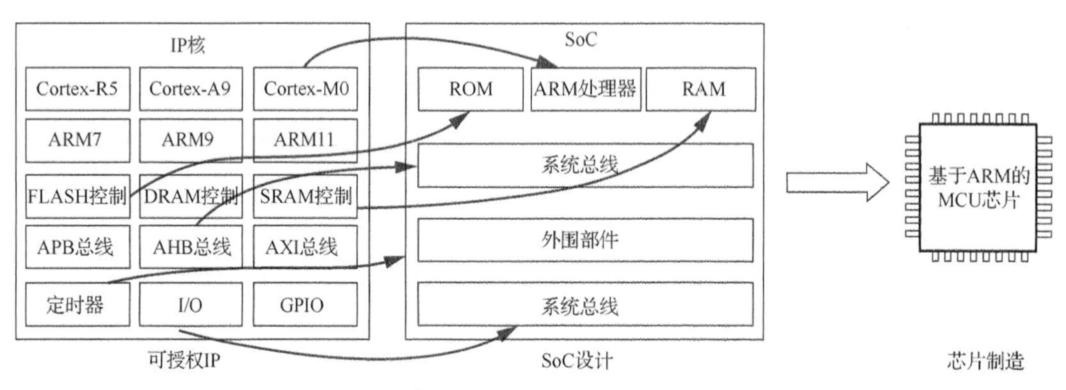

图 2-7　基于 ARM 的 IP 核设计 SoC 示例

ARM 公司出品了众多微处理器内核，包括 ARM7、ARM9、ARM11、SecureCore 等，目前推出的新一代微处理器为 ARM Cortex 系列。ARM Cortex 系列包含 3 个子系列，即 Cortex-A、Cortex-R 和 Cortex-M。这 3 个子系列差异较大，分别针对不同的应用市场。Cortex-A 系列的目标是为包括手机、数字电视、电纸书和家庭网关在内的高端市场提供高性能处理器，A 即 Application 的首字母；Cortex-R 系列专注于提高应用的实时性能，典型应用环境包括汽车刹车系统和动力传动系统等，R 为 Real-Time 的首字母；Cortex-M 系列面向嵌入式应用提供低功耗、高性能的微控制器，因此用 Microcontrollor 的首字母 M 来命名。

基于 ARM Cortex-M 的微处理器具有专门针对嵌入式应用的一些特性，如功耗低，能够有效地延长依靠电池供电的设备的续航时间；代码小，能够将硅片成本降至更低；易于使用，能够加快软件开发的速度。Cortex-M 系列常见的产品有 Cortex-M0、M0+、M1、M3 和 M4 等。表 2-3 显示了 Cortex-M 架构系列产品的对比。

表 2-3　Cortex-M 架构系列产品

处理器	ARM 架构	核心架构	Thumb	Thumb-2	硬件乘法	DSP	浮点运算
Cortex-M0	ARMv6-M	冯・诺依曼	大多数	子集	1 或 32 个周期	无	无
Cortex-M0+	ARMv6-M	冯・诺依曼	大多数	子集	1 或 32 个周期	无	无

续表

处理器	ARM 架构	核心架构	Thumb	Thumb-2	硬件乘法	DSP	浮点运算
Cortex-M1	ARMv6-M	冯・诺依曼	大多数	子集	3 或 33 个周期	无	无
Cortex-M3	ARMv7-M	哈佛	完整	完整	1 个周期	无	无
Cortex-M4	ARMv7E-M	哈佛	完整	完整	1 个周期	有	可选

在学习 ARM 微处理器的过程中，需要理解 ARM 架构和 ARM 微处理器的关系。ARM 架构定义了指令集、编程模型、内存映射和异常模型。到目前为止 ARM 推出了多个版本的架构，主要包括 ARMv4、ARMv5、ARMv6、ARMv7 和 ARMv8，每个版本都是在前一版本的基础上发展而来的。ARMv7 分为 ARMv7-A、ARMv7-R 和 ARMv7-M 3 个版本，分别面向高端应用、实时和嵌入式环境。ARM 微处理器是基于一种 ARM 架构，通过实现更多的细节而开发出来的处理器。例如，ARM7 和 ARM9 两个产品系列基于 ARMv4 版架构，ARM11 基于 ARMv6 版架构，Cortex-A9 和 Cortex-R4 分别基于 ARMv7-A 和 ARMv7-R。从这个角度来说，ARM 微处理器真正的版本是以架构的版本号来区分的。

Cortex M0、M0+和 M1 都基于 ARMv6-M 架构。ARMv6-M 是结合 ARMv6 版架构的 Thumb 指令集和 ARMv7-M 架构的内存映射、异常模型和 Thumb-2 系统而形成的架构。M0 和 M0+主要面向控制领域，是用来与其他 8 位/16 位 MCU 竞争的产品，M0+是 M0 的增强版本。M3 是最早推出的 Cortex-M 系列的处理器内核，基于 ARMv7-M 架构，采用哈佛结构，主要面向高端和实时的控制领域；M4 包含 DSP，除了传统微控制器应用领域之外，还可用于语音信号处理和数字信号处理领域。

2.2.3 ARM Cortex-M0

1. Cortex-M0 概述

Cortex-M0 是 ARM 公司于 2009 年推出的面向嵌入式应用的 32 位微处理器的 IP 核。Cortex-M0 内核门电路少、代码密度高，因此具有尺寸小、执行速度快和功耗低等特点，其能耗仅为 85 μW/MHz。近几年来，Cortex-M0 微处理器的价格也不断降低，已经处于市场上其他 8/16 位微处理器的同等水平，因此被广泛应用在智能家居、智能仪表、人机接口设备、汽车和工业控制系统中。

Cortex-M0 微处理器的主要特点如下。

- 基于 ARMv6-M 架构的 32 位 RISC 处理器。
- 采用冯・诺依曼结构，数据和指令共享单个总线接口，支持三级流水线。
- 指令集包括 56 条指令，是 Thumb（16 位）和 Thumb-2（16/32 位）的子集，具有高代码密度。
- 高性能，最高达到 0.9 DMIPS/MHz。
- 内置嵌套向量中断控制器（Nested Vectored Interrupt Controller，NVIC），易于中断配置和异常处理。

- 支持的中断包括 1 个不可屏蔽中断（Non Maskable Interrupt，NMI）和 1～32 个物理中断。
- 门电路少、功耗低，定义了休眠模式和进入休眠的指令，有效地降低了能量消耗。

Cortex-M0 的结构如图 2-8 所示。Cortex-M0 微处理器包括处理器核心、紧耦合的嵌套向量化中断控制器（Nested Vectored Interrupt Controller，NVIC）、内部总线系统、AHB LITE 总线接口、调试子系统及可选的唤醒中断控制器（Wakeup Interrupt Controller，WIC）等部件。

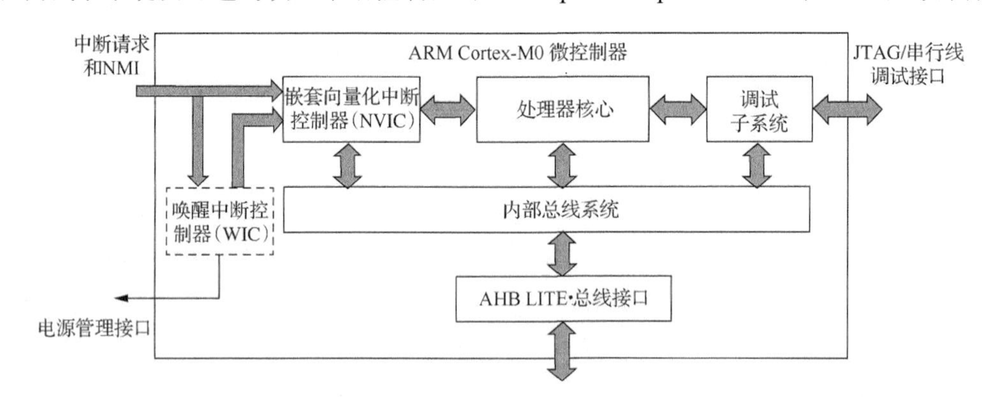

图 2-8　Cortex-M0 的结构示意图

Cortex-M0 的微处理器核心包括 16 个 32 位的内部寄存器、算术逻辑单元（Arithmetic and Logical Unit，ALU）、数据通路和控制逻辑，其中的寄存器都可以用于通用用途和特殊用途。Cortex-M0 支持取指令、译码和执行三级流水线。

NVIC 最多可包括 32 个外部中断请求，每个中断具有 4 级优先级。同时，NVIC 还包括一个不可屏蔽中断输入、支持电平敏感和脉冲敏感的中断线。Cortex-M0 还可以通过比较中断请求和当前正在处理的中断的优先级，来进一步自动地处理嵌套的中断。

随着集成电路芯片的规模越来越大，在 SoC 的设计中片上总线的作用越来越关键。ARM 公司推出的 AMBA 片上总线主要包括高性能总线（Advanced High performance Bus，AHB）、系统总线（Advanced System Bus，ASB）和外围总线（Advanced Peripheral Bus，APB）。高性能总线实现了基于 Burst（突发）的传输，采用主设备发出、从设备回应的主从结构，是为高性能、高频率的系统设计的总线。AHB LITE 协议是整个 AHB 的子集，结构相对简单，只支持一个总线主设备，不需要总线仲裁器及相应的协议。常用的从设备包括内部存储器件、外部存储接口和高带宽的外部器件。AMBA 片上总线系统已经受到业内广大半导体厂商和设计公司的认可，并在 IC 设计业内得到了广泛使用。Cortex-M0 的总线系统包括全部为 32 位带宽的内部总线、处理器核心中的数据通路和 AHB LITE 接口单元。

在嵌入式应用开发中，通常开发主机是桌面计算机，而被调试的程序运行在嵌入式设备中，因此两者之间调试过程中的通信和控制是比较复杂的问题。目前常用的调试方式是在 MCU 内部嵌入用于调试的硬件控制模块，通过联合测试工作组（Joint Test Action Group，JTAG）仿真器进行调试。Cortex-M0 的调试单元中包括断点与观察点单元，可以设置程序断点和数据观察点，并且可以处理调试控制，当调试事件发生的时候，能够把处理器核心置于停止状态。由此，程序员可以通过查看寄存器的值来获得处理器当前运行的状态。Cortex-M0 还提供调试访问接口，包括 2 线的串行线调试（Serial Wire Debug，SWD）接口或 JTAG 接口。

目前以智能家居为代表的物联网应用对硬件设备低功耗的要求比较高，因此 Cortex M0 具有关闭大多数部件的休眠模式。而当检测到一个外部事件发生时，Cortex-M0 中可选的唤醒中断控制器（WIC）可以通过中断请求来通知电源管理单元给系统供电，使微处理器从休眠状态切换为工作状态。

Cortex M0 微处理器有两种工作模式，线程（Thread）模式和句柄（Handle）模式。当 Cortex M0 微处理器复位后进入线程模式时执行普通用户代码，进入句柄模式时执行异常处理。线程模式和句柄模式的系统模型几乎完全相同，也就是说，在 Cortex M0 微处理器中，软件可以访问所有资源。

2. **指令集**

早期的 ARM 处理器架构采用 32 位指令集，称为 ARM 指令。ARM 指令具有强大的功能和良好的性能，但与 8 位/16 位处理器相比，需要占用更大的程序存储空间，功耗也更大。为了解决代码长度问题，1995 年 ARM 着力开发了一种新的指令体系，即 Thumb 指令集。Thumb 指令集是 ARM 指令集的一个子集，具有 16 位的代码宽度，与等价的 32 位 RISC 代码相比有更好的代码密度，有效地节省了系统的存储空间。据统计，Thumb 指令集代码长度较 ARM 指令集代码缩短了约 30%。

相比于 ARM 指令集，Thumb 指令集性能较低，实现相同的功能需要更多的指令，其性能降低了大约 20%。并且 Thumb 指令集只支持通用功能，并不是一个完整的体系结构。例如，Thumb 指令集没有包含进行异常处理时需要的一些指令，因此在异常中断时，还是需要使用 ARM 指令。虽然通过一个复用器，Thumb 指令可以和 ARM 指令同时使用，但必须显式地在处理器的 ARM 和 Thumb 两种工作状态之间进行切换，消耗了代码执行时间。Thumb 代码和标准 ARM 代码不能混合使用，这就迫使程序员将 16 位代码与 32 位代码分开保存在独立的模块中，增加了开发的复杂度。

Thumb-2 指令集是 Thumb 指令集和 ARM 指令集的一个超集，集成了传统的 Thumb 指令集和 ARM 指令集的优点，不需要显示切换状态就可运行 16 位与 32 位混合代码。与 32 位 ARM 指令集相比，Thumb-2 指令集减少了大约 26%的代码量，同时能够保持相同的性能。

Cortex-M0 基于 ARMv6-M 架构，使用的是 ARMv6-M Thumb 指令集，包括大量 32 位的 Thumb-2 指令。

3. **寄存器**

Cortex-M0 内部的寄存器是用于保存临时数据的，由于所有的寄存器都在处理器核心内，所以能被快速读写。Cortex-M0 采用 load-store（加载-存储）结构，处理器只处理寄存器中的数据，寄存器和外部存储器之间的数据传送由 load/store 指令来完成。

如图 2-9 所示，Cortex-M0 的寄存器组包括 13 个通用寄存器（R0～R12）、堆栈指针寄存器 SP（R13）、链接寄存器 LR（R14）、程序计数器 PC（R15）、程序状态寄存器 PSR、中断屏蔽特殊寄存器（PRIMASK）和控制寄存器（CONTROL）。

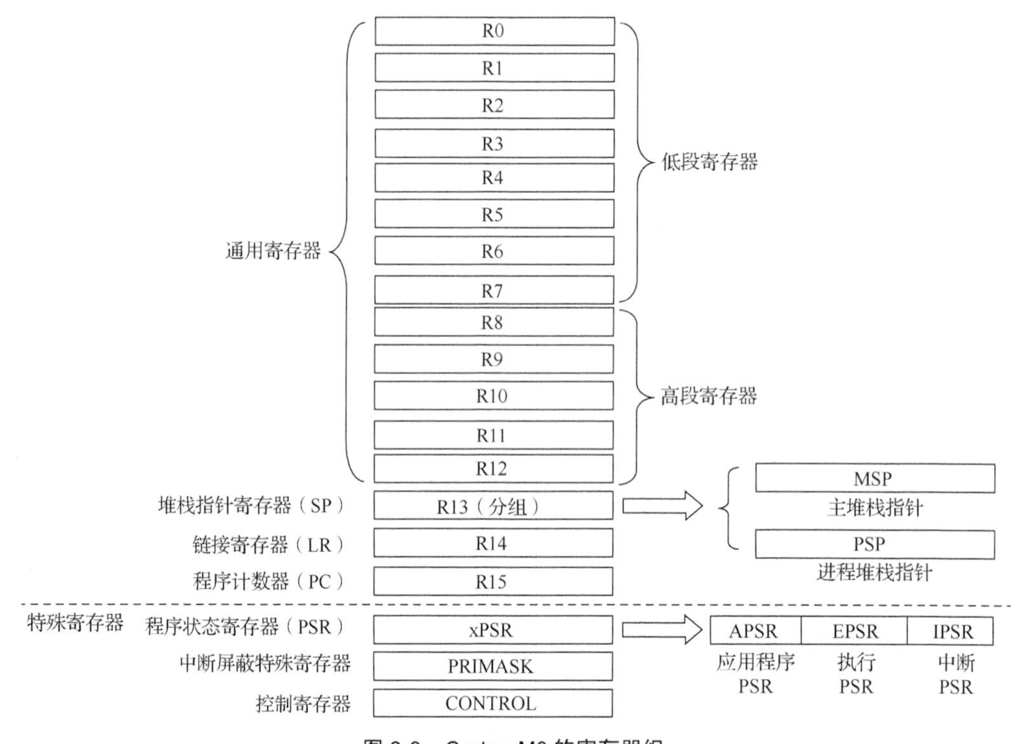

图 2-9　Cortex-M0 的寄存器组

R0～R12 是通用寄存器，其中 R0～R7 为低段寄存器，可以被任意指令读写；R8～R12 为高段寄存器，有时不能被某些 Thumb 指令读写。

R13 是堆栈指针（Stack Pointer，SP）寄存器，用于记录堆栈当前的地址，在任务之间切换的时候用来保存程序的上下文。如图 2-9 所示，Cortex-M0 的堆栈指针有两个，在运行普通程序时，使用进程堆栈指针（Process Stack Pointer，PSP）；在运行需要特权访问的程序，如异常处理程序时，使用主堆栈指针（Main Stack Pointer，MSP）。程序员可以通过 CONTROL 寄存器来选择使用哪一个 SP。

R14 是链接寄存器（Link Register，LR），用来保存子程序或函数调用时的返回地址，当子程序或函数执行完毕时，将 LR 中的值装入程序计数器（Program Counter，PC）中，从而返回并继续执行主程序。

R15 是程序计数器（PC），用于记录当前指令代码的地址。对于 32 位指令来说，每个取值操作后 PC 自动递增 4。而当遇到子程序调用等跳转指令时，Cortex-M0 会首先将当前的 PC 值保存在链接寄存器（LR）中，然后将子程序的起始地址装入 PC 并开始运行子程序。

程序状态寄存器提供算术逻辑单元（Arithmetic and Logic Unit，ALU）标志和程序运行的信息，包括 3 个寄存器，应用程序状态寄存器（Application Program Status Register，APSR）、中断状态寄存器（Interrupt Program Status Register，IPSR）和执行状态寄存器（Execution Program Status Register，EPSR）。如图 2-10 所示，这 3 个寄存器绝大多数位是保留位，可以单独使用，也可以组合使用。APSR 包含 ALU 标志，其中的 N、Z、C、V 标志位分别用来表示计算结果的负标志、零标志、无符号数溢出引发的进位标志和有符号数的溢出标志。IPSR 中的 ISR 编号为当前正在执行的中断服务程序的编号。Cortex-M0 的每个异常中断都会由一个特定的中断编号用于表示中断类型，这种方式对调试时识别当前的中断非常有用。EPSR 中的 T 位表示 Thumb 状态，由于 Cortex-M0 只支持 Thumb 状态，所以该位必须为 1。

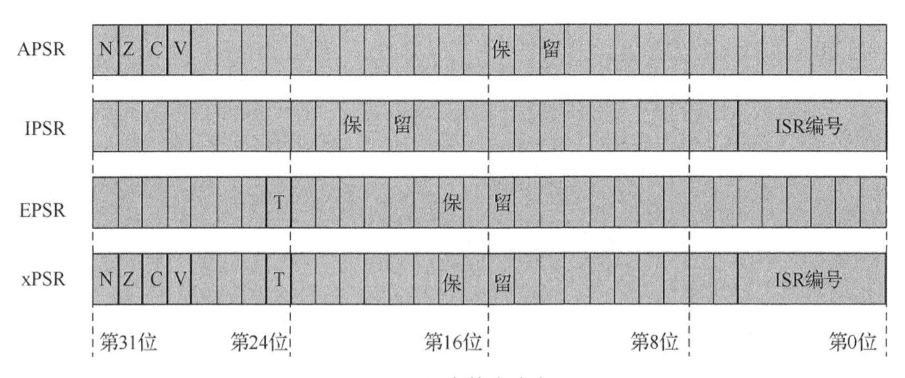

图 2-10　程序状态寄存器

中断屏蔽特殊寄存器 PRIMASK 只有第 0 位是有效位，其余都为保留位。如果第 0 位为 1，就阻塞不可屏蔽中断（NMI）和硬失效异常以外的所有中断；如果为 0，则表示开放这些异常和中断。

控制寄存器 CONTROL 只有第 1 位是有效位，用于说明堆栈定义，其余都为保留位。如果第 1 位为 1，表示当前使用进程堆栈指针（PSP）；如果为 0，表示当前使用主堆栈指针（MSP）。

4. 内存映射

Cortex-M0 是 32 位 MCU，所以具有最大 4 GB 的内存地址空间。在体系结构上，这 4 GB 的内存空间被划分为几块区域，每块区域有建议的用途，便于程序员在不同的芯片之间移植软件。不过，尽管有默认的内存映射定义，但是除了一些固定的内存地址（如内部私有外设总线）之外，其他内存的实际使用可以由用户灵活决定。Cortex-M0 的内存映射空间如图 2-11 所示。

地址空间 0x00000000～0x1FFFFFFF 是代码区，主要使用片上的 FLASH，用于存储可执行程序代码，也可以用来做数据存储。地址空间 0x20000000～0x3FFFFFFF 是 SRAM 区，主要用来存储数据，如堆和堆栈，也可以用来存储程序代码。尽管该区名字为 SRAM，但是实际的器件可以是 SRAM、SDRAM 或其他类型的存储器。地址空间 0x40000000～0x5FFFFFFF 是外设区，主要用于 AHB 或 APB 上的外围部件。地址空间 0x60000000～0x9FFFFFFF 是外部 RAM 区，实际的器件主要是外部 DDR、FLASH 或 LCD 存储器，主要用于保存较大的数据块。地址空间 0xA0000000～0xDFFFFFFF 是外部器件区，用来映射外部设备。地址空间 0xE0000000～

0xE00FFFFF 是内部私有外设总线区，用于处理器的内部控制，包括 NVIC 和 SCS 等。地址空间 0xE0100000～0xFFFFFFFF 是保留区。

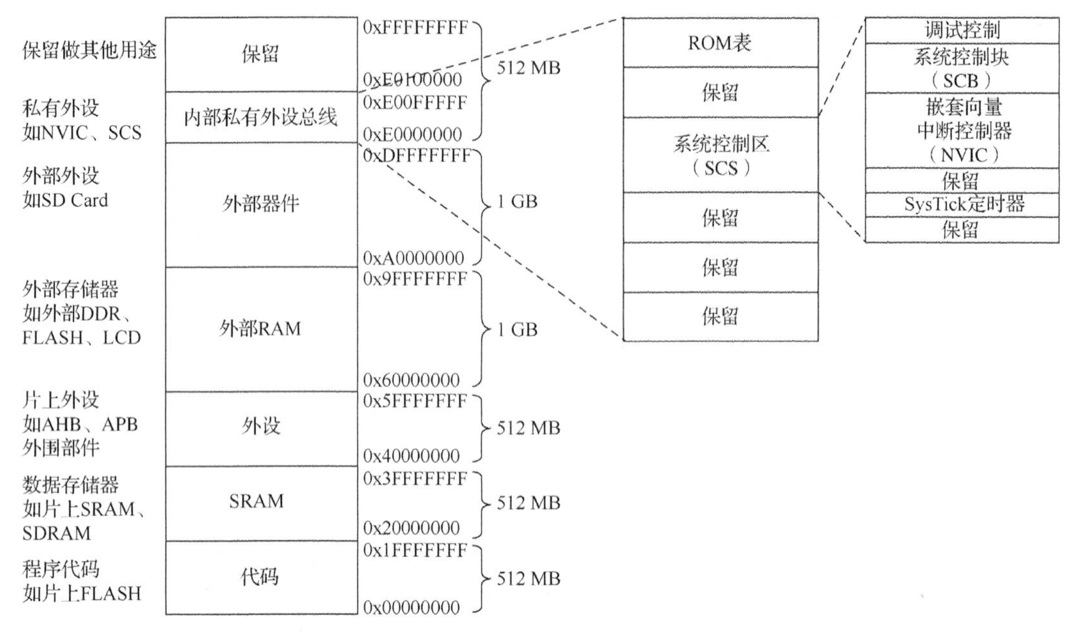

图 2-11　Cortex-M0 的内存映射空间

Cortex-M0 的数据存储方式有两种，即大端模式和小端模式。大小端指的是内存中字节存储的顺序。一个字由 4 个字节组成，小端模式要求低位在前，一个字的数据中最低的字节保存在第 0～7 位，即低地址保存低字节，高地址保存高字节。大端模式与之相反，要求高位在前，一个字的数据中最低的字节保存在第 24～31 位，即低地址保存高字节，高地址保存低字节。

5. 异常模型

异常是一种事件，会导致处理器停止当前的任务，去执行与该事件相关的程序代码，而在处理完成后会继续执行刚才的任务。在异常模式下运行的软件代码称为异常处理程序。引发异常的事件可以是内部的，也可以是外部的，外部的事件称为中断，中断一般是由 I/O 口的外部输入产生的。用于处理中断的代码称为中断处理程序或中断服务程序（Interrupt Service Routines，ISR）。异常或中断通常被划分层次或优先级，高优先级的异常可以在较低优先级异常处理期间触发并得到处理。Cortex-M0 中的异常包括 Reset、NMI、HardFault、SVCall、PendSV、SysTick 和 IRQ。通过软件，系统可以开启或禁止异常。每个异常都有一个向量编号，这个编号还指明了异常向量的地址。异常编号和中断编号是相互独立的。系统异常使用负数定义，中断使用 0～31 的正数定义。

嵌套向量化中断控制器（NVIC）与 Cortex-M0 的支持多达 32 个 IRQ，以及 1 个不可屏蔽中断（NMI）。顾名思义，NMI 不能被禁止，而且优先级最高，在强调安全性的嵌入式系统中 NMI 的作用非常关键。

2.3　嵌入式系统

为了建造舒适、便利、高效的现代家庭居住环境，首先需要扩展传统家电和家具的功能，使之智能化、自动化和网络化，从而能够与用户进行全方位的信息交互，并且互联互通构成智慧的完整家居系统。实现这一目标的基础是依靠嵌入式技术将微处理器、存储单元、网络接口、传感器、控制设备和应用软件集成在传统家电和家具中。

随着半导体工艺的提高和计算机技术对其他行业的渗透，嵌入式技术经过最近几十年的发展，已经以其广泛的适应能力和多样性深刻地改变了人们的生活、工作和娱乐。例如，智能门锁通过内置的嵌入式系统，可以进行人脸识别或生物指纹识别来开启，改变了传统门锁的开锁方式；智能音箱借助嵌入式技术扩展了原有的播放功能，使用语音识别和自然语言处理技术，已经能够实现与用户的语音交互，更进一步成为用户发布指令、控制整个智能家居系统的主要渠道；智能照明、智能电饭煲、智能体重仪等传统家电都通过内置的计算和网络功能，通过互联网和大数据技术，为用户提供丰富多样、方便快捷的日常生活服务。

嵌入式系统的应用领域十分广泛，除了智能家居，还包括网络通信、仪器仪表、汽车船舶、航空航天和消费类产品等。在一辆汽车中，就包含传动控制、车身控制、安全控制、行驶控制、信息系统等数十个嵌入式系统。在“后 PC 时代”，高效、灵活的嵌入式系统无处不在，从数量上看已经远远超过了通用计算机系统。嵌入式系统已逐渐成为人类社会进入全面智能化的有力工具，而随着物联网概念的提出及物联网技术和产业的快速发展演进，这一趋势也将更加明显。

2.3.1　嵌入式系统的发展

20 世纪 70 年代微处理器和微型计算机的出现，不仅是通用计算机系统发展历程中的重要事件，也是嵌入式系统发展史上的里程碑。微型计算机体积小、价格低、可靠性高，能够进行数值计算、逻辑运算和信息处理，因此控制领域的技术人员通过对微型计算机的原有外部形态进行改造，将其嵌入到各式各样的设备中，来实现对被嵌入设备和系统的控制、监测和数据处理。为了区别于原有的通用计算机系统，这种嵌入到应用对象之中并直接对其进行智能化控制的计算机被称为嵌入式计算机系统。与通用计算机系统不同，嵌入式计算机系统一般专门用于特定的任务，并且经常在极端环境中运行，系统资源少，还有实时性和功耗等约束，如果出现故障会造成严重的后果。因此，嵌入式计算机系统更注重与被嵌入对象系统密切相关的嵌入性能、控制能力和控制的可靠性。

嵌入式系统的发展过程，大致经历了 4 个阶段。

第一阶段是以 4 位和 8 位单芯片为核心的可编程控制器系统。这种系统存储容量小、系统结构简单、计算效率低，主要应用在专业的工业控制系统中，与设备相配合完成监测、伺服等相对单一的工作。在应用软件方面缺乏操作系统的支持，大多采用汇编语言编写程序直接控制被控设备。

第二阶段是以 8 位和 16 位嵌入式处理器为基础、以简单操作系统为核心的嵌入式系统。在这一时期出现了大量不同种类的 CPU，系统整体开销减小，效率提升，但通用性比较差。多家公司推出了包含传统商业操作系统特征的嵌入式操作系统，具有一定的兼容性和扩展性，一般都配备系统仿真器，方便应用开发，应用软件专用性强。此时期的嵌入式系统主要用来控制系统负载及监控应用程序的运行。

第三阶段是以 32 位 RISC 嵌入式处理器为基础、以实时操作系统为核心的实时嵌入式系统。在此阶段，32 位微控制器逐渐成为市场主流，主频越来越高，并继续向高速、智能化和低功耗的方向发展；高速度、高精度的 DSP 的发展更进一步提升了嵌入式系统的技术水平。嵌入式操作系统具有高度的模块化和扩展性，效率高、兼容性好，能够运行在多种不同类型的微处理器上；能够支持多任务、网络操作、图形窗口和用户界面；操作系统提供大量的应用程序接口（Application Programming Interface，API），并且一些跨平台的软件开发技术从通用计算机上延展到嵌入式系统中，进一步简化了应用程序的开发。

第四阶段是以基于互联网（Internet）接入为标志的嵌入式系统，目前正处在迅速发展阶段。随着物联网概念的提出及 NB-IoT、LoRa、ZigBee 和 WLAN（Wireless LAN）等网络通信技术的蓬勃发展，结合嵌入式系统应用日益增长的网络化需求，嵌入式设备与 Internet 的结合代表着嵌入式技术的未来。

2.3.2 嵌入式系统的定义

目前，嵌入式系统的定义有很多种。电气和电子工程师协会（Institute of Electrical and Electronics Engineers，IEEE）对嵌入式系统的定义为：嵌入式系统是用于控制、监视或者辅助操作机器和设备的装置。显然，这个定义是从应用的角度考虑的，嵌入式系统是软件和硬件的综合体。

目前国内普遍被认同的一个较为完整和规范的定义为：嵌入式系统是以应用为中心、以计算机技术为基础，软、硬件可裁剪，功能、可靠性、成本、体积、功耗要求严格的专用计算机系统。该定义给出了嵌入式系统包含的 4 个要素。

1. **以应用为中心**

嵌入式系统是嵌入机械等更大的系统内部、具有专属功能的一个完整智能化计算机系统。被嵌入的系统通常是包含硬件和机械部件的完整设备，其中可以共存多个嵌入式系统。嵌入的目的是为了提高被嵌入系统的功能和性能，降低成本和体积等。如果嵌入式系统独立于应用而自行发展，则失去了嵌入的意义。

2. **以计算机技术为基础**

嵌入式系统是包括复杂功能的硬件和软件的智能化计算机系统，是计算机发展的专业化分工的一种。由于普通微型计算机在体积、价格和可靠性等方面无法满足绝大多数被嵌对象的嵌入式要求，所以嵌入式系统的发展需要依靠计算机技术与电子技术、集成电路和通信技术等相关学科相互融合、相互补充。

3. **软、硬件可裁剪**

嵌入式系统是面向产品、面向用户、面向应用的。在系统设计方面，嵌入式系统需要针对被嵌入系统的具体需求进行高效率的设计，通常要求实时计算性能，具有一定的复杂性；在硬件方面，嵌入式系统需要选择合适的处理器的种类型号，对其芯片的配置进行裁减或扩展，实现较低成本和理想功能的组合；在软件方面，嵌入式软件的各个模块或组件的设计须根据需求去除冗余，目标是在有限的硬件资源环境下实现更好的性能。

4. **对功能、可靠性、成本、体积和功耗要求严格**

嵌入式系统需要满足应用的要求，这些要求也是各个半导体厂商之间竞争的热点，同时也说明嵌入式系统是一个技术密集、集成度高、需要不断创新的系统。

本章小结

本章首先介绍了传感器的定义、分类、性能指标及发展趋势，然后讲解了微控制器的特点和分类，并详细讲解了 ARM Cortex-M0 微处理器的内部结构，最后介绍了嵌入式系统的发展和特点。

通过本章的学习，读者应该对智能家居系统中的传感和控制技术有了一定的了解，能够充分理解传感器和嵌入式系统的组成和工作原理，可以熟练地掌握 ARM Cortex-M0 微处理器的特点。

思考与练习

1. 传感器的定义是什么？传感器的分类和性能指标有哪些？
2. Cortex-M0 微处理器有多少个寄存器？各自的功能分别是什么？
3. 谈谈嵌入式系统的定义和特点。

第 3 章
短距离无线通信技术

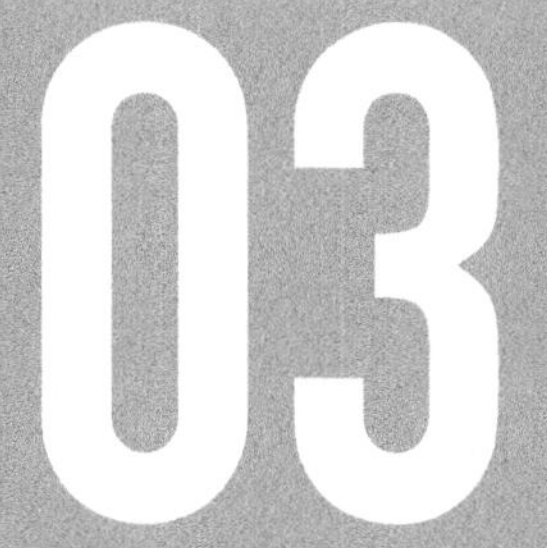

学习目标

① 了解无线通信技术的特点和系统模型。
② 熟悉智能家居系统常用的短距离无线通信技术。
③ 掌握蓝牙、ZigBee、WLAN 的技术特点、协议体系和组网过程。

通信和网络是智能家居系统的重要组成部分。智能家居系统通过将家庭里部署的各种传感设备、计算设备和控制设备连接为一个整体，一体化地完成信息的采集和汇聚、决策的制定和执行，实现物理世界和信息世界的有效整合，构建自动化和智能化的家居环境。为了实现这个目标，智能家居系统需要高效、灵活、可靠的通信和网络技术支持信息的传输、协同和处理。

智能家居系统部署在家庭住宅内，通过集成不同种类的家居设备为人们提供形式多样的应用服务。因此，智能家居对底层网络的要求可以归纳为：覆盖范围小，业务类型丰富，网络设施简单，提供泛在连接和无缝接入外部网络等。短距离无线通信技术最适应智能家居网络的特征。短距离无线通信技术具有低成本、低功耗和体积小等鲜明的特点，其网络设备可以被方便地安装在家庭设施中，能满足智能家居中物体之间广泛互联的基本需求；蓝牙、ZigBee 和 WLAN 等种类丰富的短距离无线通信技术能够提供从几十千到几百兆比特每秒的多种数据通信速率选择，能满足智能家居中应用的不同带宽需求；短距离无线通信技术具有灵活的网络结构，支持动态组网，并且可以实现与外部网络的信息交互，能满足智能家居多样化的应用和业务需求。同时，智能家居的发展也为短距离无线通信技术提供了丰富的应用场景，从而也必将极大地促进短距离无线通信技术的发展。

3.1 短距离无线通信技术概述

3.1.1 无线通信技术的起源和系统组成

1864 年，麦克斯韦建立了电磁理论；1888 年，赫兹通过实验证实了电磁波的存在；1896 年，马可尼发明了无线电报，并于 1901 年完成了跨越大西洋的通信实验，从而推动人类进入了无线通信时代。无线通信技术发展至今，通过卫星通信、无线网络和移动通信等技术，人们可以把各种类型的信息发送到世界的各个角落。无线通信技术深刻地影响到人们的工作和生活。

无线电波是在大气和外层空间中传播的电磁波。无线通信技术就是利用无线电波进行数据传输的一种通信技术。其原理是，基于导体中电流的强弱变化会产生无线电波的现象，发送端可将信息通过调制加载在无线电波之上，并使用天线将电波发射出去；无线电波在自由空间中传播，而电波引起的电磁场变化又会在接收端的导体中产生电流，此时信息可以通过解调被提取出来，实现信息传递的目的。

无线通信技术具有一些显著的优点：投入成本低，不必建立物理线路，省去了铺设线缆的费用；可扩展性强，当网络需要扩容时，不需要扩展布线；灵活性强，不受环境、地形等限制，即使环境发生变化，无线网络可只做必要的调整就能适应新环境的要求。

典型的无线通信系统包括信源、发送设备、传输信道、接收设备和信宿 5 个部分，如图 3-1 所示。

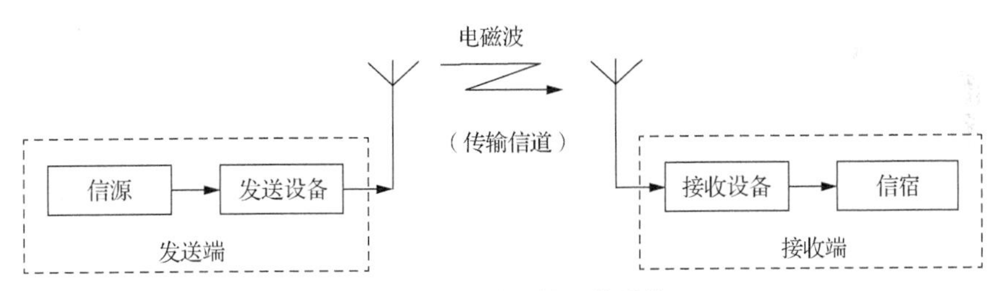

图 3-1 典型的无线通信系统

信源提供需要被传输的信息，并将原始信息转换为基带信号。

发送设备的主要功能是将基带信号转换成适合于信道传输的信号。首先要对低频信号进行调制，将其加载在高频的载波上；然后通过频率变换器将信号转换成发射电波所要求的频率；最后经功率放大，由天线将电磁波发射到空间中进行传播。

传输信道是信号传播的物理介质。在无线通信领域中，信道为大气和外层空间。信道的特性极大地影响通信的质量，消除信道中的噪声和干扰是无线通信技术需要解决的重要问题。

接收设备的工作是发送设备工作的逆过程。无线电波在传播过程中会有损耗，接收信号的功率弱，因此接收设备首先进行信号放大，然后通过频率变换、解调、解码等过程从接收到的信号中提取基带信号。

信宿将基带信号还原成原始信息，从而完成通信过程。

3.1.2 无线电波的传播特性

无线电波是一种电磁波，以开放的方式在自由空间中传播，传播速度为 3×10^8 m/s，具有直射、反射、绕射和散射等波的特性。为了避免同一区域多个用户使用的无线电波相互干扰，就需要将频率根据不同的业务进行分配，以避免频率使用方面的混乱。无线电波频率是一种有限的非耗损性资源，因此世界各国均设有专门的机构对其进行分配和管理。负责国际频率分配的世界组织有国际电信联盟（International Telecommunication Union，ITU）、国际无线电咨询委员会（International Radio Consultative Committee，CCIR）、电气和电子工程师协会（IEEE）和国际频率登记局（International Frequency Registration Board，IFRB）等。我国由工业和信息化部负责划分无线电频率。

1. 无线电波的频率分布

无线电波频率分布在 3 kHz～300 GHz，不同频段具有不同的传播特性。频率低的无线电波在传播过程中的损耗小，传播距离远并且绕射能力强，但低频段的频率资源有限，系统容量小。相反，高频段的频率资源比较丰富，系统容量大，但频率越高传播损耗就越大，传播距离近并且绕射能力弱，同时高频段的技术难度大、成本高。表 3-1 列举了无线通信使用电磁波的频率范围和波段。

表 3-1　无线通信使用电磁波的频率范围和波段

<table>
<tr><th>频段名称</th><th>频率范围</th><th colspan="2">波段</th><th>波长范围</th></tr>
<tr><td>极低频（ELF）</td><td>3～30 Hz</td><td colspan="2">极长波</td><td>10^7～10^8 m</td></tr>
<tr><td>超低频（SLF）</td><td>30～300 Hz</td><td colspan="2">超长波</td><td>10^6～10^7 m</td></tr>
<tr><td>特低频（ULF）</td><td>300～3 000 Hz</td><td colspan="2">特长波</td><td>100～1 000 km</td></tr>
<tr><td>甚低频（VLF）</td><td>3～30 kHz</td><td colspan="2">甚长波</td><td>10～100 km</td></tr>
<tr><td>低频</td><td>30～300 kHz</td><td colspan="2">长波</td><td>1～10 km</td></tr>
<tr><td>中频</td><td>300～3 000 kHz</td><td colspan="2">中波</td><td>100～1 000 m</td></tr>
<tr><td>高频</td><td>3～30 MHz</td><td colspan="2">短波</td><td>10～100 m</td></tr>
<tr><td>甚高频</td><td>30～300 MHz</td><td colspan="2">超短波</td><td>1～10 m</td></tr>
<tr><td>特高频</td><td>300～3 000 MHz</td><td rowspan="4">微波</td><td>分米波</td><td>0.1～1 m</td></tr>
<tr><td>超高频</td><td>3～30 GHz</td><td>厘米波</td><td>1～10 cm</td></tr>
<tr><td>极高频</td><td>30～300 GHz</td><td>毫米波</td><td>1～10 mm</td></tr>
<tr><td>至高频</td><td>300～3 000 GHz</td><td>亚毫米波</td><td>0.1～1 mm</td></tr>
</table>

其中，短波波段主要用于远距离短波通信、国际定点通信等应用；超短波波段主要用于电离层散射、人造电离层通信、对空间飞行体通信等应用；分米波波段主要用于小容量微波中继通信、对流层散射通信、商业广播等应用；厘米波波段主要用于大容量微波中继通信、数字通信、卫星通信等应用。

2. 无线电波的传播方式

按照发射天线到接收天线的传播途径的不同，无线电波的主要传播方式分为直达波传播、地波传播和天波传播 3 种，如图 3-2 所示。

（1）直达波传播。直达波又称视距波，在发射天线与接收天线之间进行直射传播，或从发射天线经过地面反射到达接收天线，因此直达波的一般形式为直射波和地面反射波的叠加。直达波传播如图 3-2（a）所示。受发射天线高度、接收天线高度和地球半径影响，直达波的传播距离存在极限。

（2）地波传播。地波又称表面波，是沿地球表面传播的一种电磁波，如图 3-2（b）所示。地波属于绕射波，通过绕射的方式可以到达视线范围以外的区域。

（3）天波传播。天波是指依靠大气层中的电离层反射传播的无线电波，如图 3-2（c）所示。天波传播具有损耗小、传播距离远等优点，但是电离层状态会随着昼夜或季节变动，因此天波传播不够稳定。

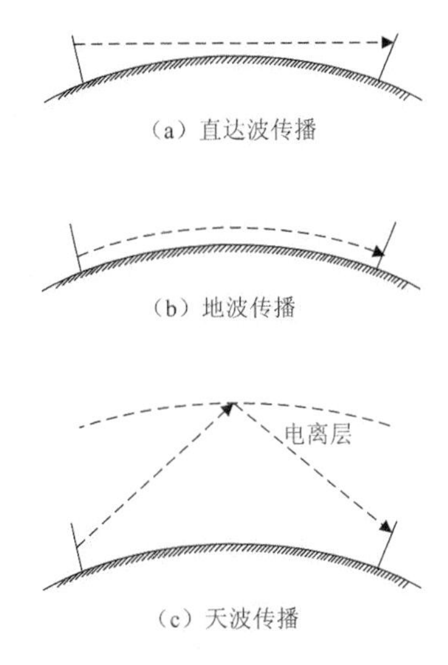

（a）直达波传播

（b）地波传播

（c）天波传播

图 3-2　无线电波的主要传播方式

3. 影响无线通信接收信号的 4 种效应

由于无线电波传播的开放性、地理环境的复杂性和接收端移动的随机性，无线通信中接收信号具有阴影效应、远近效应、多普勒效应和多径效应共 4 种效应。

（1）阴影效应。与太阳光受到物体阻挡会产生阴影的现象相似，无线电波在受到大型建筑或其他物体的阻挡时，会在接收区域内产生传播半盲区，从而形成电磁场阴影，这种现象称为阴影效应，阴影效应是产生慢衰落的主要原因。

（2）远近效应。由于用户的移动具有随机性，发射机与接收机之间的距离也随机变化，所以在发射信号功率保持不变的情况下，信号到达接收机时的强弱将会不同。发射机和接收机距离近时信号强，两者距离远时信号弱，通常称这一现象为远近效应。

（3）多普勒效应。多普勒效应是指接收机在高速移动中引起的传播频率扩散现象，这个过程中频率变化程度与接收机运动速度成正比。对于低速移动和室内静止环境则不需要考虑此现象。

（4）多径效应。接收机所处的复杂的地理环境会引发无线电波的反射、散射和绕射，因此无线电波会经过多条路径达到接收机，合成接收信号。不同路径传输的电波信号在强度、相位、频率和方向等方面都不相同，这种自干扰现象被称为多径干扰或多径效应。多径效应是产生信号衰落的重要原因。

由于无线信道的开放性，无线电波在空间传播时容易受周围环境的影响，经历多径干涉、小尺度衰落和大尺度衰落而产生损耗。无线通信的发射机和接收机需要根据信道对信号质量的影响调整发射功率、数据速率等参数，确保信号能够被正确接收。

3.1.3 短距离无线通信技术的特点与分类

短距离无线通信技术目前并没有严格的定义。一般意义上，单跳有效传输距离在百米以内、通信收发双方通过无线电波传输信息、组网技术灵活的通信技术，就可以被称为短距离无线通信技术。

短距离无线通信技术具有功率低、成本低、复杂度低、体积小、可用频率多等特点。工作频率多为免付费、免申请的全球通用的工业、科学、医学（Industrial、Scientific and Medical，ISM）频段，不需要申请频率资源使用许可证，同时设备价格低廉；终端之间采用无中心、自组织的对等通信模式；适用范围广，可根据不同的应用需求进行个性化设计，特别适用于频率资源稀缺的环境，所以应用场景众多。

目前技术成熟、应用广泛、具有良好发展前景的短距离无线通信技术包括蓝牙、ZigBee、WLAN 等。蓝牙和 ZigBee 致力于构建无线个人区域网（Wireless Personal Area Network，WPAN）。蓝牙的设计目标是替代电子设备的电缆，通信距离在 10 m 之内，数据速率为 1 Mbit/s，随着物联网概念的提出和发展，蓝牙 4.0 之后的版本也将低功耗作为技术发展的一个重要方向。ZigBee 主要面向家庭自动化、工业控制和健康监护等应用场景，比蓝牙的功耗更低、成本更低，最高速率为 250 Kbit/s，有效通信半径可达 100 m，在低信噪比环境下 ZigBee 性能超群。WLAN 是一种基于 IEEE 802.11 系列标准以无线方式将个人计算机、智能手机和平板电脑等终端互相连接组成局域网的技术，众所周知的 Wi-Fi 就是为改善 WLAN 无线设备的互通性所成立的联盟及其品牌的名称。WLAN 覆盖范围广，数据传输速率高，能够有效支持网络应用不同的带宽需求。表 3-2 列出了蓝牙、ZigBee 和 WLAN 这 3 种技术最常用版本的主要参数对比。

表 3-2 蓝牙、ZigBee 和 WLAN 的技术参数对比

市场名称	蓝牙	ZigBee	WLAN
对应标准名称	802.15.1	802.15.4	802.11b
带宽	720 Kbit/s	20～250 Kbit/s	>11 Mbit/s
传输距离（m）	1～10	1～100	1～100
电池寿命（天）	1～7	100～1 000	<1
占用系统资源	250 kB	4～32 kB	>1 MB
网络规模（台）	7	255～65 535	32
应用范围	电缆替代品	工业控制、家庭自动化	文本和图片传输

短距离无线通信技术以其丰富的技术种类和鲜明的技术特点，满足了家庭环境中电子设备间的信息交换和共享的应用需求，已成为智能家居系统的主要支撑技术。

3.2　蓝牙

蓝牙技术设计之初的目标是用无线连接替换设备间的多种电缆。经过数年的技术发展，蓝牙能够在个人区域内使各种通信设备之间实现快速的数据传输和语音通信，进行灵活的资源共享。与其他短距离无线通信技术相比，蓝牙具有功耗低、传输速率高、建立连接时间短、稳定性好、安全度高等特点。

3.2.1　蓝牙的起源和特点

1998 年，爱立信、诺基亚、东芝、IBM 和 Intel 5 家公司成立了蓝牙技术联盟（Bluetooth Special Interest Group，Bluetooth SIG），来联合开展一种短距离、低成本的无线通信技术的标准化工作，并以历史上颇具传奇色彩的丹麦国王哈拉德二世的绰号“蓝牙”来命名，表达了将该技术推广至全世界的信心。

蓝牙版本已从 1.1 演进到 5.0，标准逐步完善，技术和功能也越来越成熟。2001 年蓝牙 1.1 版本推出，对应的标准是 IEEE 802.15.1，数据传输速率可达 748～810 Kbit/s，随后的 1.2 版本增加了抗干扰跳频功能（Adaptive Frequency Hopping，AFH）。2.0 版本于 2004 年发布，数据传输速率为 1.8～2.1 Mbit/s，最大可达 3 Mbit/s，传输距离可至 100 m，并且开始支持双工模式，即在语音通话的同时可以传输文件和图片。为了进一步改善技术方面存在的问题，蓝牙技术联盟在 2007 年发布了 2.1 版本。该版本可自动使用数字密码来进行配对和连接，并且将需要持续传输数据流设备的扫描间隔从 0.1 s 扩大到了 0.5 s，大幅降低了蓝牙芯片的工作负载，因此功耗更低，启动更快，是应用最为广泛的蓝牙标准。2009 年 4 月，蓝牙核心规范 3.0 版-高速（3.0 High Speed）正式发布。3.0 版本的核心技术 Generic Alternate MAC/PHY（AMP）是一种全新的交替射频技术，通过集成 802.11 协议适应层（Protocol Adaptation Layers，PAL），允许消费类设备使用标准蓝牙射频和无线局域网射频，支持蓝牙对每一个任务动态选择正确射频。3.0 版本的蓝牙传输速率是 2.0 版本的 8 倍，同时采用了增强电源控制（Enhanced Power Control，EPC）机制，待机功耗问题也得到了初步的解决。4.0 版本的蓝牙是 3.0 版本的有效补充，主要面向低成本和低功耗的应用，强化了蓝牙在无线传输上的低功耗性能，也被称为低功耗蓝牙（Bluetooth Low Energy，BLE）。BLE 是一个综合协议规范，支持单模式和双模式两种部署方式，可以将传统蓝牙和低功耗蓝牙集于一体，传输距离提升至 100 m 以上。基于物联网技术和产业的发展，蓝牙 4.1 版本针对以可穿戴设备为代表的物联网应用改善数据传输效率，并且优化了设备间重新连接的时间，支持断点续传，即使用户同时使用了多个可穿戴设备，所有信息也可以及时发送到接收设备。随后的 4.2 版本更进一步强化了物联网功能，支持 IPv6 和 6LoWPAN，使设备可直接接入互联网。最新的 5.0 版本更专注于物联网领域，在保持低功耗特性的同时，使传输距离提升至 300 m，并且具有精确的室内定位功能，尤其适合智能家居应用。

蓝牙技术具有以下特点。

（1）全球范围适用。蓝牙工作在 2.4 GHz 的 ISM 频段，该频段在世界范围内都无须申请许可，可自由使用，免付费。

（2）支持同时传输语音和数据。蓝牙可以提供 1 个异步数据信道、3 个语音信道或 1 个异步数据和同步语音同时传输的信道。语音信号采用对数脉冲编码调制（Pulse Code Modulation，PCM）或连续可变斜率增量调制（Continuous Variable Slope Delta Modulation，CVSDM）。蓝牙定义了两类链路：异步无连接链路（Asynchronous Connectionless，AC），支持对称或非对称、分组交换和多点连接，主要用于数据传输；面向连接的同步链路（Synchronous Connection-Oriented，SCO），支持对称、电路交换和点到点的连接，主要传输语音。

（3）抗干扰能力强。蓝牙将 2.4～2.485 GHz 的频段分成 79 个频点，相邻频点间隔 1 MHz。在此基础上，蓝牙采用跳频（Frequency Hopping，FH）的方式来扩展频谱，设备在工作时使用不同的跳频序列，载波频率在不同的频点之间跳变，由此可以有效地避免受到其他工作在 ISM 频段设备的干扰。

（4）无须基站，支持点到点或点到多点的连接。蓝牙网络以蓝牙模块为节点，采用 Ad-hoc（点对点）方式组网，不需要使用基站。首个发起连接的设备成为主设备，被动连接的设备为从设备，一个主设备可以和至少 7 个从设备同时保持连接，构成一个微微网（Piconet），相邻的微微网可以通过一个跨网的蓝牙设备实现互联互通，这种方式可以有效地扩展网络规模。

（5）低功耗。在通信连接状态下，蓝牙具有 4 种工作模式，除了激活（Active）模式外，呼吸（Sniff）模式、保持（Hold）模式和休眠（Park）模式是为了节能而规定的 3 种低功耗模式，从而能够在通信量减少或通信结束时实现超低的功耗。

（6）低成本。随着市场需求的扩大和蓝牙技术的发展，目前蓝牙模块电路简单、体积小、价格低廉、方便移植到多种设备中。

（7）保密性。蓝牙重视隐私保护，在基带协议中就加入了鉴权和加密功能。另外，跳频技术本身也具有一定程度的保密功能。

本节重点介绍广泛使用的传统蓝牙（Bluetooth BR/EDR）和低功耗蓝牙（Bluetooth LE）。表 3-3 列出了传统蓝牙和低功耗蓝牙技术规范的主要指标数据比较。

表 3-3　传统蓝牙与低功耗蓝牙技术规范比较

技术指标	传统蓝牙	低功耗蓝牙
通信距离	10～100 m	50 m
空中数据速率	1～3 Mbit/s	1 Mbit/s
应用吞吐量	0.7～2.1 Mbit/s	0.2 Mbit/s
语音能力	有	无

续表

技术指标	传统蓝牙	低功耗蓝牙
网络拓扑	分散网	星形
耗电量比例	1	0.01～0.5
信道数目	79	40
最大操作电流	<30 mA	<15 mA
建立连接时间	6 s	3 ms
休眠电流损耗	10 μA	4 μA
网络节点数目	7～16 777 184	无限

3.2.2　传统蓝牙

传统蓝牙技术规范采用灵活开放的原则设计协议和协议栈。为保证种类繁多的蓝牙设备和应用之间能够实现互联互通，所有设备都要实现蓝牙协议栈中的数据链路层和物理层，但并不要求必须实现全部协议，应用可以根据自身需求选择其他协议。在高层协议的设计方面，蓝牙尽可能重用现存的协议，而不是重新设计和实现新协议，所以蓝牙中包含了很多已经稳定、成熟的协议。蓝牙协议栈的灵活性和开放性保障了设备制造厂商快速开发多种多样的兼容蓝牙技术规范的软、硬件应用。

完整的传统蓝牙协议栈的体系结构如图 3-3 所示，蓝牙技术联盟将协议栈体系分为核心协议层、电缆替换协议层、电话控制协议层和可选协议层 4 个层次。

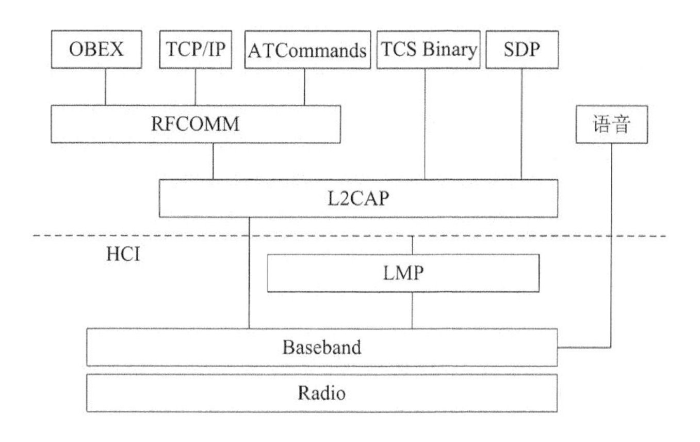

图 3-3　完整的传统蓝牙协议栈的体系结构

（1）核心协议层。核心协议层包括基带协议（Baseband，BB）、连接管理协议（Link Manage Protocol，LMP）、逻辑链路控制和适配协议（Logical Link Control and Adaptation Protocol，L2CAP）、服务发现协议（Service Discovery Protocol，SDP）。

① 基带协议（BB）。基带协议位于射频层（Radio）之上，管理和控制蓝牙的物理信道和链接，负责跳频选择，使用查询（Inquiry）和寻呼（Page）进程来同步蓝牙设备间的发送频率和时钟。蓝牙规范中定义了两种链路类型：异步无连接（Asynchronous Connection-Less，ACL）链路和面向连接的同步（Synchronous Connection Oriented，SCO）链路。ACL 链路只

能传输数据分组；而 SCO 链路既可以传输语音分组，也可以传输数据分组。基带协议能够对所有音频和数据分组提供不同层次的前向纠错（Forward Error Correction，FEC）或循环冗余校验（Cyclic Redundancy Check，CRC）编码，并且可以进行加密。

② 连接管理协议（LMP）。蓝牙协议体系结构的设计遵从开放式系统互联（Open System Interconnection，OSI）模型的原则，连接管理协议（LMP）和逻辑链路控制和适配协议（L2CAP）都是蓝牙的核心协议，共同完成 OSI 数据链路层的工作。其中，L2CAP 为高层协议提供数据传输服务，而 LMP 用于链路的建立及链路安全的控制和管理。

LMP 的主要作用包括管理蓝牙设备之间连接的建立和断开，控制和协商数据分组的大小；监测射频信号强度和发射功率、信道变化等信道特性，同时负责相应的错误处理；执行密钥的生产和交换、身份鉴权和加密等安全方面的任务；提供控制蓝牙组件的工作模式、主从角色切换等其他功能。

③ 逻辑链路控制与适配协议（L2CAP）。L2CAP 位于高层协议和基带协议之间，为高层协议提供数据传输服务，完成传输过程中高层协议的个性化和基带协议通用性之间的适配工作。其主要作用包括能够区分高层协议，每个 L2CAP 分组指向相应的高层协议，从而解决基带协议不识别和不支持类型段的问题；采用分段和重组技术解决基带协议传输分组大小受限的问题，允许高层协议和应用传输超过 64 kB 的数据包；支持单元组的概念，可实现在蓝牙微微网上的有效协议映射等。

④ 服务发现协议（SDP）。SDP 是蓝牙协议栈中的核心协议之一。应用程序通过 SDP 发现其他蓝牙设备信息、可用的服务及服务的属性，从而建立相应的连接。SDP 采用客户端/服务器结构，其中服务器维护可用服务的列表，客户端可从中查询服务信息。一个蓝牙设备既可以充当 SDP 客户端，也可以充当 SDP 服务器。

（2）电缆替换协议层。电缆替换协议层主要包括串口仿真协议（RFCOMM）。

（3）电话控制协议层。电话控制协议层包括二进制电话控制规范（TCS Binary）和 AT 指令（AT Commands）。

（4）可选协议层。可选协议层包括点到点协议（Point-to-Point Protocol，PPP）、无线应用协议（Wireless Application Protocol，WAP）、无线应用环境（Wireless Application Environment，WAE）、电子名片（vCard/vCal）、红外移动通信（Infrared Mobile Communication，IrMC）、对象交换协议（Object Exchange，OBEX）、传输控制协议/网际协议（Transmission Control Protocol/Internet Protocol，TCP/IP）等协议。

除了上述协议，蓝牙协议规范还制定了主机控制接口（Host Controller Interface，HCI），为基带控制器和连接管理器提供命令接口，并且可由此操作硬件状态和控制寄存器。

3.2.3 低功耗蓝牙

随着消费电子产品和短距离无线通信技术在近年来的广泛应用，蓝牙设备的功耗问题逐渐凸显出来，成为阻碍蓝牙技术进一步推广的关键原因。例如，用户为了延长便携设备的续航时间，通常会关闭蓝牙功能，只有在需要的时候才重新开启。自 2004 年起，诺基亚就开始致力于降低蓝牙功耗的研究工作，推出了低功耗蓝牙（Bluetooth Low Energy，BLE）技术的早期版本，并围绕该技术成立了 Wibree 联盟。在 2010 年发布的蓝牙核心规范 4.0 版本中，低功耗蓝牙是一个重要的组成部分。

低功耗蓝牙（BLE）是一种新型的超低功耗无线传输技术。功耗和传输速率是其重点改善的技术指标。根据蓝牙技术联盟的数据，低功耗蓝牙的峰值功耗仅为以前版本的 1/2，一颗纽扣电池就能支持使用了蓝牙 4.0 的电子设备正常工作一年以上。蓝牙 4.0 规范定义了两种实现方式：单模（single-mode）方式和双模（dual-mode）方式。双模方式的芯片将低功耗蓝牙协议集成到传统蓝牙控制器之中，实现两种蓝牙的共存共用；单模方式的芯片仅采用低功耗蓝牙协议，降低了设备功耗，提高了数据传输速率。

低功耗蓝牙协议设计承袭了传统蓝牙开放、灵活的原则，尽可能地继承了传统蓝牙的组件，并对协议栈进行了简化。图 3-4 所示为低功耗蓝牙协议栈的体系结构。

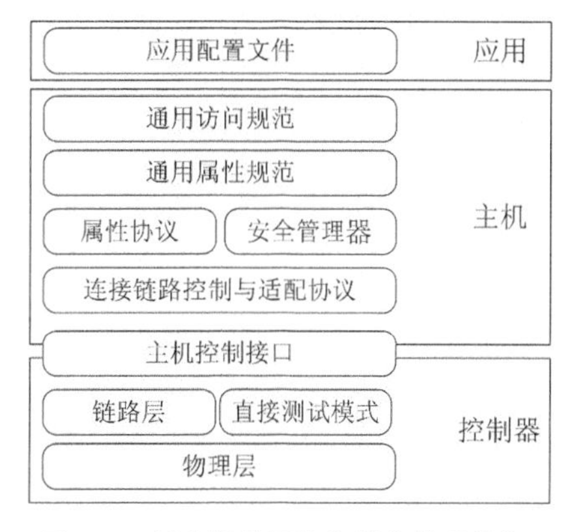

图 3-4　低功耗蓝牙协议栈的体系结构

在低功耗蓝牙协议栈中，链路层位于物理层之上，负责发送和接收分组；L2CAP 与其在传统蓝牙中的功能类似，负责协议复用和分组的分段与组装。安全管理器（Security Manager，SM）用于蓝牙的设备配对和密钥分配，并且采用标准的 AES-128 位加密引擎提供加密功能，同时也负责数据身份的验证工作。属性（Attribute，ATT）协议是蓝牙 4.0 采用的一种新的通信机制，用于优化低功耗蓝牙的数据包。通用属性（Generic Attribute，GATT）规范提供了一个服务框架，基于此可以进行设备发现及设备特征值读取等工作。GATT 规范虽然简单，但可以有效地减小低功耗蓝牙设备传输的数据量，从而达到降低功耗的目的。协议栈的应用层定义了许多不同种类的应用业务。

3.3 ZigBee

ZigBee 技术的设计目标并不是与蓝牙或其他短距离无线通信技术竞争，而是针对已有技术并不能满足其需求的特定应用。在智能家居领域，ZigBee 技术一直被广泛认为是目前最适用于智能家居的技术标准。ZigBee 联盟预测在未来几年，每个家庭使用的 ZigBee 设备数目将达到 50～150 个。ZigBee 技术具有非常广阔的应用前景。

3.3.1 ZigBee 的起源和特点

随着信息科技的发展，大量基于无线网络的应用纷纷涌现出来，研究人员逐渐发现已有的无线通信技术并不能完全适用于所有应用场景。例如，在智能家居和工业自动化控制等领域，应用需求体现为传输的数据量小，由于环境限制不能频繁地给设备充电或更换电池，同时希望硬件价格低并且能够组建较大规模的网络。WLAN 和蓝牙的技术在带宽、功耗和成本等方面都不满足要求。

2002 年，英国 Invensys 公司、日本三菱电机、美国摩托罗拉公司和荷兰飞利浦公司共同组建 ZigBee 联盟，目标是基于 IEEE 802.15.4 通信标准开发一种低成本、低速率、低功耗、低延迟、自组织的无线网络技术。该名称来源于蜜蜂（bee）通过折线（zigzag）的“之”字舞与同伴共享花粉位置信息的现象，比较贴切地反映了 ZigBee 的技术特点。2004 年 12 月，ZigBee 1.0 版规范发布，随后 ZigBee 联盟又陆续通过了 ZigBee 2006、ZigBee Pro 和 ZigBee 3.0 等规范。

ZigBee 具有以下技术优势。

（1）低功耗。ZigBee 设备数据传输速率小，并且引入了休眠模式，因此整体功耗非常低。经估算，在低功耗待机模式下，两节普通 5 号电池可使设备正常工作 6～24 个月。相比于传统蓝牙和 WLAN，ZigBee 极大地降低了网络维护的负担。

（2）成本低。ZigBee 数据传输速率低，协议简单，仅需占用 4～32 kB 的系统资源，普通节点只需要 8 位的微处理器。同时 ZigBee 的专利免费，进一步降低了成本。

（3）数据传输速率低。ZigBee 提供 3 种数据传输速率：250 Kbit/s（2.4 GHz）、40 Kbit/s（915 MHz）、20 Kbit/s（868 MHz），专门面向低速率的应用。

（4）网络容量大。ZigBee 网络可以灵活地选择星形、树形和网状网络结构；一个协调器可控制的网络能包含 255 个设备，如果采用层次结构，ZigBee 网络理论上最多能容纳 65 535 个设备。

（5）时延短。ZigBee 通信时延和响应时间都很短，通常都在 15～30 ms，如从休眠状态转换到工作状态只需 15 ms，设备搜索时延是 30 ms，节点接入网络也只需 30 ms。

（6）安全。ZigBee 采用 AES-128 加密算法，可以提供数据完整性检查和鉴权功能。

（7）有效范围小。ZigBee 的通信有效覆盖范围是 10～100 m，具体依据实际发射功率的大小和各种不同的应用模式而定。

（8）传输可靠。ZigBee 在物理层使用直接序列扩频（Direct Sequence Spread Spectrum，DSSS）技术，在 MAC（Media Access Control，介质访问控制）层采用了 802.11 的 CSMA/CA 技术，有效避免了数据传输的冲突，同时为需要固定带宽的业务预留了专用时隙。

3.3.2　ZigBee 协议栈体系结构

ZigBee 是基于 IEEE 802.15.4 通信标准构建的网络协议栈。IEEE 802.15.4 标准定义了物理层和 MAC 层，为个人区域网络提供低速率的无线通信解决方案。ZigBee 联盟在此基础之上定义了网络层（Network Layer，NWK）和应用层（Application Layer，APL），构造了完整的网络协议栈体系。其中，应用层包括应用支持子层（Application Support Sublayer，APS）、ZigBee 设备对象（ZigBee Device Object，ZDO）和应用架构（Application Framework，AF）。每个层次中的实体根据功能分为数据实体和管理实体，数据实体提供数据传输服务，管理实体提供控制和管理服务。上层和下层的实体通过层次间的服务接入点（Service Access Point，SAP）相连，SAP 提供大量功能支持层次间实体的互操作。完整的 ZigBee 协议栈体系结构如图 3-5 所示。

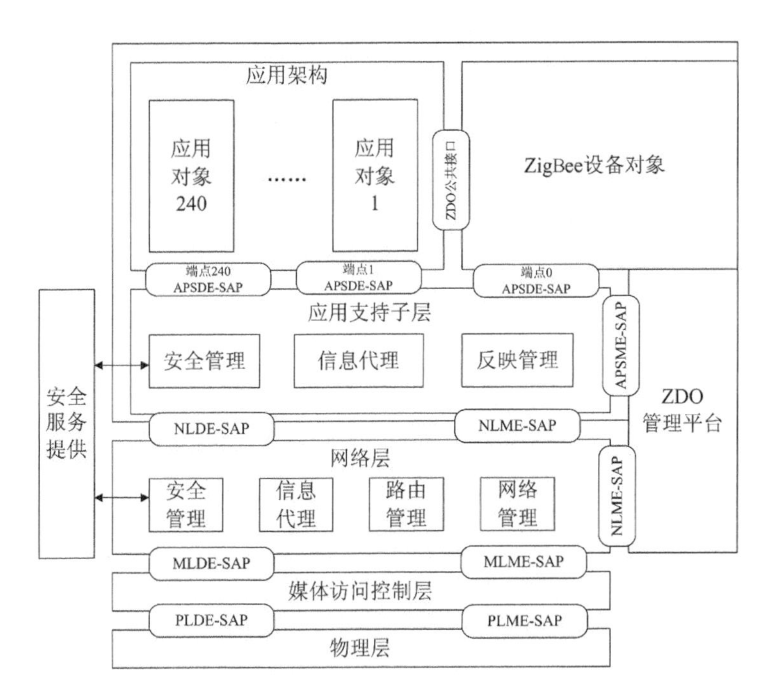

图 3-5　完整的 ZigBee 协议栈体系结构

1. 物理层

IEEE 802.15.4 提供了 3 种物理层，分别是全球范围的 2.4 GHz 频段、欧洲的 868 MHz 频段，以及美国的 915 MHz 频段，具体参数如表 3-4 所示。

表 3-4　ZigBee 物理层参数

频率	频带	适用范围	调制方式	数据传输速率（kbit/s）	信道数量
2.4 GHz	ISM	全球	O-QPSK	250	16
915 MHz	ISM	美国	BPSK	40	10
868 MHz	ISM	欧洲	BPSK	10	1

3 个物理层均采用直接序列扩频技术，且具有相同的数据帧结构。多种数据传输速率扩展

了 ZigBee 的使用场合，如 868/915 MHz 物理层适用于对数据传输速率要求较低、更重视设备的较高灵敏度和较大覆盖范围的应用；2.4 GHz 物理层更适合数据吞吐量要求较高，并且对传输延迟要求严格的场合。ZigBee 物理层的主要功能包括数据的发送与接收、物理信道的能量检测、射频收发器的激活与关闭、空闲信道评估、链路质量指示、获取和设置物理层属性参数等。

2. 数据链路层

ZigBee 的数据链路层分为逻辑链路控制（Logic Link Control，LLC）子层和介质访问控制（Media Access Control，MAC）子层两部分。其中 LLC 子层为应用提供链路层服务，MAC 子层为高层访问物理信道提供点到点通信的服务接口。特定服务聚合（Service Specific Convergence Sublayer，SSCS）子层为 IEEE MAC 层接入 IEEE 802.2 标准中定义的 LLC 子层提供聚合服务，因此 ZigBee 中的 MAC 子层能够支持多种 LLC 标准。

ZigBee 的 MAC 子层同时采用了 IEEE 标准的 64 位长地址和 16 位短地址两种地址格式，基本网络可以包含 254 个节点，最大网络规模可达 65 535 个节点，这种灵活的策略使得 ZigBee 可在网络规模和系统功耗之间达到较好的平衡。为进一步降低成本，ZigBee 将设备分为全功能设备（Full Function Device，FFD）和精简功能设备（Reduced Function Device，RFD）两种，并设置协调器对网络进行管理。ZigBee 在 MAC 子层可采用超帧来周期性地组织设备间的通信，超帧将工作时间划分为活跃时段和不活跃时段，在不活跃时段，设备可进入休眠状态，减少能量消耗。MAC 子层还采用 CSMA/CA 机制来访问物理信道，并且提供基于 AFS-128 的安全机制在两个 MAC 实体之间提供数据的可靠传输。

MAC 子层帧结构设计目标为用最低复杂度实现多噪声无线信道环境下的可靠数据传输。MAC 子层定义了 4 种帧类型：信标帧、数据帧、确认帧和命令帧。其中，如果数据帧和命令帧的帧控制域的确认请求位设置为 1，接收设备需要回应一个确认帧，从而保证数据可靠传输。确认帧具有高优先级，不需要使用 CSMA/CA 机制竞争信道。

3. 网络层

网络层是 ZigBee 协议栈实现的核心层次，实现了 ZigBee 的关键功能。其主要的工作包括：①启动和建立新网络；②制定设备连接网络和退出网络的方式；③发现和维护网络路由；④制定安全可靠的数据包传输机制；⑤实现与 MAC 层的命令和数据的交互，为应用层提供数据传输服务。这些功能通过网络层数据实体的数据服务访问点（NLDE-SAP）和网络层管理实体的管理服务访问点（NLME-SAP）实现相应的服务。3.3.3 小节将进一步介绍 ZigBee 的网络结构和组网过程。

4. 应用层

应用层是 ZigBee 整个协议栈的最高层，包含 3 个部分：应用支持子层（APS）、ZigBee 设备对象（ZDO）和应用架构（AF）。

应用支持子层（APS）主要负责维护设备绑定表，设备绑定表能够根据设备的服务和需求将两个设备进行匹配，APS 根据设备绑定表能够在被绑定在一起的设备之间进行消息传递。APS 提供了应用支持子层数据实体服务访问点（APSDE-SAP）和应用支持子层管理实体服务访问点（APSME-SAP）两个接口来与其他层次实体实现信息交互。APS 的另一个主要职责是发现在当前设备的个人操作空间（Personal Operating Space，POS）范围内处于工作状态的其他设备。

ZigBee 设备对象（ZDO）的功能包括定义当前设备在 ZigBee 网络中的角色是协调器还是终端设备；对绑定请求的初始化或者响应，在网络设备之间建立安全联系等。ZDO 是一种特殊的应用对象，运行在端点 0 上。

应用架构（AF）是厂商自定义应用对象的工作环境。厂商自定义应用对象就是运行在 ZigBee 协议栈上的各式各样的应用程序，这些应用程序遵循 ZigBee 联盟发布并批准的规范（Profile）进行开发，并且运行在端点（Endpoint）1～240 上。

在安全方面，ZigBee 协议提供了安全服务供应层（Security Service Provider，SSP）向网络层和应用层提供数据加密服务。SSP 并非单独的协议，ZigBee 提供了一套贯穿 MAC 层、网络层和应用层的基于 128 位 AES 算法的安全体系。当有安全传输的需求时，SSP 的功能会被调用，根据源地址或目的地址取回相应的密钥，对数据包进行加解密处理。

3.3.3 ZigBee 网络结构

1. 网络拓扑

ZigBee 基于 IEEE 802.15.4 标准定义的通信功能来构建低功耗、低成本的网络系统。为了进一步降低设备硬件成本，如前文所述，IEEE 802.15.4 标准将设备分为全功能设备（FFD）和精简功能设备（RFD）两种。顾名思义，精简功能设备硬件实现更为简单，仅具备基本通信功能，只能通过与全功能设备连接来接收和发送数据。RFD 之间不能进行有效的数据通信。基于这种设备分类，ZigBee 定义了 3 种类型的网络节点：协调器节点、路由器节点和终端节点。一个 ZigBee 网络必须有且仅有一个协调器节点，负责网络的初始化、建立和管理工作；路由器节点可为网络中其他通信任务提供数据转发服务；终端节点只能通过连接协调器节点或路由器节点加入网络，传输自身应用所需的数据。FFD 可以充当任意一种类型的网络节点，而 RFD 只能作为终端节点。

ZigBee 网络可以采用 3 种拓扑结构：星形拓扑、网状拓扑和树形拓扑，如图 3-6 所示。

星形拓扑如图 3-6（a）所示，网络中存在一个处于中心位置的协调器，其他节点都是终端节点，所有节点都与协调器连接，控制命令和数据都需要通过协调器传输。星形拓扑结构简单、管理方便，是最常见的网络拓扑，大量使用于智能家居和健康监护等应用中。但星形拓扑的网络性能完全依赖于中心节点，网络覆盖范围小、规模受限且灵活性较差。

图 3-6（b）所示为网状拓扑，其中存在多个相互连接的路由器节点，提供了丰富的连接资源，网状拓扑中的数据转发任务由所有路由器节点共同分担，协调器仅负责网络的初始化和组建工作。这种方式极大地扩展了 ZigBee 网络的规模和覆盖范围，同时也提高了网络的可靠性和

灵活性。网状拓扑的问题在于其大规模和动态性增加了网络管理和路由选择的复杂度。

树形拓扑也叫簇状拓扑，是星形拓扑的扩展，如图 3-6（c）所示，树形拓扑由多个星形拓扑按层次递归组建而成。树形拓扑可以突破星形拓扑在网络规模上的限制。但随着网络规模的扩大，树形拓扑的灵活性和可靠性降低，因此限制了该拓扑在实际工程中的推广应用。

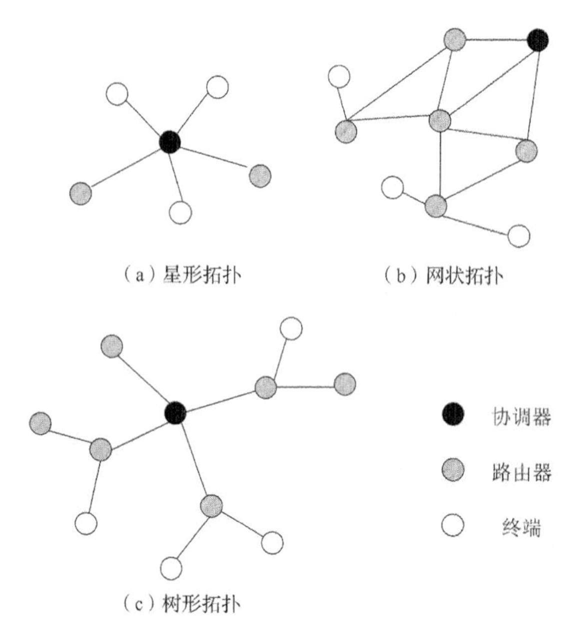

图 3-6　ZigBee 网络拓扑结构

2. 组网过程

ZigBee 网络的组建可以分为网络初始化和成员节点加入网络这两个过程。

ZigBee 网络的建立是由协调器发起的。当 FFD 设备希望启动新 ZigBee 网络时，首先会主动扫描周围区域，通过是否能接收到信标来判断区域内是否存在其他协调器。如果没有，则开始扫描信道，从可用信道中选择一个最优的供新网络使用。接着，FFD 设备确定新网络的网络标识符（PAN ID）。PAN ID 在网络的工作区域内具有唯一性，可由开发人员预先设置，也可以由设备自主选择。最后，该 FFD 成为新网络的协调器并开始广播信标，宣告网络存在，开放应答请求，等待其他节点加入网络。

成员节点在加入网络时会选择周围信号最强的路由器节点（包括协调器）作为父节点，并发出入网请求。如果请求成功，会收到父节点为其分配的 16 位短地址，在以后的网络通信中都使用这个短地址来标识自己，进行数据的接收和发送。虽然每个 ZigBee 设备都具有全球唯一的 64 位长地址，但在网络通信过程中，ZigBee 采用重新分配的 16 位短地址来标识设备，从而节省网络带宽及设备的存储资源。

3. 路由协议

路由协议负责为网络中通信的两个节点选择最优路径来进行数据传输，是影响网络性能的关键组件。ZigBee网络为了达到低功耗、低成本的设计目标，采用无线自组网按需距离矢量路由（Ad-hoc On-demand Distance Vector routing，AODV）的一种简化版本AODVjr（AODV Junior）作为其主要的路由协议。AODVjr具有AODV的主要功能，在使用便捷性和节能等方面进行了有针对性的优化。在实际使用中，AODVjr和适用于ZigBee树形拓扑的Cluster tree路由算法相结合，能够取得良好的效果。

3.4 WLAN

WLAN（Wireless LAN）是基于IEEE 802.11系列标准构建的以无线信道为传输媒介的计算机局域网，它帮助用户摆脱网线的限制，为用户提供灵活、稳定、高速和安全的无线网络服务。用户的笔记本电脑、平板电脑和智能手机等电子设备可以在生活和工作的各个场所通过WLAN便捷、高效地共享文件，并且可以方便、灵活地接入互联网。WLAN已成为众所周知和应用最为广泛的无线网络技术。Wi-Fi是为改善IEEE 802.11无线设备互通性所成立的联盟及其品牌的名称。目前在一般场合人们会把Wi-Fi与WLAN混为一谈，甚至将Wi-Fi作为IEEE 802.11系列无线网络技术的统称，这种说法是不够严谨的。

相比于蓝牙和ZigBee技术，WLAN技术的显著特点是高带宽和高功耗。智能家居系统在硬件条件和应用需求等方面都具有多样性，智能娱乐和智能安防等系统需要高速网络支持音视频等多媒体数据的实时传输，而家庭环境可以方便地为智能照明和智能家电等设备提供持续的交流电供应，因此WLAN是一种适用于智能家居系统的重要的无线通信技术。

3.4.1 WLAN的起源和特点

1997年，IEEE为无线计算机局域网制定了IEEE 802.11标准，使用免付费的2.4 GHz频段，采用直接序列扩频（DSSS）技术，可提供的带宽最高为2 Mbit/s。

为解决带宽不足的问题，IEEE在1999年同时发布了两个新版本，即802.11a和802.11b。802.11b仍然保持使用2.4 GHz频段，采用高速直接序列扩频（High Rate DSSS，HR-DSSS），将带宽提升至11 Mbit/s，可采用基于无线接入点（Access Point，AP）和自组织两种模式来组建网络。802.11a使用了较高的5 GHz频段，同时采用正交频分多路复用（Orthogonal Frequency Division Multiplexing，OFDM）扩频技术，带宽可达54 Mbit/s。由于选择了不同的物理层技术，802.11a和802.11b相互之间并不兼容。2003年，混合标准802.11g制定完成。802.11g选择使用2.4 GHz频段，因此可以兼容802.11b。同时，802.11g还继承了802.11a中的OFDM技术，使最大传输带宽保持为54 Mbit/s。IEEE在2009年发布的802.11n除了沿用OFDM技术外，更进一步采用了多输入多输出（Multiple-Input Multiple-Output，MIMO）技术，使带宽提高至100 Mbit/s，而且802.11n允许设备选择使用2.4 GHz和5 GHz两个频段。表3-5列出了802.11系列协议的参数对比。

表 3-5　　802.11 系列协议参数对比

标准号	发布时间	频带（GHz）	最大带宽（Mbit/s）	调制方式	兼容性
802.11	1997.6	2.4～2.485	2	DSSS	802.11
802.11a	1999.9	5.1～5.8	54	OFDM	802.11a
802.11b	1999.9	2.4～2.485	11	DSSS	802.11b
802.11g	2003.6	2.4～2.485	54	DSSS 或 OFDM	802.11b/g
801.11n	2009.10	2.4～2.485 或 5.1～5.8	100	OFDM	802.11a/b/g/n

由于 WLAN 是面向计算机网络的无线通信标准，所以逻辑链路控制（LLC）子层及其以上的层次与其他遵循 OSI 模型的计算机网络协议栈相同。WLAN 主要定义了物理层（Physical Layer，PHY）和介质访问层（MAC）使用的无线频率范围、接口通信协议等技术规范和技术标准。

WLAN 的设计初衷是为构建高速的无线局域网络制定底层技术标准。相比于有线网络技术，WLAN 具有安装方便、使用灵活、扩展性强和成本低廉等优点；相比于 3G/4G 等移动通信网络技术，WLAN 具有高带宽和免费等优点，因此获得了巨大的成功，成为人们接入互联网的主要方式之一。

在智能家居为代表的物联网应用领域，相比于蓝牙和 ZigBee 等短距离无线通信技术，WLAN 也具有鲜明的特点，包括以下 4 个方面。

（1）高带宽。应用最广泛的 802.11b 的带宽为 11 Mbit/s，802.11g 和 802.11n 的最高带宽更可以达到 54 Mbit/s 和 100 Mbit/s，可以满足多种类型的智能家居应用的带宽需求。

（2）通信距离远。WLAN 无线电波覆盖范围广，半径可超过 100 m，高于其他短距离无线通信技术。

（3）组网灵活。WLAN 支持灵活多样的组网方式，通过无线接入点（AP）连接基础网络是当前 WLAN 的主要使用方式。在这种情况下，WLAN 网络设备既可以在局域网内部设备之间共享数据，又可以直接访问有线网络及互联网。同时 WLAN 也支持设备之间采用点到点的模式组建对等网络。

（4）应用广泛。WLAN 普及程度高、市场需求大，对于厂商和用户来说，降低了设备生产、使用操作和网络维护的难度，从而进一步提高了 WLAN 在短距离无线通信领域的市场份额。

3.4.2　WLAN 网络结构

WLAN 具有多种组建网络的方式，如基础架构模式、对等模式、多 AP 模式和 Mesh 结构等。

WLAN 最常使用的组建网络的方式是基础架构模式（Infrastructure）。在该模式中，一个无线接入点（AP）和多个处于同一区域的网络主机采用星形拓扑组成基本服务集（Basic Service Set，BSS）。每个 AP 被指定一个服务集标识符（Service Set IDentifier，SSID），并周期性地对外广播自己的 SSID 和 MAC 地址。网络主机通过搜索接收到的 SSID 来识别 AP 并且选择希望加入的网络。在选择过程中，如果没有人为指定，网络主机通常会选通信质量最好的 AP。AP

负责管理无线网络和接收、缓存、转发数据包，网络主机之间经过 AP 来进行网络通信。同时，AP 可使用网线接入骨干有线网络，如以太网，并作为无线网络和有线网络之间的网关进行数据中转服务，由此，BSS 内的无线主机可以与外界网络互连，且与有线网络主机一样，具有同等的网络功能，可以通过路由器访问互联网。可以看出，BSS 是 WLAN 网络的基本组成单元，多个 BSS 能够同时连接有线网，扩展网络规模。AP 通常由交流电持续供电，功率强，覆盖半径达上百米。WLAN 的基础架构模式如图 3-7 所示。

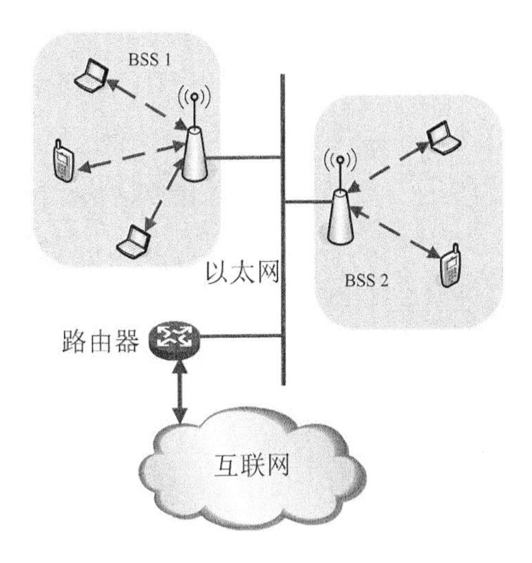

图 3-7　WLAN 的基础架构模式

WLAN 支持的另一常用的组网方式是对等模式，也称点到点（Peer-to-Peer）模式。对等模式采用灵活的组网方式，不需要固定的 AP 组建网络和转发数据，而是由 WLAN 网络主机通过自组织的方式自发建立网络，并且使用多跳的方式在网络中传输数据。在此模式中，网络主机既要利用网络传输自己高层应用的数据包，又要像路由器一样缓存和转发其他网络主机的数据包，也就是说，既是网络功能的使用者，又是网络功能的提供者。对等模式具有灵活性强、扩展性强、网络覆盖范围大等优点，但由于缺少 AP 的集中管理，对等模式网络管理和网络路由的复杂度较高。WLAN 的对等模式如图 3-8 所示。

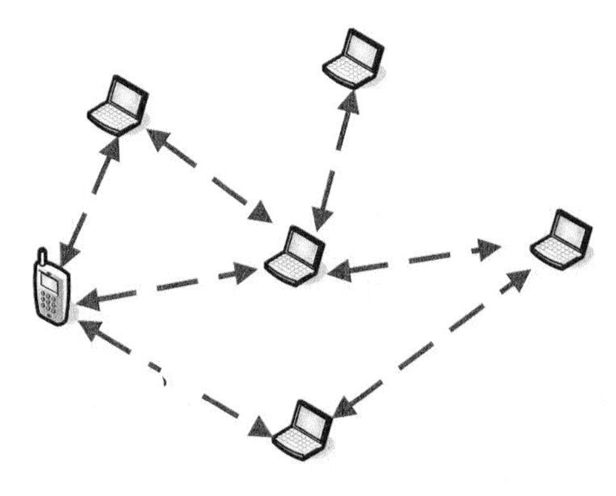

图 3-8　WLAN 的对等模式

3.4.3 WLAN 物理层

在计算机网络体系结构里，物理层是协议栈的基础，其中规范了传输接口的电气特性和功能。所有网络主机都要通过物理层相互连接，其他层次传输的数据单元都要最终映射为物理层上的比特流来进行通信。WLAN 的物理层负责获取和设置相关参数，如天线参数和发射功率参数等，选择调制方式，设定当前工作信道及发送和接收速率等工作。

IEEE 802.11b/g 工作在 ISM 的 2.4～2.483 5 GHz 频段，频率干扰现象非常严重。802.11 标准将该频段 83.5 MHz 的带宽划分为 14 个信道，每个信道的频宽为 22 MHz，相邻信道中心频率的间隔为 5 MHz，如图 3-9 所示。从图中可以看出，CH1 在频谱上和 CH2、CH3、CH4、CH5 都有重叠的部分，因此如果一台无线主机工作在 CH1，而同时另一台主机工作在 CH2～CH5 的其中之一的话，两台主机发出的信号会互相干扰。为避免这种情况的发生，802.11 规定频段存在重叠关系的相邻信道不能同时被使用。基于这个原则，同一区域只有 3 个信道是相互都不重叠的，如 CH1、CH6 和 CH11，所以最多只能同时使用 3 个信道。由于各国对于实际使用的 2.4 GHz WLAN 信道的规定不同，如美国和加拿大只开放 CH1～CH11，中国和欧洲则开放 CH1～CH13，而日本开放 CH1～CH14，所以 CH1、CH6 和 CH11 是普遍被同时使用的 3 个信道。IEEE 802.11 工作的 5 GHz 频段被划分为 23 个非重叠信道。

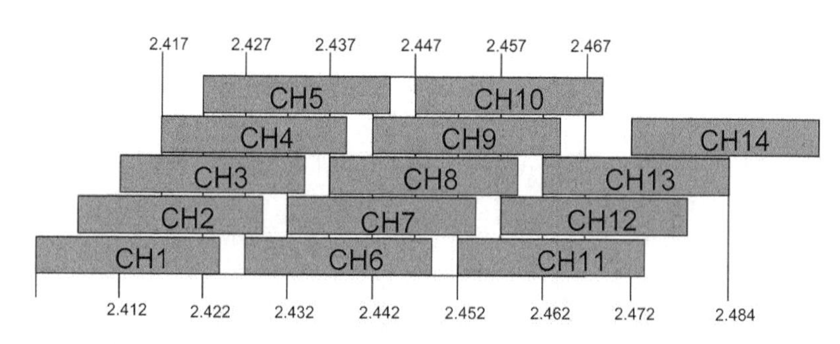

图 3-9 802.11 标准对 2.4 GHz～2.483 5 GHz 频段的信道划分

802.11 系列标准采用了 4 种不同的物理层技术：跳频扩频（FHSS）、直接序列扩频（DSSS）、正交频分多路复用（OFDM）和多输入多输出（MIMO）。

扩频全称为扩展频谱，是一种信息传输方式，其特点是将数据信号的频谱扩展到其原始带宽几倍或者几十倍再进行传输。由于这种技术中传输信息所用的带宽远大于信息本身的带宽，功率密度随之降低，所以扩频技术的保密性能好、抗干扰能力强。FHSS 是技术相对简单的扩频技术，通信双方按照一种预先商定的伪随机模式快速变化传输频率。也就是说，通信设备在某个子频谱槽上工作一段时间之后，就以预定的顺序跳转到下一个子频谱槽上继续工作，从而达到扩频的目的。FHSS 采用 GFSK 调制技术，数据传输速率为 1 Mbit/s，共有 22 组跳频图案。

DSSS 只使用 14 个信道的其中一个信道，不需要在信道间跳变。DSSS 是通过将伪随机码（PN 码）直接与基带信息相乘来扩展基带数据到一个更宽的频带的技术。DSSS 采用 11 chip barker 编码方式，只要 11 位中的 2 位正确，接收器就可以识别出基带数据。在调制方面，DSSS

采用 BPSK 和 QPSK 调制技术，支持 1 Mbit/s 和 2 Mbit/s 数据传输速率。通过使用补码键控（Complementary Code Keying，CCK）来防止噪声和多径干扰，802.11b 最高传输速率可达 11 Mbit/s。

802.11a 和 802.11g 使用了 OFDM 技术。OFDM 将信道分成若干个子信道，并且保证各个子载波间的频率是正交的，即在每个子波频率的峰值上，其他所有子载波的幅度都为零，从而避免子载波之间的干扰。子载波可以重复排列以提高频谱的利用率。然后，OFDM 将高速数据信号转换成并行的低速子数据流，调制到每个子载波上进行传输。OFDM 具有频谱利用率高、抗多径干扰能力强等优点。结合正交调幅（Quadrature Amplitude Modulation，QAM）技术，通过在每个子信道采用 QAM 进行调制，OFDM 可将传输速率提升至 54 Mbit/s。

MIMO 技术是 802.11n 采用的关键技术。如前文所述，无线传输存在多径效应。传统系统采用单输入单输出（Single-Input Single-Output，SISO）技术，一次只能发送或接收一路信号。MIMO 技术充分利用了多径效应的特点，发射机和接收机都配置多个天线来同时发送和接收多路信号，并通过频谱相位差等算法区分不同空间方位的信号。MIMO 技术可使信道容量随着天线数量的增加而线性增加，在带宽和天线发送功率保持不变的情况下，可以成倍地提高频谱利用率，同时也可以降低误码率，提高信道的可靠性。

3.4.4 WLAN MAC 层

数据链路层位于物理层之上，利用物理传输信道为上层协议实体提供可靠和高效的数据通信服务。数据链路层的主要功能包括定义多种类型帧的格式、确保帧同步、差错管理和流量控制等。IEEE 802.11 的数据链路层包含逻辑链路控制（LLC）子层和介质访问控制（MAC）子层，并且采用了 IEEE 802.2 定义的 LLC 子层。

通信的介质属于稀缺资源，多个主机同时接入信道收发数据，会引发数据分组之间相互冲突，使接收方难以正确接收数据，从而浪费信道资源，导致网络吞吐量下降。MAC 层的功能就是解决多个主机节点共享单个信道的问题。

802.11 MAC 层采用的 CSMA/CA 技术与 802.3 以太网的 CSMA/CD 技术类似，同样使用载波侦听多路复用（Carrier Sense Multiple Access，CSMA）。CSMA 指网络主机在发送数据之前首先侦听信道，如果信道被占用则不发送数据。在以太网中，有线网络的特性可以使网络主机在发送数据的同时侦听整个信道，在此过程中一旦检测到有其他主机同时在发送数据，产生冲突，就立即停止发送，随机等待一段时间后重新启动发送过程。

无线网络难以实现 CSMA/CD，原因有两点：首先，无线网络发送信号的能量高于接收信号的能量，因此很难做到全双工，即在发送数据的过程中难以同时接收数据；其次，无线网络存在隐藏终端问题，即使信道全双工也不能发现冲突。

隐藏终端是无线网络的一个常见现象，产生的原因在于无线通信信号的有效覆盖范围是有限的，不在彼此通信范围内的主机相互都是不可知的，因此网络主机不能了解网络其他区域的信道使用情况。这种现象可能会引发传输的冲突。

图 3-10 所示为一个隐藏终端的例子。图中圆圈的内部区域代表了位于圆心的主机的有效通信范围。在本例中，主机 A 和 B 都能够与 AP 相互通信，但 A 和 B 都不在对方的有效范围内，因此不能感知到对方的存在，相互隐藏。假设主机 B 和 AP 正在通信，AP 在接收主机 B 发送的数据，此时，如果主机 A 也希望向 AP 发送数据，A 按照 CSMA/CA 的要求首先侦听信道，由于 B 发送的有效信号并不能被 A 感知，所以 A 会认为信道空闲，从而使用信道发出数据。这样的话，A 和 B 同时发送过来的信号就会在 AP 端产生冲突，造成 AP 不能正确地接收任何一方的数据。

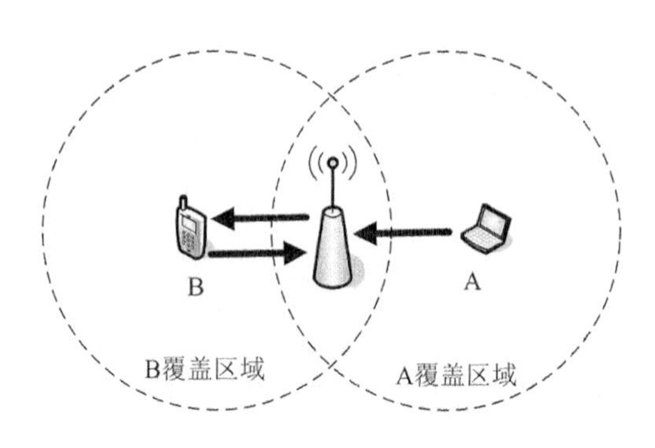

图 3-10　隐藏终端例子

为适应无线网络的特点，802.11 在 CSMA 的基础上增加了冲突避免（Collision Avoidance，CA）功能，主要思想是调节主机占用无线信道的时间点，通过竞争的方式对多个主机进行排序，每次排序第一的主机获得信道使用权，可以占用信道发送数据，其他主机等待下次机会，从而避免发生冲突。同时 CSMA/CA 采用了 ACK 主动确认机制，以保证网络通信的可靠性。

CSMA/CA 通过设置帧间间隔和竞争窗口来协调多个主机的发送时间，在分布式环境中达到排序的目的。CSMA/CA 规定所有主机在侦听到信道空闲之后，必须再等待一段很短的时间才能发送下一帧，这段时间通称为帧间间隔（Inter-Frame Space，IFS）。IFS 的长度取决于该主机将要发送帧的类型。高优先级帧对应的 IFS 短，如短帧间间隔（Short IFS，SIFS），因此主机等待的时间较短，可以优先发送；低优先级帧对应的 IFS 长，如分布式帧间间隔（Distributed IFS，DIFS），则主机要等待较长的时间。可以看出，主机竞争信道使用权的时候，高优先级帧会提前发送到信道，使信道变为忙态，低优先级帧所在的主机由于侦听到信道繁忙，只能推迟发送。

根据 CSMA/CA 协议，当主机要发送数据时，首先侦听信道状态，如果信道空闲，并且经过一个 IFS 后信道仍然空闲，则主机可开始发送数据；如果信道处于繁忙状态，则主机保持侦听，直到信道空闲并且空闲时间超过一个 IFS；当信道最终空闲时，主机进入退避状态，采用随机算法从竞争窗口中选择退避时间，并启动退避定时器；当定时器达到退避时间后，主机结束退避，开始发送数据；在退避状态下，只有检测到信道空闲才进行计时，而如果信道忙，退避计时器就会暂停，直到检测到信道空闲时间大于 DIFS 后才继续计时。由此，当多个主机进入退避状态时，从系统角度来看，退避时间的长短决定了主机的排队顺序，利用随机算法选择最小退避时间的主机排序第一，会获得信道使用权。

802.11 MAC 协议通过主动确认机制提高性能。在主动确认机制中，当目标主机收到一个发送给它的有效数据帧（DATA）时，必须向源主机发送一个应答帧（ACK），确认数据已被正确接收到。为了保证 ACK 在发送过程中不与其他主机发生冲突，目标主机使用 SIFS。主动确认机制只能用于有明确目标地址的帧，不能用于组播和广播报文传输。

CSMA/CA 能够有效地解决无线网络里大部分数据传输冲突的问题，但对于隐藏终端问题仍然无能为力，因此 CSMA/CA 提出了 RTS/CTS 技术。RTS/CTS 是一种预约机制，主机在进行收发数据之前首先利用无线网络天然的广播特性对外宣告自己要进行的网络通信及通信持续的时间，起到预约信道的作用。区域内其他主机在该预约时间内不会使用网络，以避免冲突的发生。我们仍然以图 3-10 所示的场景为例来阐述 RTS/CTS 的工作流程。主机 B 在与 AP 通信之前，会首先发送 RTS（Request to Send）请求，其中包含将要发生的通信可能会持续的时间。AP 正确接收 RTS 之后，如果能够进行本次通信，会回应 CTS（Clear to Send）报文，其中也同样包含自己即将占用信道的时间。主机 A 也会收到 CTS 报文，从而得知 AP 会在宣告的时间范围内使用信道接收网络数据，为避免冲突，主机 A 会在这段时间内保持静默，而在主机 B 与 AP 通信结束之后再使用信道。CSMA/CA 不仅支持物理载波侦听，还支持虚拟载波侦听。在进行虚拟载波侦听时，主机 A 会将 CTS 中的信道占用时间保存在自己的网络分配矢量（Network Allocation Vector，NAV）中。NAV 可以看作一个计数器，以均匀速率递减计数，用于指示信道状态，当该计数器递减到零时，表明信道空闲，主机 A 可以开始尝试使用信道。图 3-11 显示了在上述例子中，RTS/CTS 和主动确认机制的工作过程。可以看出，RTS/CTS 有效地解决了隐藏终端问题。

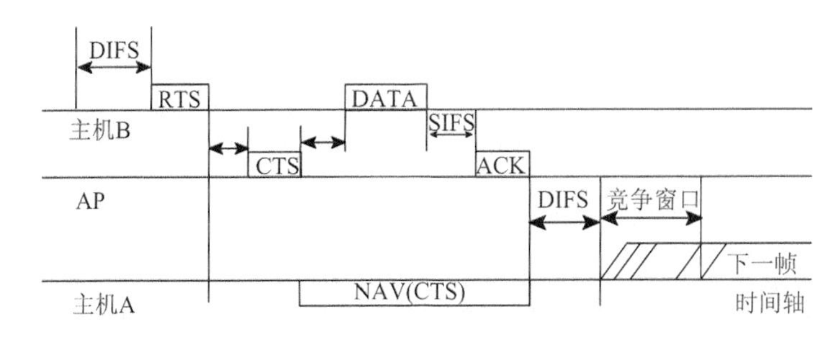

图 3-11　RTS/CTS 和主动确认机制的工作流程

本章小结

本章首先讲解了无线通信技术的系统模型和无线电波的传输特性，然后介绍了短距离无线通信技术的特点，以及在智能家居中常用的短距离无线通信技术，接下来详细讲解了蓝牙、ZigBee 和 WLAN 这 3 种应用最广泛的短距离无线通信技术的起源、特点、协议栈体系结构和网络结构。

通过本章的学习，读者应该能够充分理解短距离无线通信技术在智能家居系统中的关键作用，熟练掌握蓝牙、ZigBee 和 WLAN 这 3 种技术的特点和适用场景，并能够在分析特定智能家居应用需求的基础上为其选择最合适的短距离无线通信技术。

思考与练习

1. 分析并对比蓝牙、ZigBee 和 WLAN 各自的特点和适用场景。
2. 画出 ZigBee 协议栈的体系结构图，并详细描述每部分的功能。
3. CSMA/CA 的工作过程是什么？RTS/CTS 技术是如何解决隐藏终端问题的？

第 4 章 智能化技术

04

学习目标

① 掌握物联网、大数据、云计算与边缘计算、人工智能的基本知识。
② 掌握语音识别技术的系统组成、声学模型和语言模型。
③ 了解各项信息化技术在智能家居中的作用。

在智能家居概念刚出现的时候，其中的“智能”主要体现为无须人工干预的自动化，而随着信息化技术的发展，智能家居也必将实现真正的智能化。本章将对目前智能家居系统中的各项智能化技术进行详细讲解。

4.1 物联网技术

4.1.1 物联网的发展历程

物联网（Internet of Things，IoT）是指通过信息传感设备，按约定的协议，将任意物体与网络相连接，物体通过信息传播媒介进行信息交换和通信，以实现智能化识别、定位、跟踪、监管等功能。物联网最早可追溯到 1990 年由施乐公司发售的网络可乐贩卖机（Networking Coke Machine），它可以监测机器内可乐是否有货、是否够冰凉，并且能够联网，开创了物联网的先河。“Internet of Things”这个词，国内外公认的是由 MIT Auto-ID 中心的阿斯顿（Ashton）教授 1999 年在研究无线射频识别（RFID）时最早提出来的。在 2005 年国际电信联盟（ITU）发布的同名报告中，物联网的定义和范围已经发生了变化，覆盖范围有了较大的拓展，不再只是指基于 RFID 技术的物联网。它的定义为，将所有物品通过射频识别等信息传感设备与互联网连接起来，实现智能化识别和管理。物联网因智能感知、识别技术与普适计算、泛在网络的融合应用，被称为继计算机、互联网之后世界信息产业发展的第三次浪潮。2003 年，美国《技术评论》提出传感网络技术将是未来改变人们生活的十大技术之首。2005 年 11 月 17 日，在突尼斯举行的信息社会世界峰会（World Summit of Information Society，WSIS）上，国际电信联盟（ITU）发布了《ITU 互联网报告 2005：物联网》，引用了“物联网”的概念。

2008 年后，为了促进科技发展，寻找新的经济增长点，各国政府开始重视下一代的技术规划，将目光放在了物联网上。在中国，同年 11 月在北京大学举行的第二届中国移动政务研讨会“知识社会与创新 2.0”提出移动技术、物联网技术的发展代表着新一代信息技术的形成，并带动了经济社会形态、创新形态的变革，推动了面向知识社会的以用户体验为核心的下一代创新（创新 2.0）形态的形成，创新与发展更加关注用户、注重以人为本。2009 年 8 月，在“感知中国”被提出之后，物联网被正式列为国家五大新兴战略性产业之一，写入“政府工作报告”。物联网在中国受到了全社会极大的关注，其受关注程度是在美国、欧盟及其他各国家和地区不可比拟的。

随着现代科技的发展，物联网的概念逐渐地进入大众的生活当中。对于中国来说，物联网正经历从硬件、传感等基础设备向软件平台和垂直行业应用升级，迈入发展的第二阶段，万物互联的产业生态才刚起步。预计 2020 年全球将有 500 亿物联网连接设备，是当前连接数的 6～7 倍，我国物联网市场规模将超过 2 万亿元，是当前电信运营规模的 2 倍。驱动物联网生态发展的因素逐渐成熟，其中就包括硬件成本下降、云计算和大数据与行业结合、5G 和 NB-IoT 等技术推进。尤其是随着 5G 网络的出现带来的高速宽带网络的普及，大数据、云计算的发展，以及物联网平台型企业的成长和行业标准的推进，人们对物联网行业的需求也在升级，从基础的物品识别、网络信息传输，向平台管理、数据分析等更高层次的需求升级。人工智能技术的发展带来的机器智能化、自动化，为物联网的发展提供了硬件方面和技术方面的支持，让“云”和“端”都具有“AI 智能思维”。如此一来，物联网的“云”“管”“端”的信息闭环将会打通。因此，物联网是技术发展的趋势和形态，同时将促使人类进入下一个智能时代。

4.1.2 物联网的基本特征

顾名思义，物联网就是“物物相连”的互联网。它包括两层含义：其一，物联网的核心和基础仍然是互联网，是在互联网基础上的延伸和扩展的网络；其二，其用户端延伸和扩展到了任何物品与物品之间，进行信息交换和通信，也就是“物物相息”。物联网被视为互联网的应用拓展，应用创新是物联网发展的核心，以用户体验为核心的“创新 2.0”是物联网发展的灵魂。

物联网是各种感知技术的广泛应用。物联网上部署了海量的多种类型的传感器，每个传感器都是一个信息源，不同类别的传感器所捕获的信息内容和信息格式不同。传感器获得的数据具有实时性。传感器按一定的频率周期性地采集环境信息，不断更新数据。物联网的基本特征包括全面感知、可靠传输和智能处理。

1. 全面感知

利用无线射频识别（RFID）、传感器、定位器和二维码等手段随时随地对物体进行信息采集和获取。感知包括传感器的信息采集、协同处理、智能组网，甚至信息服务，以达到控制、指挥的目的。物联网是一种建立在互联网上的泛在网络。物联网技术的重要基础和核心仍旧是互联网，是通过各种有线和无线网络与互联网融合，将物体的信息实时、准确地传递出去。在物联网上的传感器定时采集的信息需要通过网络传输，由于其数量极其庞大，形成了海量信息，所以，在传输过程中，为了保障数据的正确性和及时性，必须适应各种异构网络和协议。

2. 可靠传输

可靠传输是通过各种电信网络与因特网融合，对接收到的感知信息进行实时远程传送，实现信息的交互和共享，并进行有效的处理。这一过程通常需要用到现有的电信运行网络，包括无线和有线网络。传感器网络是一个局部的无线网，而无线移动通信网 5G 网络是承载物联网的一个有力支撑。

3. 智能处理

物联网不仅提供传感器的连接，其本身也具有智能处理的能力，能够对物体实施智能控制。物联网将传感器和智能处理相结合，从传感器获得的海量信息中分析、加工和处理有意义的数据，以适应不同用户的不同需求，发现新的应用领域和应用模式；利用云计算、模式识别等各种智能技术，扩充其应用领域。

智能处理是利用云计算、模糊识别等智能计算技术，对随时接收到的跨地域、跨行业、跨部门的海量数据和信息进行分析处理，提升对物理世界、经济社会各种活动和变化的洞察力，实现智能化的决策和控制。

4.1.3 物联网的基础架构

物联网迄今为止并没有一个明确的定义，目前较为全面的定义是中国物联网大会提出来的：凡是有传感器和传感技术而感知物体的特性，并按照固定的协议，实现任何时候物与人之间、人与物之间、人与人之间互联互通，实现智能化识别、定位跟踪管理的网络就是物联网。根据物联网的 3 个基本特征，可以确立物联网的 3 层基础架构：感知层、网络层和应用层。其基本架构关系如图 4-1 所示。

感知层负责信息采集和物物之间的信息传输。信息采集的技术包括传感器、条码和二维码、RFID 技术、音视频等多媒体信息；信息传输包括远、近距离数据传输技术，自组织网技术，协同信息处理技术，传感器中间件技术等。感知层提供实现物联网全面感知的核心能力，是物联网在关键技术、标准化、产业化方面亟待突破的部分。感知层的关键在于具备更精确、更全面的感知能力，并向低功耗、小型化和低成本的方向发展。

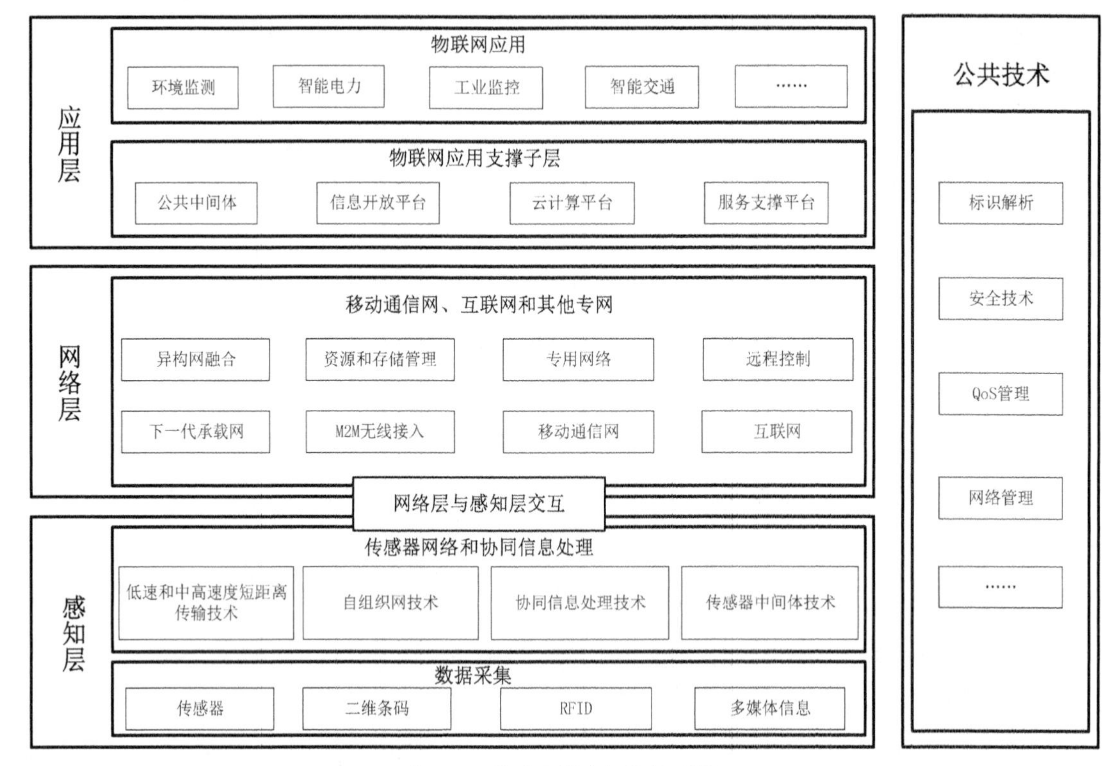

图 4-1　物联网基本架构关系图

网络层是利用无线和有线网络对采集的数据进行编码、认证和传输。广泛覆盖的移动通信网络是实现物联网的基础设施，是物联网 3 层中标准化程度最高、产业化能力最强、最成熟的部分。网络层的关键在于针对物联网应用特征进行优化和改进，形成协同感知的网络。

应用层提供丰富的基于物联网的应用，是物联网发展的根本目标。应用层将物联网技术与行业信息化需求相结合，实现广泛智能化应用的解决方案。其关键在于行业融合、信息资源的开发利用、低成本高质量的解决方案、信息安全的保障及有效商业模式的开发。

4.1.4　物联网应用场景

与其说物联网是一种技术手段，不如说物联网是一种将多种感知层、网络层和应用层技术综合应用的发展概念。在物联网的概念之下，已经有很多的相关应用进入了市场和寻常百姓家中。下面将列举一些物联网应用的相关实例。

1. 车联网

最近几年，车联网的发展成为一大热点。车联网的本质是实现人、车、网、路、物的互联融合与交互。未来的智能化汽车会成为一个功能高度集成化的生活空间，实现汽车和驾驶员的深度交互。如今很多产品已能实现车内联网、行车监测、车网互联、人车交互等功能，充分利用起来能取得以下几个方面的效果：①当汽车连上网络后，驾驶员的驾驶行为都会被系统一一记录，系统针对驾驶员的驾驶行为提供相应的建议，与此同时，一键检测功能还能够第一时间发现汽车的隐患和故障，及时通知车主处理，大大降低了因汽车缺陷导致的事故发生率，大大提高了交通安全水平；②运用车联网大数据技术可以分析各种各样的道路问题，如哪位驾驶员缺乏良好的驾驶行为、哪个路段事故频发、哪个车型故障率最大等，为国家规划城市道路、发展智能路网提供基础理论数据和参考方案。

2. 智能穿戴

最近几年，智能穿戴行业迅速发展，智能手环、智能手表、智能眼镜等智能穿戴设备日渐普及。不仅年轻人被智能穿戴设备吸引，老年人和小孩也慢慢用上了智能穿戴设备。智能穿戴设备正在悄无声息地对人类的生活产生影响。智能穿戴设备主要用于运动、健康及定位等方面，有的会对人体参数进行读取，计算并反映人体当前的健康状况，提出相关的合理性建议；也有些对外部环境进行读取，反映当前所处环境是否适宜做运动或者久居；还有一些如 VR 眼镜能够给人带来一些接近真实的娱乐性体验，增加生活的乐趣。

3. 智慧农业

在农业的发展中，物联网的应用也带来了一定的帮助。农民可以将智能设备应用于农业和畜牧业管理，如采用无人机来检查土壤成分和预测气候变化，以及用智能设备检测牧群成员疾病和跟踪其位置等。在这种情况下，物联网可以大量节省人力，同时帮助农民提前采取一些对于自然灾害的应对措施。

4. 智能家居

在智能家居系统中，物联网技术的相关应用尤为重要。智能家居系统包含的子系统通常有智能家居控制管理系统、家居照明控制系统、家庭环境监控系统、家庭安防系统、家庭网络系统、家庭影院与多媒体系统等。物联网技术通过射频识别、红外传感器、全球定位系统、激光扫描等信息传感设备按约定的协议把任意物品与互联网连接起来，进行信息交换和通信，以实现智能化识别、定位、监控和管理，从而实现复杂的智能家居应用。物联网技术的推进，势必会拓展智能家居的发展方向，扩大其产业规模，为智能家居的应用提供最可靠的网络技术保障。

物联网应用程序的快速发展，正逐步满足各个行业多种多样的需求。随着底层支持的技术逐渐走向成熟，物联网将会向速度更快、实时性更强、稳定性更高的方向发展，并将广泛地应用在各个行业和领域中，物联网时代也将迈入成熟期。

4.2　大数据技术

4.2.1　大数据的产生和特点

大数据的概念可以追溯到 1980 年，阿尔文 • 托夫勒在《第三次浪潮》一书中预言信息时代的到来会带来数据爆发。1998 年，硅图公司（Silicon Graphics，SGI）的科学家在 USENIX 大会上首次提出“大数据”这个词。2003—2006 年，谷歌公司发表了 3 篇重要技术论文，奠定了大数据发展的基石。

麦肯锡全球研究所给出的大数据定义是一种规模大到在获取、存储、管理、分析方面大大超出了传统数据库软件工具能力范围的数据集合，它具有数据体量巨大、数据流转快速、数据类型多样和数据价值密度低四大特征。在信息技术中，“大数据”是指一些使用现有数据库管理工具或传统数据处理软件很难处理的大型而复杂的数据集，其挑战包括采集、管理、存储、搜索、共享、分析和可视化。大数据的特征如图 4-2 所示。

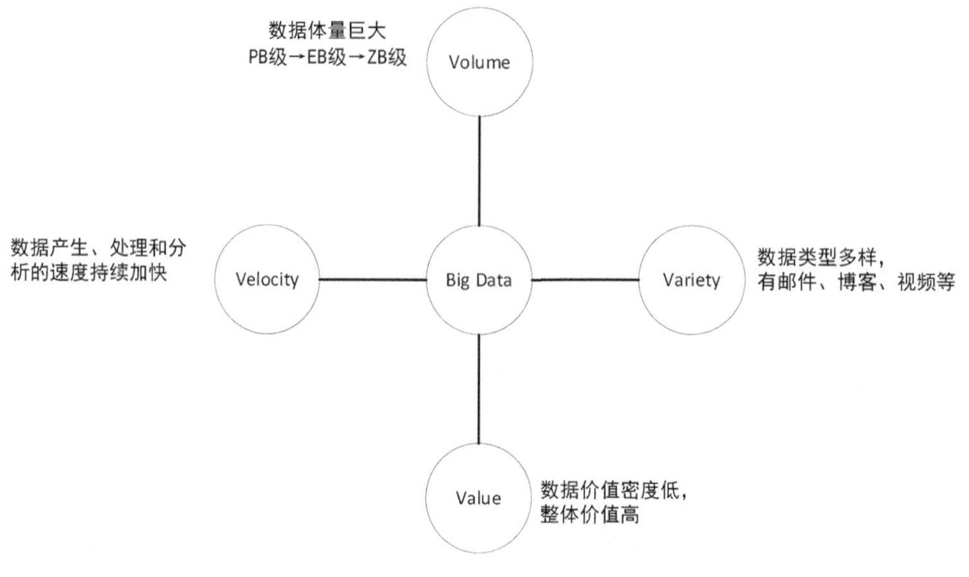

图 4-2　大数据的特征

（1）数据体量巨大（Volume）。大数据的数据规模从 GB 级增长到 TB 级，再到 PB 级，近年来，数据量开始以 EB 和 ZB 来计数。

（2）数据产生、处理和分析的速度持续加快（Velocity）。加速的原因是数据创建的实时性特点，以及将流数据结合到业务逻辑流程和决策过程中的需求。不仅数据处理速度快，数据处理模式也已经开始从批处理转向流处理。

（3）数据类型多样（Variety）。传统 IT 产业处理的数据类型较为单一，现在的数据类型不再只是格式化数据，更多地是半结构化或者非结构化数据，如 XML、邮件、博客、视频、日志文件等，以及来自复杂的不同信息源的数据。

（4）数据价值密度低（Value）。由于具有体量巨大的特性，数据基数不断增大，数据价值密度不断降低，但数据的整体价值在提高。

4.2.2　大数据架构及主流框架

1. 大数据架构

大数据平台架构如图 4-3 所示。最上层是应用，大数据平台最后还是要解决实际的业务问题，在运营商领域分别解决运维质量管理（SQM）、客户体验提升（CSE）、市场运维支撑（MSS）、数据管理平台（DMP）等问题；第二层是各个组件或技术支撑，包括数据从产生与获取、处理、分析，到最后的展现；第三层是数据的统一资源管理及分配；第四层是数据的存储；第五层是大数据部署形态，有云化部署、物理机部署等多种部署模式。

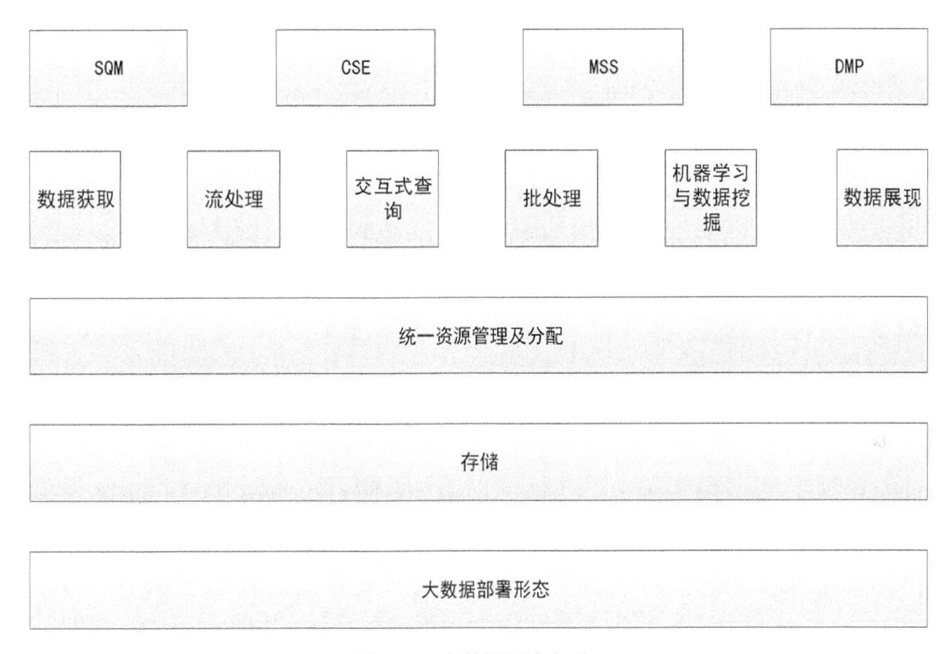

图 4-3　大数据平台架构

（1）大数据处理 Lambda 架构。Lambda 架构对于不可变的记录序列处理得很好，数据从底层的数据源开始，经过各种各样的方式进入大数据平台，在大数据平台中由数据组件进行收集，然后分成两条线进行计算。一条线是进入流处理平台（如 Storm、Flink），去计算实时的一些指标。另一条线是进入批量数据处理离线计算平台（如 MapReduce），实现两次逻辑转换，一次是在批处理系统，另一次是在流处理系统，然后在查询时将两个系统的处理结果混合在一起，产生一个完整的响应结果。但这会带来维护两套系统的困难。其架构如图 4-4 所示。

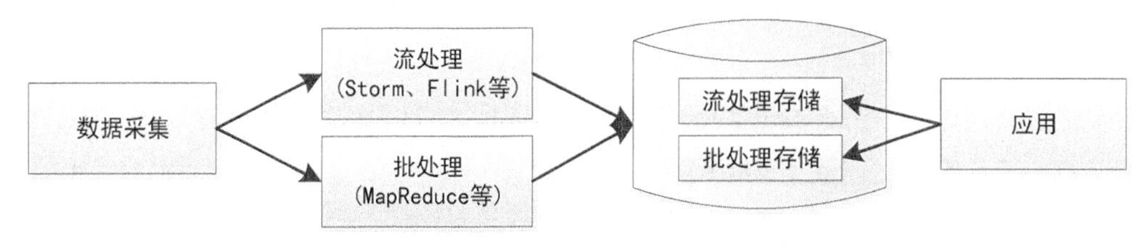

图 4-4　Lambda 架构

（2）大数据处理 Kappa 架构。Twitter 网站使用 Samza 技术来重复处理批数据，实现批和流处理的统一，这种统一的架构就是 Kappa 架构，如图 4-5 所示。

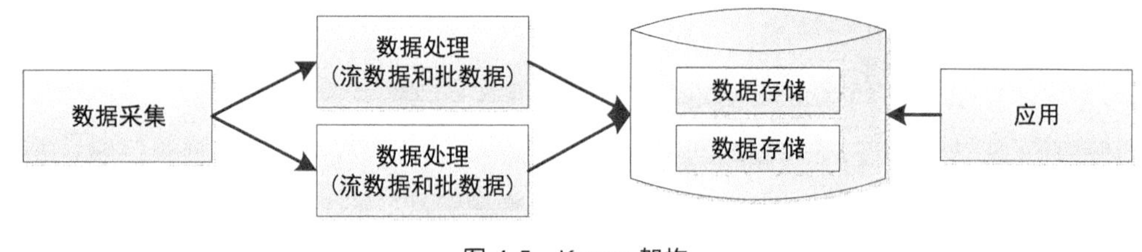

图 4-5　Kappa 架构

2. 主流框架

（1）Hadoop。Apache Hadoop 软件库是一个框架，它允许使用简单的编程模型在计算机集群之间对大型数据集进行分布式处理。Hadoop 支持从单个服务器扩展到数千台服务器，每台机器都提供本地计算和存储。Hadoop 在计算机集群的上游提供高可用性服务，用于检测和处理应用程序层的故障，但不是依靠硬件来提供高可用性。

（2）Spark。Apache Spark 是用于大规模数据处理的统一分析引擎。Apache Spark 使用先进的 DAG 调度程序、查询优化器和物理执行引擎，为批数据和流数据处理实现了高性能，可以轻松构建并行应用程序，使用 Java、Scala、Python、R 和 SQL 快速编写应用程序。并且 Spark 为库提供动力，包括 SQL 和数据帧，用于机器学习的 MLlib、GraphX 和 Spark Streaming，可以在同一个应用程序中无缝地组合这些库。

（3）Flink。Apache Flink 是一个框架和分布式处理引擎，用于无边界和有界数据流上的有状态计算。Flink 可以在所有常见的集群环境中，以内存的速度和大小运行、执行计算。Flink 具有 4 个特点，分别是处理无边界和有界数据、在任意位置部署应用程序、以任何规模运行应用程序，以及充分利用内存性能。

（4）Storm。Apache Storm 是一个自由开源的分布式实时计算系统，具有可扩展性、容错性。Storm 支持可靠地处理无边界的数据流，可以像 Hadoop 对批处理所做的那样进行实时处理，支持多种语言。Storm 有许多应用实例，如实时分析、在线机器学习、连续计算、分布式 RPC、ETL 等。Storm 的处理速度很快，支持每秒处理超过一百万个元组。

4.2.3 大数据关键技术

大数据本身是一种思维、一种组织能力、一种现象，而不是一种技术。大数据技术是一系列使用非传统的工具来对大量的结构化、半结构化和非结构化数据进行处理，从而获得分析和预测结果的数据处理技术。大数据需要多种数据处理技术共同作用才能完整地体现其价值。根据大数据的处理过程，大数据关键技术可分为大数据采集、大数据存储、大数据处理、大数据计算、大数据应用等。

1. 大数据采集技术

大数据采集技术是指通过传感器采集、计算机终端采集、互联网数据采集、地理数据采集、移动智能设备数据采集等多种方式获取各种类型的数据，包括结构化数据、半结构化数据、非结构化数据，利用 ETL 等工具将分布的、异构的数据源中的数据如关系数据、平面数据文件等，抽取到临时中间层后进行清洗、转换、集成，最后加载到数据仓库或数据集市中，成为联机分析处理、数据挖掘的基础。大数据采集技术也可以是把实时采集的数据作为流计算系统的输入，进行实时处理分析。

大数据采集与传统数据采集相比，具有数据源类型繁杂，获取的数据量大、速度快、类型多样等特点，所以大数据采集技术在保证数据采集的可靠性、高效性、准确性等方面面临着很大的挑战。

2. 大数据存储技术

大数据存储技术是将采集到的数据进行持久化，存储到相应的数据库，利用分布式文件系统、数据仓库、关系数据库、NoSQL 数据库、云数据库等，实现对结构化、半结构化和非结构化海量数据存储的技术。大数据存储技术有利于对数据统一进行管理和调用，如海量文件的存储与管理，海量小文件的存储、索引和管理，海量大文件的分块与存储，从而提高系统的可扩展性与可靠性。

3. 大数据处理技术

大数据处理技术分为批处理模式和流处理模式两种。简单来说，批处理是先存储后处理，流处理是直接处理。最典型的批处理模式是 MapReduce 编程模型，谷歌公司在 2004 年提出的 MapReduce 编程模型分为 Map 任务和 Reduce 任务两部分，先将用户的原始数据进行分块，交给不同的 Map 任务去处理，之后 Reduce 任务对所有的 Map 任务进行处理，根据 Key 值进行排序汇聚，输出结果。流处理模式是应对数据实时处理很好的选择。流处理的目标是尽可能快地对最新的数据进行分析并给出结果，包括数据预处理、数据脱敏清洗等操作。流处理的原理是将数据视为流，依赖内存数据结构，将源源不断的数据组成数据流立刻处理并返回结果。

4. 大数据智能计算技术

大数据智能计算技术决定最终信息是否有价值，其目的是通过计算获取智能的、深入的、有价值的信息。大数据智能计算技术可分为数据分析挖掘和数据计算两类。其中，数据分析挖掘又分为数据分析和数据挖掘，数据计算包括图计算、流计算、时空计算、云计算、高性能计算 5 类。越来越多的应用涉及大数据，这些大数据的属性，包括数量、产生速度、多样性等都会引发大数据不断增长的复杂性，所以大数据智能计算技术就显得尤为重要。

5. 大数据应用技术

大数据的应用领域广泛。各行各业中都有大数据的身影，包括金融、医疗、交通、工业、电信、舆情、社交、旅游等行业。大数据与实体经济融合提速，但不均衡现象突出，体现在行业融合程度不同。大数据与金融、政务、电信等行业的融合效果较好，而与其他众多行业的融合效果则有待深化，与实体经济的融合还在发展初期。业务类型不均衡，导致大数据的融合应用主要集中在外围业务，如营销分析、客户分析和内部运营管理等，而其对产品设计、产品生产、行业供应链管理等核心业务的渗透程度还有待提高，大规模应用尚未展开。此外，大数据应用也体现出地域不均衡，受经济发达程度、人才聚焦程度和技术发展水平的影响。

4.2.4 大数据与智能家居

智能家居是多领域融合的切入点，物联网生产大数据，大数据支持智能家居，从智能家居到数据再到智能化，构成了从感知到认知的全过程。在大数据时代下，物联网智能家居领域应用的技术种类繁多。智能手机系统平台对优化物联网智能家居控制起着重要作用，同时传感器与智能识别技术也丰富了智能家居的控制方式。引入云服务和大数据技术可以满足智能家居用户的个性化需求，应用无线通信技术能拓展智能家居的覆盖面积。随着信息技术的发展，机器人技术的应用也为智能家居增加活力。

大数据时代下智能家居也存在一些隐患，需要相关预防方法和解决方案。在这个互联网大数据时代，数据是智能产品的基础，智能家居通过收集数据、分析数据进行学习。数据经常表现为用户的个人信息，而个人信息的泄露就涉及个人信息权和隐私权的问题。智能家居安防系统的监控，智能语音系统，联网摄像头、话筒都有可能成为泄露隐私的载体。摄像头和语音系统是时刻联网的，不法分子可以利用黑客破解 IP 地址侵入家庭内部的摄像头和语音系统，监视、监听用户的私密生活。科技的发展和人民对生活质量要求的不断提升，使智能家居的市场日益扩大。智能家居不仅改变着家居行业的发展走向，也对人们的生活方式产生了潜移默化的影响。作为一种大数据时代的新生事物，相关领域还是存在很多问题，仍需要在未来进行深入研究。

4.3 云计算与边缘计算

云计算（Cloud Computing）是一种商业计算模型，它将计算任务分布在大量计算机构成的资源池上，使用户能够按需获取计算能力、存储空间和信息服务。“云”是一些可以自我维护和管理的虚拟计算资源，通常是一些大型服务器集群，包括计算服务器、存储服务器和宽带资源等。云计算将计算资源集中起来，并通过专门的软件实现自动管理，无须人为参与。用户可以动态申请部分资源以支持各种应用程序的运转，无须为烦琐的细节而烦恼，从而能够更加专注于自己的业务。云计算有利于提高效率、降低成本和技术创新。

边缘计算（Edge Computing）是相对云计算而言的，它是指收集并分析数据的行为发生在靠近数据生成的本地设备和网络中。边缘计算又被称为分布式云计算、雾计算或第四代数据中心。

4.3.1 云计算的概念

云计算技术的发展大致经历了 3 个阶段：从 1959 年，克里斯托弗 • 斯特雷奇首次提出虚拟化技术的概念，到 2006 年，是云计算发展的前期阶段。在这段时间内云计算的相关技术，如并行计算、网格计算和虚拟化技术等各自发展，为云计算技术的出现奠定了基础。2006 年 8 月，谷歌公司 CEO 埃里克在搜索引擎大会上首次提出“云计算”的概念，云计算开始进入第二个发展阶段。自此，各大厂商和大型互联网公司开始逐渐意识到云计算的发展前景，并且将云计算用于自己公司的业务，云计算技术体系逐渐完善。从 2010 年开始，云计算的发展得到了许多企业甚至政府的高度关注，云计算进入了飞速发展的第三个阶段。

云计算是并行计算（Parallel Computing）、分布式计算（Distributed Computing）和网格计算（Grid Computing）的发展，或者说是这些计算科学概念的商业实现。云计算是虚拟化（Virtualization）、效用计算（Utility Computing），以及将技术设施作为服务 IaaS（Infrastructure as a Service）、将平台作为服务 PaaS（Platform as a Service）和将软件作为服务 SaaS（Software as a Service）等概念混合演进并跃升的结果。

云计算技术的体系结构如图 4-6 所示，它概括了不同解决方案的主要特征。云计算技术的体系结构分为 4 层：物理资源层、资源池层、管理中间件层和面向服务的体系结构（Service-Oriented Architecture，SOA）构建层。

物理资源层包括计算机、存储器、网络设施、数据库和软件等。

资源池层是将大量相同类型的资源构成同构或接近同构的资源池，如计算资源池、数据资源池等。构建资源池更多地是物理资源的集成和管理工作。

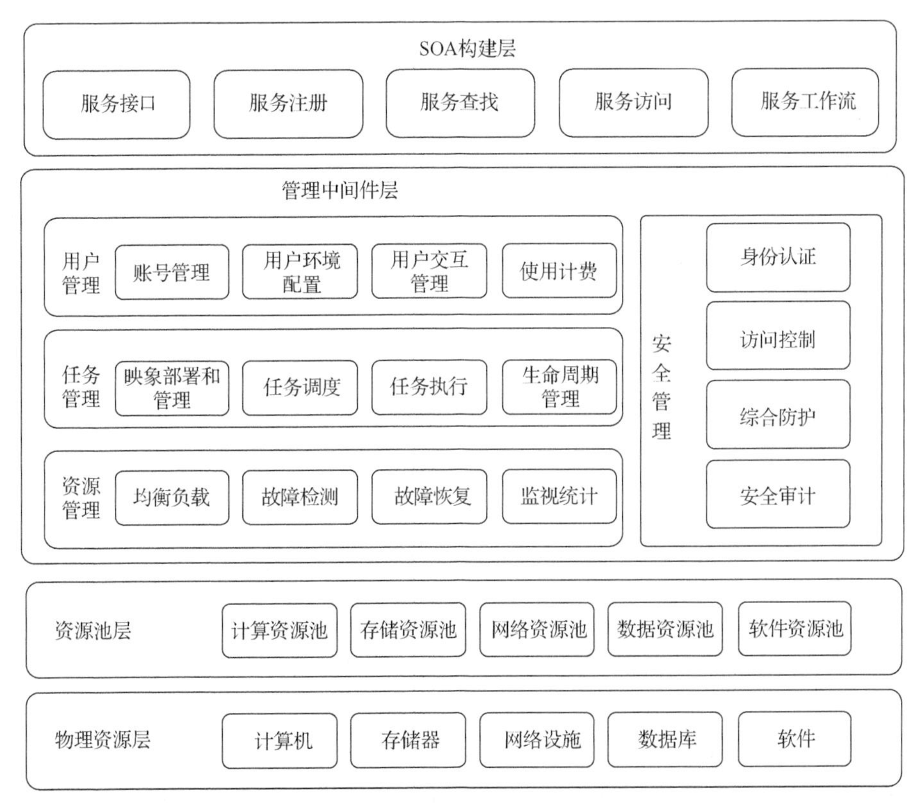

图 4-6 云计算技术的体系结构

云计算的管理中间件层负责资源管理、任务管理、用户管理和安全管理等工作。资源管理负责均衡地使用云资源节点，检测节点的故障并试图恢复或将其屏蔽，并对资源的使用情况进行监视统计；任务管理负责执行用户或应用提交的任务，包括完成用户任务映象（Image）的部署和管理、任务调度、任务执行、任务生命周期管理等；用户管理是实现云计算商业模式的一个必不可少的环节，包括提供用户交互接口、管理和识别用户身份、创建用户程序的执行环境、对用户的使用进行计费等；安全管理保障云计算设施的整体安全，包括身份认证、访问控制、综合防护和安全审计等。

通过对云计算基本概念的总结可知，云计算技术具有以下 5 个特点。

（1）基于互联网络。云计算是通过把一台台服务器连接起来，使服务器之间可以相互进行数据传输，同时通过网络向用户提供服务。数据就像网络上的“云”一样，在不同服务器之间“飘”。

（2）按需服务。“云”的规模是可以动态伸缩的。在使用云计算服务的时候，用户所获得的计算机资源是按用户个性化需求增加或减少的，同时用户在此基础上对自己所使用的服务进行付费。

（3）资源池化。资源池是对各种资源（如存储资源、网络资源）进行统一配置的一种机制。从用户的角度看，无需关心设备型号、内部的复杂结构、实现的方法和地理位置，只需关心自己需要的服务即可。从资源的管理者角度来看，资源池化最大的好处是资源池可以近乎无限地增减和更换设备，并且管理、调度资源十分便捷。

（4）安全可靠。云计算必须保证服务的可持续性、安全性、高效性和灵活性，故对于提供商来说，必须采用各种冗余机制、备份机制、足够安全的管理机制和保证存取海量数据的灵活机制等，从而保证用户的数据和服务安全可靠。对于用户来说，只需要支付一笔费用，即可得到供应商提供的专业级安全防护，可以节省大量的时间与精力。

（5）资源可控。云计算提出的初衷，是让人们可以像使用电力资源服务一样便捷地使用云计算服务，极大地方便了人们获取计算服务资源，并大幅度提升了计算资源的使用率，有效节约了成本，使得资源在一定程度上属于“控制范畴”。

4.3.2 云计算的发展环境

云计算拥有强大的计算能力、接近无限的存储空间，并支撑各种各样的软件和信息服务，能够为各种应用场景提供服务，为物联网和移动计算等提供驱动力和关键支撑。

对于物联网技术而言，物联网具有全面感知、可靠传递和智能处理 3 个特征，其中智能处理需要对海量的信息进行分析和处理，对物体实施智能化的控制，而云计算的超大规模、虚拟化、多用户、高可靠性、高拓展性等特点正是物联网规模化、智能化发展所需的。云计算架构在互联网之上，而物联网主要依赖互联网来实现有效延伸，云计算模式可以支撑具有业务一致性的物联网集约运营。因此，很多研究提出了构建基于云计算的物联网运营平台，主要包括云基础设施、云平台、云应用和云管理。该平台依托公众通信网络，以数据中心为核心，通过多接入终端实现泛在接入，面向服务的端到端体系架构，实现资源共享与产业协作，可以提高效率、降低成本、提升服务。云计算技术的发展环境如图 4-7 所示。

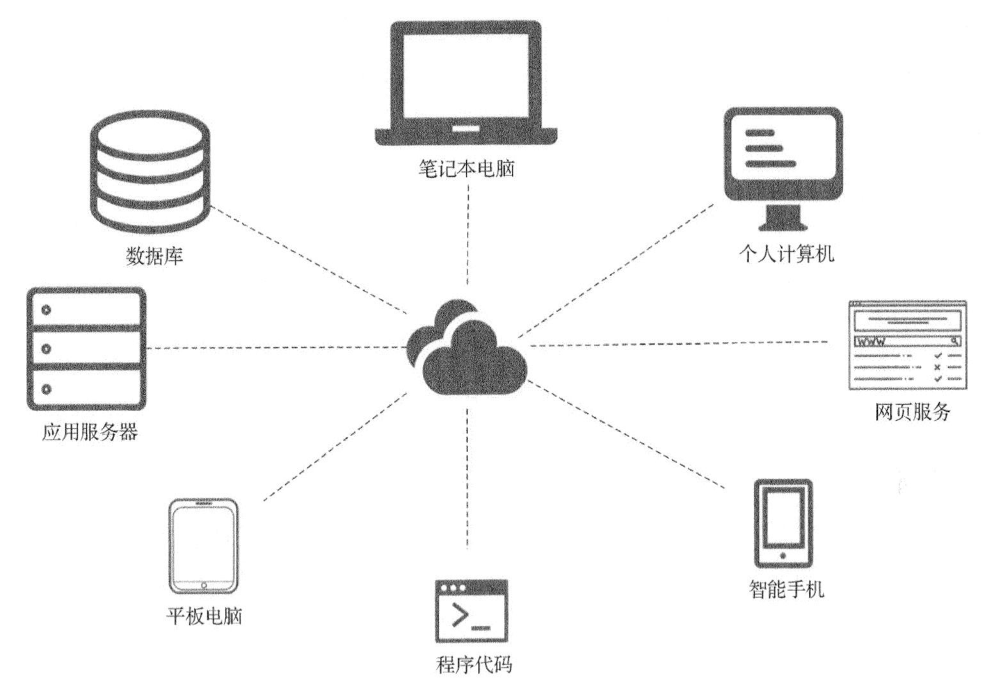

图 4-7　云计算技术的发展环境

移动互联网和云计算是相辅相成的。通过云计算技术，软、硬件获得空前的集约化应用，人们只需手持一个终端就能实现传统个人电脑能实现的功能。二者在软、硬件设施成本上的极大节约为中小企业带来了希望，为人们带来了便利。手机等手持终端，拥有便携性和通信能力等众多天然优势，但计算能力、存储能力弱。云计算技术将移动互联网应用的计算与存储从终端转移到服务器的云端，从而弱化了对移动终端设备的处理需求。云计算在“云”和“端”两侧都具有传统模式不可比拟的优势：在“云”的一侧，为内部开发者和业务使用者提供更多的服务，提升基础设施的使用效率和资源部署的灵活性；在“端”的一侧，能够迅速部署应用和服务，按需调整业务使用量。从目前云计算的成功案例中可以看出，云计算极大地提高了互联网信息技术的性能，具有巨大的计算和成本优势。

4.3.3　边缘计算的概念

物联网和移动互联网等行业凭借着云计算技术发展所带来的强劲动力，正在蓬勃发展，也给云计算带来了新的挑战。思科公司在“2016～2021 年的全球云指数报告”中指出：接入互联网的设备数量将从 2016 年的 171 亿增加到 271 亿。每天产生的数据量也在激增，全球的设备产生的数据量将从 2016 年的 218 ZB 增长到 2021 年的 847 ZB。传统的云计算模型是将所有数据通过网络上传至云计算中心，利用云计算中心的超强计算能力来集中解决应用的计算需求问题。

面对激增的数据量，云计算的集中处理模式在万物互联的背景下有以下 3 点不足。

（1）万物互联实时性需求。万物互联环境下，随着边缘设备数量的增加，这些设备产生的数据量也在激增，导致网络带宽逐渐成为云计算的一个瓶颈。例如，“波音 787”飞机每秒产生的数据量超过 5 GB，但飞机与卫星之间的带宽不足以支持实时数据传输。

（2）数据安全与隐私。随着智能家居的普及，许多家庭在屋内安装网络摄像头，直接将摄像头收集的视频数据上传至云计算中心会增加用户隐私数据泄露的风险。

（3）能耗较大。随着在云服务器中运行的用户应用程序的越来越多，未来大规模数据中心对能源的需求将难以满足。现有的关于云计算中心的能耗研究主要集中在如何提高使用效率方面。然而，仅提高能源的使用效率，仍不能解决数据中心巨大的能耗问题，这在万物互联环境下将更加突出。

基于此，万物互联应用需求的发展催生了边缘计算模型。2013 年，美国太平洋西北国家实验室的瑞安·拉莫思（Ryan Lamothe）在内部报告中首次提出“edge computing”。此时，边缘计算的含义已经既有云服务功能的下行，又有万物互联服务的上行。边缘计算模型是指在网络边缘执行计算的一种新型计算模型。边缘计算模型中边缘设备具有执行计算和数据分析的处理能力。将原有云计算模型执行的部分或全部计算任务迁移到网络边缘设备上，可以降低云服务器的计算负载，减缓网络带宽的压力，提高万物互联时代数据的处理效率。边缘计算并不是为了取代“云”，而是对“云”的补充，为移动计算、物联网等提供更好的计算平台。2015—2017 年为边缘计算快速增长期，在这段时间内，边缘计算因其满足万物互联的需求，引起了国内外学术界和产业界的密切关注。

对于边缘计算，不同组织给出了不同的定义。美国韦恩州立大学计算机科学系施巍松等人的定义为，边缘计算是指在网络边缘执行计算的一种新型计算模式，边缘计算中边缘的下行数据表示云服务，上行数据表示万物互联服务。边缘计算产业联盟的定义为，边缘计算是在靠近物或数据源头的网络边缘侧，融合网络、计算、存储、应用核心能力的开发平台，就近提供边缘智能服务，满足行业数字在敏捷联接、实时业务、数据优化、应用智能、安全与隐私保护等方面的关键需求。

从边缘计算的定义可以看出，边缘计算是一种新型计算模式，通过在靠近物或数据源头的网络边缘侧，为应用提供融合计算、存储和网络等资源；同时边缘计算也是一种使能技术，通过在网络边缘侧提供这些资源，满足行业在敏捷联接、实时业务、数据优化、应用智能、安全与隐私保护等方面的关键需求。

4.3.4 边缘计算的体系结构及典型应用

1. 边缘计算的体系结构

边缘计算通过在终端设备和云之间引入边缘设备，将云服务扩展到网络边缘。边缘计算的体系结构包括终端层、边缘层和云层，如图 4-8 所示。

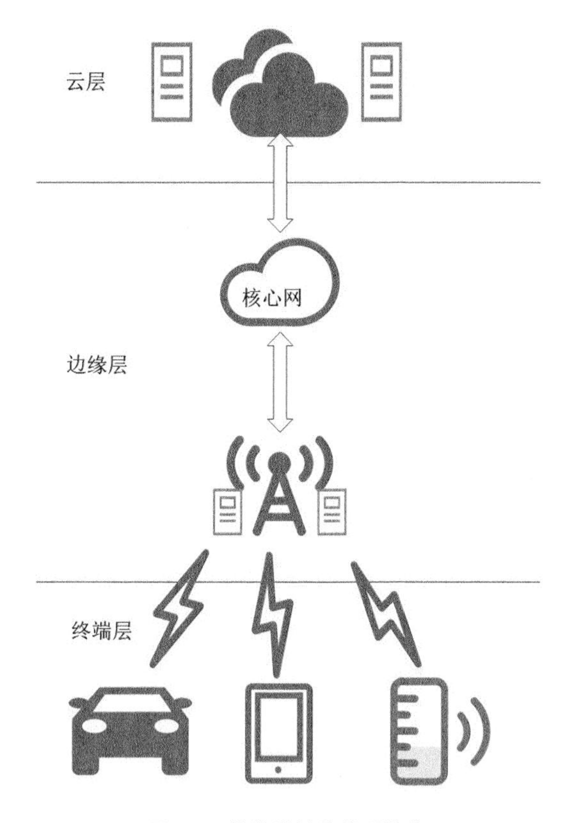

图 4-8　边缘计算的体系结构

（1）终端层。终端层是最接近终端用户的层。它由各种物联网设备组成，如传感器、智能手机、智能车辆、智能卡、读卡器等。为了延长终端设备提供服务的时间，应该避免在终端设备上执行复杂的计算任务。因此，终端设备负责收集原始数据，并将其上传至上层进行计算和存储，终端层主要通过蜂窝网络连接上一层。

（2）边缘层。边缘层位于网络的边缘，由大量的边缘节点组成，通常包括路由器、网关、交换机、接入点、基站、特定边缘服务器等。这些边缘节点广泛分布在终端设备和云层之间，如咖啡馆、购物中心、公交总站、街道、公园等，能够对终端设备上传的数据进行计算和存储。由于这些边缘节点距离用户较近，所以可以运行对延迟比较敏感的应用，从而满足用户的实时性要求。边缘节点也可以对收集的数据进行预处理，再把预处理的数据上传至云端，从而减少核心网络的传输流量。边缘层主要通过因特网连接上层。

（3）云层。云层由多个高性能服务器和存储设备组成。它具有强大的计算和存储功能，可以执行复杂的计算任务。云模块通过控制策略可以有效地管理和调度边缘节点和云计算中心，为用户提供更好的服务。

2. 边缘计算的特征

边缘计算模型将原有云计算中心的部分或全部计算任务迁移到数据源附近。相比于传统的云计算模型，边缘计算模型具有实时数据处理和分析、安全性高、隐私保护、可扩展性强、位置感知及低流量的优势，具体特征如下。

（1）实时数据处理和分析。边缘计算将原有云计算中心的计算任务部分或全部迁移到网络边缘，在边缘设备中处理数据，而不是在外部数据中心或云端进行，因此提高了数据传输性能，保证了数据处理的实时性，同时也降低了云计算中心的计算负载。

（2）安全性高。传统的云计算模型是集中式的，这使得它容易受到分布式拒绝服务（Distributed Denial of Service，DDOS）攻击和断电的影响。边缘计算模型在边缘设备和云计算中心之间分配处理、存储和应用，使得其安全性高。边缘计算模型也降低了发生单点故障的可能性。

（3）隐私保护。边缘计算模型是在本地设备上处理更多数据而不是将其上传至云计算中心，因此边缘计算还可以减少实际存在风险的数据量。即使设备受到攻击，也只会影响本地收集的数据，而不会使云计算中心受损。

（4）可扩展性强。边缘计算提供了更便宜的可扩展性路径，允许公司通过物联网设备和边缘数据中心的组合来扩展其计算能力。使用具有处理能力的物联网设备还可以降低扩展成本，因此添加的新设备不会对网络产生大量带宽需求。

（5）位置感知。边缘分布式设备利用低级信令进行信息共享。边缘计算模型从本地接入网络内的边缘设备接收信息以发现设备的位置。以导航为例，终端设备可以根据自己的实时位置把相关位置信息和数据交给边缘节点来进行处理，边缘节点基于现有的数据进行判断和决策。

（6）低流量。本地设备收集的数据可以进行本地计算分析，或者在本地设备上进行数据的预处理，不必把本地设备收集的所有数据上传至云计算中心，从而可以减少进入核心网的流量。

3. 边缘计算的典型应用

边缘计算在很多应用场景下都取得了很好的效果，在医疗保健、视频分析和移动大数据等新兴应用场景中都获得了用武之地。

（1）视频分析。在万物互联时代，用于监测控制的摄像机无处不在，传统的终端设备——云服务器架构可能无法传输来自数百万台终端设备的视频。在这种情况下，边缘计算可以辅助基于视频分析的应用。在边缘计算的辅助下，大量的视频不用再全部上传至云服务器，而是在靠近终端设备的边缘服务器中进行数据分析，只需把边缘服务器不能处理的小部分数据上传至云计算中心即可。

（2）车辆互联。车辆互联即通过互联网接入为车辆提供便利，使其能够与道路上的其他车辆联接。如果把车辆收集的数据全部上传至云端处理会造成互联网负载过大，导致传输延迟，因此，需要边缘设备本身具有处理视频、音频、信号等数据的能力。边缘计算可以为这一需要提供相应的架构、服务和支持能力，缩短端到端延迟，使数据更快地被处理，避免因信号处理不及时而造成车祸等事故。一辆车可以与其他接近的车辆通信，并告知它们任何预期的风险或交通拥堵。

（3）移动大数据分析。无处不在的移动终端设备可以收集大量的数据，大数据对业务至关重要，因为它可以提取可能有益于不同业务部门的分析和有用信息。大数据分析是从原始数据中提取有意义的信息的过程。在移动设备附近部署边缘服务器可以通过网络高带宽和低延迟提升大数据的分析效率。例如，首先在附近的边缘服务器中收集和分析大数据，然后可以将大数据分析的结果传递到核心网络以进一步处理，从而减轻核心网络的压力。

（4）智能建筑控制。智能建筑控制系统由部署在建筑物不同部分的无线传感器组成。传感器负责监测和控制建筑环境，如温度、气体水平或湿度。在智能建筑环境中，部署边缘计算环境的建筑可以通过传感器共享信息并对任何异常情况做出反应。这些传感器可以根据其他无线节点接收的集体信息来维持建筑气氛。

（5）海洋监测控制。科学家正在研究如何应对海洋灾难性事件，并提前了解气候变化。这可以帮助人们快速采取应对措施，从而减轻灾难性事件造成的严重后果。部署在海洋中某些位置的传感器大量传输数据，这需要大量的计算资源和存储资源。而利用传统的云计算中心来处理接收到的大量数据可能会导致预测传输的延迟。在这种情况下，边缘计算可以发挥重要作用，通过在靠近数据源的地方就近处理，防止数据丢失或传感器数据传输延迟。

（6）智能家居。随着物联网技术的发展，智能家居系统得到进一步发展，其利用大量的物联网设备实时监测控制家庭内部状态，接收外部控制命令并最终完成对家居环境的调控，以提升家居的安全性、便利性和舒适性。由于家庭数据的隐私性，用户并不总是愿意将数据上传至云端进行处理，尤其是一些家庭内部视频数据。而边缘计算可以将家庭数据处理推送至家庭内部网关，减少家庭数据的外流，从而降低数据外泄的可能性，提升系统的隐私性。

（7）智慧城市。预测显示，一个百万人口的城市每天将会产生 200 PB 的数据。因此，应用边缘计算模型，将数据在网络边缘进行处理是一个很好的解决方案。例如，在城市路面检测中，在道路两侧路灯上安装传感器收集城市路面信息，检测空气质量、光照强度、噪声水平等环境数据，当路灯发生故障时能够及时向维护人员反馈，同时辅助健康急救和公共安全领域。

4.3.5　云计算与边缘计算协同发展

虽然边缘计算与云计算看似对立，但事实上两者是相辅相成、相互协同的关系。未来万物互联的网络环境中，数据都上传到云端进行处理，会对云端造成巨大的压力，所以需要分布在网络边缘的边缘计算节点进行处理。而边缘节点受制于自身计算能力、存储能力及能耗的限制，对于未来大部分智能化的应用场景来说，远远不足以满足需求。

“AIoT”已经成为物联网行业的热词，AI（人工智能）赋能 IoT（物联网），智能家居也将这一智能化升级方式视为主要途径。随着语音控制、智能识别、边缘计算、云计算等概念融入智能家居，智能家居厂商在人工智能、边缘计算等新技术的推动下，将从控制角色演变为平台与介质，将用户的消费服务更多地整合至智能家居之中。在 AIoT 平台建设的同时，通过边缘计算让本地操作更加流畅、安全，借助 AI、大数据、云计算等技术，实现“云+边+端”的全新模式将被智能家居企业广泛接受。边缘计算同时赋予网关自身数据分析计算能力，实现聚合、优化、筛选，通过将采集到的数据进行本地预分析，设备做出直接反应，将结果和高价值数据再上传至云端，减少海量数据上传的网络压力；进行大数据分析、模型搭建和编辑，同时做大规模的仿真，进行深度分析和机器学习，并对边缘侧设备进行更新和升级，从而使得家居设备更加智能、准确地为人们服务。

由此可以看出，边缘侧设备在大数据处理、大数据存储、应用程序开发、机器学习和人工智能等方面的处理能力无法与云端相比。云端的应用设计、开发、测试、部署和管理等功能是开发边缘应用的关键。云计算无法被边缘计算替代，边缘计算也离不开云计算，二者相互补充、协同。未来，边缘计算与云计算需要通过紧密协同才能更好地满足各种应用场景的需求。边缘计算将主要负责那些实时、短周期数据的处理，负责本地业务的实时处理与执行，为云端提供高价值的数据；云计算通过大数据分析，负责非实时、长周期数据的处理，优化输出的业务规则或模型，下放到边缘侧，使边缘计算更加满足本地的需求，同时完成应用的全生命周期管理。

4.4 人工智能

人工智能是一门涉及信息学、逻辑学、认知学、思维学、系统学和生物学的交叉学科，已在知识处理、模式识别、机器学习、自然语言处理、博弈论、自动定理证明、自动程序设计、专家系统、知识库、智能机器人等多个领域取得实用成果。人工智能规模发展迅速，截至 2018 年，中国人工智能市场规模已达 238.2 亿元。人工智能的产生已经创造出很大的经济效益，正在惠及生活的方方面面，如无人驾驶、人工智能医疗及语音识别等，为人类的生活提供了便利。

4.4.1 人工智能的发展历程

人工智能的历史可以追溯到 1943 年，人工神经元模型被提出，开启了人工神经网络研究的时代。而人工智能雏形的出现是在 1955 年的一次“学习机器讨论会”上，著名的科学家艾伦 •纽厄尔和奥利弗 •塞弗里奇分别提出了下棋与计算机模式识别的研究。在 1956 年的达特茅斯会议上，科学家们提出了“人工智能”一词，并讨论确定了人工智能最初的发展路线与发展目标。在这次会议中，大家一致认为“学习或者智能的任何其他特性的每一个方面都应能被精确地加以描述，使得机器可以对其进行模拟”。

20 世纪中叶，人工智能的发展经历了第一次热潮。麦卡洛克和皮茨发现了神经元“兴奋”和“抑制”的工作方式，1956 年罗森布拉特提出了“感知机”模型，促进了连接主义的发展。1959 年所罗门诺夫有关文法归纳的研究和 1965 年塞缪尔将分段划分引入对符号域的数据处理，也促进了符号主义的发展。人工智能在连接主义、符号主义等领域的成功，让当时的科学家们兴奋不已，并乐观地估计 10 年后便有可能制造出像人一样有智能的机器。

20 世纪 60 年代，由于硬件能力不足、算法缺陷等原因，作为主要流派的连接主义与符号主义开始逐渐走向低谷，人工智能技术陷入发展低迷期。20 世纪 70 年代，以仿生学为基础的研究学派逐渐火热，计算机的成本和计算能力逐步提高，专家系统的研究和应用艰难前行，人工智能逐渐开始取得突破。20 世纪 80 年代，连接主义学派找到了新的神经网络训练方法，即利用反向传播技术来优化神经网络的参数，此后反向传播神经网络得到广泛认知，基于人工神经网络的算法研究突飞猛进，符号主义也提出了“如果-则”的专家系统，人工智能再次掀起新一轮热潮。但好景不长，科学家们发现“如果-则”的规则容易出现组合爆炸问题，即无法穷尽可能的规则。

1995 年提出的统计学习理论，既有严密的理论又有完美的算法支持，让理论方面存在不足的连接主义再次淡出视野，人工智能也因此成为以统计学习和机器学习为主导的研究。计算机硬件能力的快速提升与互联网的发展，降低了人工智能的计算成本，使人工智能平稳发展。2006 年，深度学习被提出，人工智能研究再次取得突破性进展。2012 年，深度学习算法在语音和视觉识别上实现突破。在计算机视觉领域一个大规模图像检索的比赛中，深度学习研究的领袖级人物杰弗里·辛顿带领团队成员亚历克斯等人提出了一种新型的深层网络模型亚历克斯网络（AlexNet），显著地将识别性能提高了约 10%。这个提升之前曾被以为需要 20 年的时间，这让科研人员开始重新关注神经网络尤其是深层网络的研究。到目前为止，深度学习在计算机视觉、图像处理、自然语言处理、语音识别等众多领域都取得了耀眼的成绩。其成功的原因主要有 3 个。

1. **模型变化**

与传统的神经网络不同，深度学习对网络采用逐层训练的方式，并在每一层中采用不同的角度加以处理，使得网络在学习能力或特征工程上得到极大的加强。

2. **数据规模**

在 2012 年之前，没有超大规模的数据可用来训练网络，这使得之前网络即使能做深，也达不到传统统计学习和机器学习的性能。而 2012 年以后，这一问题得到了解决，一方面是采集设备的成本下降和来源变得丰富，使数据的收集能力明显增强；另一方面是人工标注对大量有效数据集的形成起到了帮助作用。

3. **可并行计算的图形处理器**（Graphics Processing Unit，GPU）

对深度学习的发展来说，可并行计算的图形处理器显卡带来的计算能力提升也功不可没。自从杰弗里·辛顿等提出的 AlexNet 深度网络首次采用双 GPU 来处理数据后，现有的深度学习模型都是基于多 GPU 计算完成的。

4.4.2 人工智能的核心驱动力

从人工智能的发展历程来看，20 世纪 80 年代的算法创新研究为人工智能带来了突破性发展，之后，大数据、计算能力、深度学习等方面的进展促进了人工智能的高速发展。大数据、算法和超级计算是人工智能的三大核心驱动力。

1. 大数据

在人类发明史上，很多发明都是从模仿动物开始的，计算机专家们认为计算机要获得智能也必须模仿人的思考模式。最初的语音识别研究，几乎所有的专家都把精力放在教会计算机理解人类的语言上，研究进展缓慢。20 世纪 70 年代初，美国康奈尔大学的贾里尼克教授在做语音识别研究时另辟蹊径，换了个角度思考机器语音识别这个问题。他将大量的数据输入计算机，让计算机进行快速的匹配，通过大数据来提高语音识别率，于是复杂的智能问题被转换成简单的统计问题，而处理统计数据正是计算机的强项。从此，学术界开始意识到，让计算机获得智能的关键其实是大数据。大数据是人工智能的前提，是人工智能的重要原材料，是驱动人工智能提高识别率和精确度的核心因素。大数据有三大特征：体量大、多维度、全面性。随着物联网和互联网的发展及各种社交媒体、移动设备、廉价传感器的广泛应用，人们产生的数据量呈指数形式增长，平均每年增长 50%。随着对数据价值的挖掘，各种管理和分析数据的技术得到了较快发展，除了数目的增加之外，数据的维度也得到了扩展。这些大体量、高维度的数据使得现如今的数据更加全面，从而足够支撑起人工智能的发展。同时，人工智能的发展使得人类能够用更加智能、更高效率的感知器获取大量信息。人工智能中很多机器学习算法需要大量数据作为训练样本，如图像、文本、语音的识别，都需要以大量样本数据进行训练并不断优化，而现在这些条件随处可得。大数据是人工智能发展的助推剂，为人工智能的学习和发展提供了非常好的基础。

2. 算法

传统的对象识别模式是由研究人员总结规律与方法，事先将对象抽象成一个模型，再用算法把模型表达出来并输入计算机，计算机根据模型得出判断结果。这种人工抽象的方法具有非常大的局限性，识别率也很低。幸运的是，科学家从婴儿身上得到了启发。没有人教过婴儿怎么识别物体，都是他们从真实世界中自学的。基于此，科学家们提出了机器学习算法，也就是让机器自己去学习并总结出识别物体的规律与方法。例如，给计算机输入很多猫的照片，计算机通过神经网络等训练模型自己悟出猫的特征，并根据这些特征准确判断出其他照片中的猫。谷歌就采用这种机器学习方法开发出了猫脸识别系统，而且准确度非常高。机器学习使得计算机能够自动解析大数据并从中学习，然后对真实世界中的事件做出决策和预测。可以说，机器学习算法使得人工智能成为可能。

除了在对象识别领域外，机器学习在其他领域也得到了广泛使用，并取得了激动人心的成果。在机器学习算法的推动下，搜索引擎、语音识别技术、自然语言处理、图像识别、推荐系统、专家系统和无人驾驶技术等人工智能领域取得了长足进步，机器智能水平有了很大的提升。

3. 超级计算

有了大数据和先进的算法，还得有处理大数据和执行先进算法的能力，每个先进的人工智能系统背后都有一套强大的硬件系统。超级计算机可以反映一个国家的科技发展水平和综合国力，没有超级计算机，天气预报不可能预报 15 天，中国的大飞机研制不可能进展如此之快，另外，地震预警、药物研发等领域也离不开超级计算机。云计算是一种基于因特网的超级计算模式，在远程的数据中心里，成千上万台电脑和服务器连接成一片电脑“云”，使云计算可以达到每秒 10 万亿次的运算速度，计算能力堪比超级计算机。云中的单台计算机性能可能非常一般，但是很多计算能力一般的设备加在一起的实力却不能小觑。

4.4.3　人工智能的核心技术

从语音识别到智能家居，从无人驾驶到智能机器人，人工智能正在逐渐改变人们的生活方式。现如今，人工智能已经逐渐发展成一门庞大的技术体系，包含了机器学习、计算机视觉、自然语言处理、生物特征识别等多个领域的技术，下面将对人工智能中的关键技术进行介绍。

1. 机器学习

机器学习即用人类最原始的学习方法给予机器处理数据的能力，通过训练数据归纳出算法，用测试数据测试算法的准确性，再通过历史数据所产生的经验做出有效的决策。机器学习作为人工智能的技术基础，不仅拥有通过算法对计算机数据进行快速处理的能力，还拥有统计模型所具有的对问题进行预测、分类的能力。下面将对 3 类机器学习方法进行介绍。

（1）监督学习。监督学习表示机器学习的数据是带标记的，这些标记可以包括数据类别、数据属性及特征点位置等。监督学习是以这些标记作为预期效果，不断来修正机器的预测结果。其具体过程是：先通过大量带有标记的数据来训练机器，机器将预测结果与期望结果进行比对，之后根据比对结果来修改模型中的参数，再一次输出预测结果，重复多次直至收敛，最终生成具有一定鲁棒性的模型来达到智能决策的目的。常见的监督学习有分类和回归：分类是将一些实例数据划分到合适的类别中，它的预测结果是离散的；回归是将数据归到一条“线”上，即为离散数据生成拟合曲线，因此其预测结果是连续的。

（2）无监督学习。无监督学习表示机器学习的数据是没有标记的，机器从无标记的数据中探索并推断出潜在的联系。常见的无监督学习有聚类、降维等。聚类即事先不知道数据类别，通过分析数据样本在特征空间中的分布，如基于密度或是基于统计学概率模型等，将不同数据分开，把相似数据聚为一类。降维是将数据的维度降低。数据本身具有庞大的数量和各种属性特征，若对全部数据信息进行分析，将会增加训练的负担和存储空间，因此可以通过主成分分析等方法，考虑主要影响因素、舍弃次要因素来平衡准确度与效率。

（3）强化学习。强化学习带有激励机制，具体来说就是，如果机器行动正确，将给予一定的“正激励”；如果行动错误，也同样会给出一个惩罚（也可称为“负激励”）。在这种情况下，机器将会考虑如何在一个环境中行动才能达到激励的最大化。这种学习过程可理解为是一种强化学习。强化学习旨在训练机器并使之能够进行决策，其工作原理为：机器被放在一个能让它通过反复试验来训练自己的环境中，让其从过去的经验中反复进行学习，并且尝试从经验中学习最新的知识并能对未知情况做出精确的判断。

利用机器学习算法，可以在大量的图像训练集的训练下，将图像转换成数据并加以整理分类，形成监督学习的模型，并对真实数据加以判断的系统称为图像识别系统，如人脸识别系统、扫描、图片搜索等。机器学习的另一应用是互联网公司运用大量用户的大量数据进行训练，测试调整，构建出不同的模型，并对新、老用户的账户数据进行比对，推送出该用户可能喜欢的产品，如音乐软件的推荐歌单等。此外，机器学习的实例还有对同类文本进行训练，并预测一个预定义的标签，再检验并调整同类文本的特性，对文本进行有效分类，如垃圾文本过滤、文本推送、语言识别等。

2. 计算机视觉

计算机视觉通过对数字图像或者视频进行检测、识别、分析，使得计算机对于摄像机拍摄到的场景信息具备高级别的理解和决策能力。从技术层级来说，计算机视觉可分为低层视觉和高层视觉。低层视觉包括图像或视频的拍摄、信号预处理、分割等；高层视觉则包括对场景信息的检测、识别、跟踪等。

计算机视觉的核心任务是将实际场景中拍摄到的图像进行特征提取，得到特定的数值或符号信息，再根据这些数值或符号做进一步的检测或者识别，并将结果以决策的形式表现出来。因此，可以认为计算机视觉技术是采用几何、物理、统计和学习理论等来构建模型，然后从图像数据中分解出判别信息。这里的图像是广义的，其数据源包括照片、视频、医学影像，以及用紫外、红外谱段相机拍摄的多模态图像等。计算机视觉的子领域包括场景重建、事件检测、视频跟踪、目标识别、3D 姿态估计、运动估计和图像复原等。

3. 自然语言处理

自然语言处理以计算机和软件系统为工具，是实现计算机与人类自然语言之间更好的沟通交流和计算机对人类语言有效理解与加工处理的一个重要方向。自然语言处理旨在研究可对人类口头或书面语言做出非预设反应,可对外部信息进行有效通信交流的计算机系统或软件系统。因此，其涉及语言学、数学及计算机等多学科知识，并交叉形成了一门计算机与人工智能方面的成熟学科。如果计算机的处理系统可以对人类自然语言进行有效的处理，而且可以在一定程度上理解并对自然语言进行检索、提取、运用、加工，那么计算机就可以说是具备了一定的智能，这对人工智能领域和计算机领域的发展都将具有极大的意义。

在实现与人类自然语言有效沟通的探索上，计算机所需要面临的问题有计算机系统对自然语言的理解和对自然语言的生成两部分。在以往的计算机智能探索中，人们采用的是极尽枚举的方法，先将人类语言转化成计算机语言如 Python、C 语言等，然后根据有限的计算机语言来设置计算机的执行命令，以此来使计算机能够对人类的一些语言进行反应和处理。但在面临越来越多、越来越复杂甚至模糊、有歧义的语境时，这种方法便显得匮乏无力。因此，使计算机理解语句的意思并进行预设之外的自然语言应对将是计算机人工智能更进一步的发展所要达成的目标。

4. 生物特征识别

生物特征识别技术利用人类固有的生物特征（主要包括指纹、声音、人脸、掌纹、笔迹等）来作为识别的依据，而这些特征往往有很高的个体差异性，同时可模仿性也很弱。基于这些生物特征，人们也已经研制出了很多耳熟能详的生物特征识别产品，如指纹打卡机、人脸识别开机的手机、声音控制设备、签名识别设备等。生物特征识别技术在经历了很长时间的沉淀之后，在 21 世纪得到了飞速发展，被列为给人类社会带来革命性影响的十大技术之一，同时也将成为未来几年信息产业里程碑式的技术。下面对几种具体生物特征识别技术进行介绍。

（1）指纹识别技术。每个人的指纹不同，指纹拥有个体差异性。指纹的特征点，如嵴、谷、交叉点、分叉点、结束点等，都可以用来抽取特征值，通过特征值比对来确认用户的身份。在指纹识别领域，如何更好地提取特征成为研究的主要方向，一旦有更好的提取方法，指纹识别的准确率和稳定性会大大提高。

（2）视网膜识别技术。不同人的视网膜图纹不尽相同，每个人的视网膜血管分布具有唯一性，而且视网膜血管不会伴随着人的成长发生变化，这也就保证了视网膜识别技术的准确率。视网膜识别技术有自己独特的优点，就是它的识别准确率高，不同于指纹识别是检测外在的人体指纹，人们可能通过带指套来伪装，视网膜识别检测的是人眼球中深层次的血管分布而且肉眼不可见，可以给伪装增加难度从而加大识别的可靠性。

（3）人脸识别技术。人脸识别技术利用的是非接触的检测系统，通过图像获取设备来获取人脸的基本信息，然后利用算法提取特征值作为库文件，为以后的识别做好准备。人脸识别很贴近人在正常生活中的识别方式。人们从一出生就能够通过观察来辨别不同的人，而识别指纹、视网膜等是人类在后来的发展中发现的，同时人脸识别的步骤和过程简便，增强了用户友好度，所以人脸识别是一种可靠性强、不易被模仿、使用方便的识别方法。

5. 知识图谱

知识图谱最初是由谷歌公司提出用来优化搜索引擎的技术。如果说以往的智能分析专注于每一个个体，知识图谱则专注于这些个体之间的“关系”。知识图谱用“图”的表达形式，有效、直观地表达出实体间的关系，是最接近真实世界、符合人类思维模式的数据组织结构。相较于传统的智能分析，知识图谱是基于图的数据结构，即知识图谱需要从海量信息中抽取多个维度的特征信息，并在这些特征信息素材的基础上，通过智能推理实现从数据到可视化图像的深加工，从而能够将其直观地展现给用户，并与用户交互。

目前，知识图谱主要应用于面向互联网的搜索、推荐、问答等业务场景，成为以商业搜索引擎公司为首的互联网公司重兵布局的人工智能技术之一。此外，知识图谱也开始在金融、医疗、电商及公共安全保障等领域得到广泛的探索。当使用搜索软件时，搜索结果右侧的联想就来自于知识图谱技术。在反电信诈骗场景中，知识图谱可精准地追踪卡与卡间的交易路径，追本溯源地识别可疑人员，并通过他们的交易轨迹，层层关联，分析得到更多可疑人员、账户、商户或卡号等实体。

4.4.4 人工智能与智能家居

人工智能技术在智能家居中的应用分为 3 个阶段：第一个阶段是利用互联网技术实现家居的联网操作；第二个阶段是随着物联网技术的发展实现家居物体的互联互通，做到家居自动化；第三个阶段是真正的人工智能阶段，此时人与物之间实现完全的人机交互，机器能够理解人想做的事情并执行，能够全面地为人们服务。真正的智能家居发展到最后是一种无需借助任何终端设备就可直接将人的感官感受传递给家居设备，让它们能够读懂人的心思，实现家居设备与人脑直接“对话”。

1. 智能安防领域

（1）智能摄像头。智能摄像头截取图像，可以通过图像识别技术识别出图像的内容，从而做出不同的响应。有些家用摄像头的机器学习技术利用与大脑中的神经元网络相似的方式来适应新的信息，可以识别出在家门廊处是否有狗、猫，或者是快递包裹。有些家用监控会自动分析录制的视频，只显示几分钟或是几张截图就能让用户了解所需的信息，而不需要回顾一整天的内容。有些家用监控可以辨识家人与入侵者之间的差异，而不是引发虚假警报，甚至还能在装修时监控装修工人的一举一动，一旦出现违规，会第一时间通知用户。

（2）智能锁。智能锁的开门方式一直是随生物识别技术的发展而不断更新的，按压式指纹识别技术就是通过手机上指纹识别模块的发展而快速兴起的。智能锁通过人脸识别、远程可视、智能门锁的联动防御，可做到人脸识别的一体化，精准、快速、高效地进行人脸识别，真正做到无感知通行。而智能锁连接的多功能报警器则可以连接社区物业平台与公安系统，全方位地为用户提供一个安全、舒适的家居环境。

（3）智能门禁。在智慧社区的大体系下，智能门禁已经成为社区标配。“人工智能+视频监控”能实现人脸识别、车辆分析及通过视频结构化算法提取视频内容，检测运动目标，分类人员属性、车辆属性、人体属性等多种目标信息，结合公安系统，分析犯罪嫌疑人的线索。同时，人工智能处理的安防领域的海量视频和监控还会促进人工智能算法性能的提高，并成熟应用于其他行业。智慧社区应具有集智能门禁、车辆道闸、车位锁等功能于一体的智慧管理系统，能够实现手机、身份证、门禁卡的绑定，能够精准地进行人员甄别，有效地帮助物业部门进行管理。

2. 智能家电领域

（1）实时图像搜索。以智能电视为例，电视正在播放电视剧，用户若对演员进行发问，电视屏幕上马上会显示该演员的相关介绍，这是目前人工智能技术在智能电视上的一个应用。这一图像识别功能还支持多人同步识别，可将与之相关的新闻、摄影、同款购物等信息一并呈现，甚至还能快速识别画面上呈现的商品、明星、台标和二维码。

（2）声纹识别。以智能电视为例，电视会根据不同的音色识别到不同的角色（如男性、女性、小孩），从而提供个性化视觉及内容推送服务。例如，针对女性的界面是柔美的粉红色，推荐的影片以言情类为主；男性则会得到深蓝色视觉效果及以动作类、科幻类为主的影片的推荐结果；如果是小朋友，则会得到一些动画片的推荐结果。

（3）视觉识别。在家电设备中加入摄像头，可以做到面部识别和动作识别，用户无需发声，只需要通过手势控制，即可做出舒适性调节。以智能空间为例，当空间内出现多位家庭成员时，空调识别后，结合人员在注册列表中的优先级别，自动选择按目前最高级别的人员需求优先推送相应的运行模式，而当出现老人、儿童时，空调自动切换为具有针对性的“关爱模式”，优先满足老人与小孩的健康需求。

3. 智能家居机器人领域

新一代智能家居机器人在家居环境中具有感知、思维、效应功能，是一个全面模拟人的机器系统，具有类似于人的自我学习、归纳、总结的能力。智能家居机器人由计算机直接控制其动作，依靠各种高灵敏度传感器，对外界的信息进行综合分析，不仅能够听懂人的命令，还能够识别三维物体，完成人交给的各种复杂、困难的任务。智能家居机器人在从事家庭服务、安全性、儿童教育、监护等工作时，因要为人服务，所以需要理解人类语言，用人类的语言与操作者对话，具有学习的能力，能够像人类一样建立智能知识库，通过不断的学习和分析智能知识库，来提高自身的智能化水平及适应能力，从而调整自身的各项能力以达到环境需求。

4.4.5 语音识别技术

随着现代科学和计算机技术的发展，人们在与机器的信息交流中，需要一种更加方便、自然的方式。语言是人类最重要、最有效、最常用和最方便的通信形式之一。语音识别所要解决的问题是让计算机能够“听懂”人类的语音，将语音转换成文本。语音识别是实现智能的人机交互的一个前沿研究阵地，是完成自然语言理解、机器翻译等后续研究的前提条件。

语音识别是人工智能中的一种重要技术，目前已在智能家居系统中广泛应用，本小节将对语音识别技术进行详细的介绍。

1. 语音识别技术的起源和系统组成

语音识别技术的研究工作最早可以追溯到 20 世纪 50 年代。1952 年，贝尔实验室采用模拟电子器件实现了针对特定说话人的 10 个英文数字的孤立词语音识别的 Audry 系统。该系统提取每个数字发音元音的共振峰特征，然后采用简单的模板匹配的方法进行针对特定人的孤立数字识别，识别率能够达到 98%。

之后的 20 年中，计算机软件与硬件的发展推动了语音识别技术的发展。在这期间，语音信号线性预测编码（Linear Predictive Coding，LPC）技术和动态时间规整（Dynamical Time Warping，DTW）算法的提出，有效地解决了两个不同长度的语音片段的相似度度量问题，它们也一度成为语音识别的主流技术。此后，研究人员将目光投向了更具有实用价值和挑战性的连续语音识别问题。以贝尔实验室、IBM 实验室为代表，研究人员开始尝试研究基于大词汇量的连续语音识别系统（Large Vocabulary Continuous Speech Recognition，LVCS）。

20 世纪 80 年代，两项关键技术在语音识别中得到应用，使语音识别的发展取得重要突破，它们分别是基于隐马尔可夫模型（Hidden Markov Model，HMM）的声学建模和基于 N-gram 的语言模型。语音识别开始从基于简单的模板匹配方法转向基于概率统计建模的方法，在很长的时间里，声学模型一直以高斯混合模型（Gaussian Mixture Model，GMM）和隐马尔可夫两种模型联合进行建模的 GMM-HMM 模型为主。在这一时期中出现了许多著名的语音识别系统，如卡耐基梅隆大学的李开复等人开发的高性能、非特定人、大词汇量连续语音识别系统 Sphinx。该系统基于 GMM-HMM 语音识别框架，是第一个基于统计学原理开发的非特定人连续语音识别系统。

20 世纪 90 年代，语音识别技术走向了市场，如 IBM 的 ViaVoice、微软的 Whisper 等。IBM 公司 1997 年研发了 ViaVoice 中文语音识别系统，1998 年又研发了可以识别方言口音的 ViaVoice，其自带的基本词汇表由 32 000 个词扩展到 65 000 个词，识别率可达到 95%。

进入 21 世纪，计算机硬件的发展促进了深度神经网络（Depth Neural Network，DNN）在语音识别中的应用，深度神经网络与隐马尔可夫模型相结合，构成 DNN-HMM 系统。2011 年，微软研究院的邓力等人提出的基于上下文相关的深度神经网络和隐马尔可夫模型的声学模型（CD-DNN-HMM），在大词汇量连续语音识别任务上相比传统的 GMM-HMM 模型取得了显著的性能提升。之后，研究人员纷纷将研究重点转移到 DNN 及其他网络模型上。

深度神经网络在语言识别上的应用最早是前馈神经网络语言模型（Feed Forward Neural Network Language Model，FNNLM）。FNNLM 基于 *N* 阶马尔可夫假设，所以其本质上还是一个 N-gram 语言模型。但是不同之处在于，传统的 N-gram 语言模型是对离散分布进行建模，而 FNNLM 则在一个连续的空间中进行建模，可以起到平滑作用。由于语言本身具有长时相关性，所以 N-gram 的阶数越高，可以获得的长时信息也就越多，这样的模型性能往往也越好。而传统的 N-gram 语言模型及 FNNLM 阶数都很有限，于是循环神经网络（Recurrent Neural Networks，RNN）被用于语言模型建模，相比于 FNNLM 可以获得显著的性能提升。

表 4-1 所示是 5 款开源的语音识别工具。

表 4-1　5 款开源的语音识别工具

工具名称	编程语言	已训练模型
CMU Sphinx	Java，C，Python，其他	包括英语的 11 种语言
Kaldi	C++，Python	英语的子集
HTK	C，Python	无
Julius	C，Python	日语
ISIP	C++	数字

近年来，我国的语音识别技术发展很快，基本与国外同步，并且在中文语音识别技术上有自己的特点和优势。从 1987 年开始执行“863 计划”，并为语音识别研究设立专项以来，中国科学院声学研究所、清华大学等科研机构都有自己的实验室用以研究语音识别技术，国内的公司如阿里巴巴、百度、科大讯飞等也在对其进行研究。

如图 4-9 所示，一个标准的语音识别系统主要由前端处理、声学模型、语言模型、解码器四大模块组成。

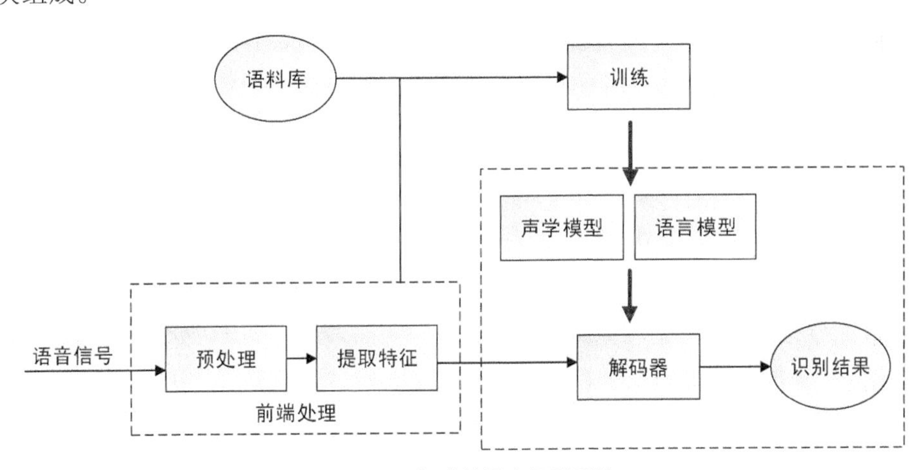

图 4-9　标准的语音识别系统

前端处理模块主要是将接收到的语音波形信号经过预处理，提取相应的声学特征。这一过程中对于接收到的语音波形信号，首先需要进行加窗和分帧操作，再使用合适的声学特征提取算法从语音片段中提取相应的声学特征。好的声学特征不仅需要具有很强的区分性特性，可以很好地表示不同音素之间的差异性，而且需要具有很好的鲁棒性，不受噪音环境的干扰。

声学模型的任务是计算给定文本序列后，发出这段语音的概率，是自动语音识别系统的主要部分，它占据着大部分的计算开销并决定着系统的性能。声学模型用来把语音信号的观测特征与句子的语音建模单元联系起来。

语言模型是用来预测字符（词）序列产生的概率的。传统的语言模型基于 N 阶马尔可夫假设的 N-gram 语言模型，该模型的核心思想是使用前 $N-1$ 个词来预测下一个词。

通常语言模型和声学模型的训练是相对独立的。当训练好各个模型以后，需要通过一个解码阶段将两者相结合。解码的最终目的是结合语言模型和声学模型，通过搜索得到一个最佳的输出序列。目前主流的解码器中普遍使用的是维特比算法。

2. 语音识别技术的声学模型

声学模型是整个语音识别系统中最为重要的一部分，它在很大程度上决定了整个识别系统的性能。声学模型主要用于描述语音建模单元即 HMM 状态与语音特征之间的对应关系。通过声学模型可以计算某段语音特征序列所属各个建模单元的概率并在最大似然准则下生成相应的状态序列。

选择合适的建模单元是构建声学模型的第一步，由于不同颗粒度的建模单元会带来不一样的识别性能，所以它的选择尤为重要。通常，建模单元的选择需要遵循有代表性、有推广性和有可训练性这 3 个原则。这里，有代表性指的是建模单元能够在不同的上下文中准确表征语音；有推广性指的是能够运用已有的建模单元表达新词；有可训练性指的是拥有足够的训练数据以完成建模单元的训练。在语音识别技术发展的过程中，研究人员探索了不同颗粒度下的建模单元，常用的有音素、声韵母、半音节、音节、词等。目前，在基于大词汇量的连续语音识别系统中普遍采用细颗粒度的建模单元，细颗粒度的建模单元能够有效减少语音数据稀疏带来的问题，并且能够提高整个识别系统后续的处理效率。一般在英语识别任务中建模单元选择音素，在中文识别任务中建模单元选择声韵母。

协同发音是一个在连续语音中十分普遍的现象，指的是一个音可能会受到它的前后音影响而发生变化，而采用单一的建模单元并不能很好地描述这一现象。因此，必须在建模过程中充分考虑到语境的不同，建模单元可以设置为上下文相关的声学单元。这种基于上下文相关的声学单元最常用的有两种：双音子和三音子。前者只考虑当前音的前一个音产生的影响，后者则考虑当前音的前后音带来的影响。尽管使用这种建模策略能够有效地提升声学模型的表达能力和鲁棒性，但也导致了要训练的声学单元数急剧增加，使得原有的训练数据变得稀疏，无法充分地训练声学模型。为了解决这个问题，必须要对这些声学单元进行聚类操作，即将相似的建模单元聚为一类并且让其共享参数，通常采用决策树来进行。

隐马尔可夫模型是当前主流语音识别系统广泛采用的声学建模策略，HMM 能够很好地描述语音信号内在隐含状态和特征序列之间的关系。HMM 是基于马尔可夫链发展而来的。在马尔可夫链中某一时刻的状态，只会受到它前一时刻的影响，而不会受到将来时刻和更往前时刻的影响，其中所有状态都是可观测的，这是一种较为理想的假设，但是在真实环境下有时候需要的状态是不能直接观察到的隐状态，相较于普通的状态转移过程，隐马尔可夫模型更加复杂。有两个典型的随机过程存在于 HMM 中，其中一个随机过程是马尔可夫链，用来描述隐状态之间的转移；另一个随机过程用于描述可观测状态与隐状态之间的分布关系。

从人的发声机理来看，一段语音的产生主要分为以下几步：首先会在大脑内组织好要说的内容，然后给发音系统发出指令，发音系统根据指令调动各个发音器官，最后将语音从嘴唇辐射出去。这一过程与 HMM 极为相似，大脑组织语言的过程对于外界而言是一个不可测的过程，这与 HMM 中的隐状态之间的转移相对应；相同的发音内容不同的人发出的语音信号并不完全相同，但大体上符合某种统计分布，这恰好与 HMM 中隐状态和可观察序列之间的随机过程相吻合，这也正是 HMM 能够被广泛地应用于语音识别声学建模中的原因。

传统语音识别技术的声学建模采用 HMM 与高斯混合模型相结合的形式。高斯概率密度函数估计是一种参数化的模型。高斯混合模型（GMM）是单一高斯概率密度函数的延伸和拓展，它能平滑近似地模拟任意形状的密度分布，通过增加混合数目可以逼近任意分布，所以一度与隐马尔可夫模型结合构成语音识别系统并取得了语音识别技术上的一个突破。

用高斯混合模型对输出概率进行建模的时候，虽然可以取得良好的效果，但是也存在着缺陷，过多的混合数会降低概率得分的区分性。当将高斯混合模型应用在区分性训练的时候，训练的复杂程度会大大提高，虽然可以通过增加高斯混合数量来减少与实际数据分布的差异，但是这种增加毕竟是有限的，而语音信号形成的机制又相对复杂，这时候混合高斯模型面对大量的语音数据训练的时候，就显得力不从心，所以基于深度神经网络对声学模型的建模应运而生。

随着深度学习的兴起，2009 年，前馈全连接深度神经网络首次被应用于语音的声学建模，在 TIMIT 数据库上基于 DNN-HMM 的声学模型相比传统的 GMM-HMM 声学模型取得了大幅度的性能提升。基于 DNN-HMM 的语音识别声学模型唯一的不同点在于使用 DNN 替换 GMM 来对输入语音信号的观察概率进行建模。DNN 相比于 GMM 的优势在于：①DNN 对语音的声学特征的分布进行建模不需要对特征服从的分布进行假设；②GMM 要求输入的特征是进行去相关的，但是 DNN 则可以处理各种类型的输入特征；③DNN 的输入可以采用连续的拼接帧，从而可以更好地利用上下文信息。

卷积神经网络（Convolutional Neural Networks，CNN）是一种著名的深度学习模型，在图像领域获得了广泛的应用。相比于 DNN，CNN 通过采用局部滤波（local filtering）和最大池化（max-pooling）技术可以获得更高的鲁棒性。而语音信号的频谱特征也可以看作一幅图像，每个人的发音存在很大的差异性，如共振峰的频带在语谱图上就存在不同。所以，通过 CNN 有效地去除这种差异性将有利于语音的声学建模。

语音信号是一种非平稳时序信号，如何有效地对长时时序动态相关性进行建模至关重要。由于 DNN 和 CNN 对输入信号的感受视野相对固定，所以对于长时时序动态相关性的建模存在一定的缺陷。循环神经网络（RNN）通过在隐层添加一些反馈连接，使得模型具有一定的动态记忆能力，对长时时序动态相关性具有较好的建模能力。简单的 RNN 会存在梯度消失问题，其改进的模型基于长短时记忆单元（Long-Short Term Memory，LSTM）的递归结构。

3. 语音识别技术的语言模型

在语音识别任务中，对一段语音信号解码时通常会生成一组候选词序列，语言模型（Language Model，LM）会对各候选词序列出现的可能性进行评估并给出相应的概率得分，最终输出的识别结果是那些综合分数最高的词序列。语言模型主要分为两大类：一类是基于文法规则的模型；另一类是基于统计学习的模型。目前在大多数的语音识别系统中最常用的是N-gram 语言模型，它是一种基于统计的语言模型。对于一个句子它通常是由一组按特定顺序的词序列构成的，基于马尔可夫链思想可以假设其中第 N 个词的出现只与它前面 $N-1$ 个词有关，与其他词都无关，那么就可以用这些词序列出现的概率乘积来代替整句话出现的概率，而这些词的概率可以通过对大规模语料进行最大似然估计得到。

评价一个语言模型性能最简单的方法是根据模型计算出待测句子出现的概率，或者更一般地使用困惑度来评价。句子出现的概率越大，困惑度越小，则相应的语言模型越好。

最近神经网络被成功应用到语言模型建模，并在很多任务上取得了较好的效果。目前基于神经网络的语言模型（Neural Networks Language Model，NNLM），主要采用的是前馈神经网络（Feedforward Neural Networks，FNN）及循环神经网络（RNN）。NNLM 的核心思想是使用一个投影层将离散的词投影到一个连续的空间，然后在这个空间计算每个词的条件概率。由于连续空间的平滑效果，NNLM 对于一些没有见到的文本组合可以具有更好的泛化能力。FNNLM 和 N-gram 一样，依然是基于 N 阶马尔可夫假设，输入的是固定文本窗长度的词，通常为 2 个或 3 个词。RNNLM（循环神经网络语言模型）通过在隐层采用时延递归结构来记忆语言中的长时关联性。最近一些新的优化的 RNN 结构被提出来，如长短时记忆单元（Long Short Term Memory，LSTM）。LSTM 是一种精心设计的结构，通过各种门控制信号的输入和输出，可以有效地解决梯度的消失和膨胀问题。但是 LSTM 相比于普通 RNN，其结构也更加复杂。

4. 语音识别与智能家居

自 21 世纪以来，随着物联网技术、网络技术、信息技术等的高速发展，智能化设备也逐渐飞入寻常百姓家。更加智能化、人性化的智能家居系统给予每个人更加舒适、便捷的生活体验。

传统的智能化控制方式往往是基于电脑端的操作界面进行合理控制，且需要较复杂的布线与连接。这不仅对智能化设备的安装和使用有较高要求，且不利于智能化家居设备的广泛应用。相较于传统的控制方式，由语音控制的智能系统对智能家居设备的生产及使用产生了巨大变革。一方面，对比于需要较长时间了解的控制面板，语音控制更加方便快捷，适合于更多人群，从而能够得到更加广泛的应用；另一方面，语音作为一种最自然的人机接口，有比触控或手势更加便捷的免持操作特性。

以苹果智能手机为代表的 Siri 率先提出了语音控制的概念，而随后智能语音控制技术蓬勃发展，亚马逊 Echo 智能音箱设备成为除手机之外，让语音助理作用于控制智能家居设备的第一批装置。而以谷歌、微软等为代表的互联网巨头也相继跟进，探索语音控制技术在智能化家居设备中的应用。在近几年的家电展中可见，一般的智能家居产品基本都能通过语音控制实现其功能。

利用语音控制系统，用户可以通过语音来开启灯光、调整灯光亮度、启动家庭剧院、控制空调、切换影音频道等，这让家庭自动化的功能往前迈进了一大步。

本章小结

本章重点介绍与智能家居未来发展息息相关的物联网、大数据、云计算和人工智能这 4 种重要的信息化技术。物联网技术可以帮助智能家居系统在家居环境中感知和采集多种类型的数据；云计算与边缘计算可为获取到的数据提供计算和存储的平台；大数据的价值在于对海量数据进行存储和分析；人工智能技术能够在其他技术的基础之上为智能家居向真正的智能化方向发展提供强大的推动力。

思考与练习

1. 简述物联网、大数据、云计算和人工智能等技术的基本概念和特点。
2. 简述语音识别技术的声学模型和语言模型。

开发篇

第 5 章
智能家居企业平台与生态

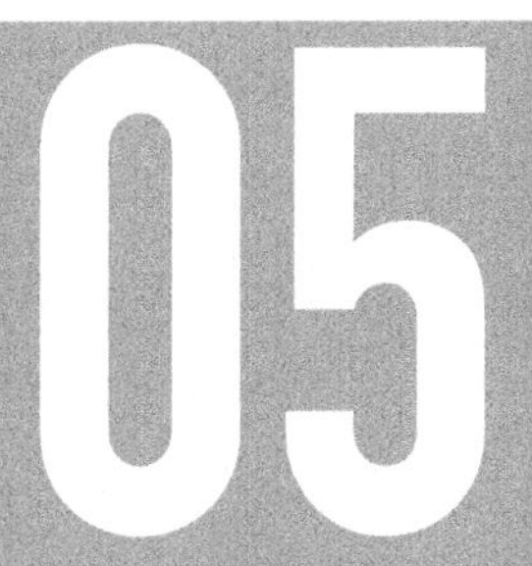

学习目标

① 了解华为 HiLink 智能硬件开发者平台的功能及特点。
② 了解华为 HiLink 智能硬件开发者平台的架构。
③ 了解华为HiLink智能硬件开发者平台的开发流程。
④ 了解主流智能家居云平台及其生态。

在当前智能家居领域，不同品牌厂家的终端产品和设备在无线组网技术上各自支持不同的协议和标准，就像各省的方言一样，不能互联互动，从而形成一个个孤岛，这与智能家居的集成性、互通性的系统要求及一体化的家庭互联理念相背离。

为实现支持不同协议、标准的智能终端之间的互联互动，很多企业推出了自己的智能家居平台，通过为不同协议开放接口，实现多个独立系统的集成，为各种智能终端之间的互联互动提供“普通话”。同时，这种企业平台也为个人和企业开发者提供了开发服务，使智能硬件厂家可以参与到智能家居系统开发中，形成开放、互通、共建的智能家居生态。

本章以华为 HiLink 智能硬件开发者平台为例介绍智能家居开发平台的功能、技术方案及产品开发流程，使读者对智能家居开发平台有系统的认识；同时，概括介绍其他企业平台的特点，使读者对于整个智能家居领域的开发平台与生态有宏观的把握。

5.1 华为 HiLink

华为 HiLink 智能硬件开发者平台是以华为 HiLink 协议为核心的技术开放平台。对行业，华为开放协议 SDK，并建设开发者社区为开发者提供全方位的指导，从开发环境的搭建到集成、测试，为开发者提供一站式的开发服务。

5.1.1 基本概念

本节首先对华为 HiLink 智能硬件开发者平台中涉及的几个基本概念进行解释，便于读者理解及后续行文简洁。

（1）华为 HiLink 智能硬件开发者平台。华为 HiLink 智能硬件开发者平台简称“平台”，是华为面向 IoT 领域的开发者平台，开发者可以在此平台上完成 SDK 获取及智能产品的提交、认证、测试等工作。

（2）开发者及开发者账号。开发者指注册并使用华为 HiLink 智能硬件开发者平台的企业。开发者需使用华为账号注册华为 HiLink 智能硬件开发者平台，所注册的华为账号即为开发者账号。

（3）企业开发者。企业开发者是开发者为企业在平台上申请并注册的单位，一个企业仅支持创建一个企业开发者。

（4）ManufacturerID（生产商标识）。ManufacturerID 是企业开发者的唯一标识，由平台分配。

（5）DeviceID（设备标识）。DeviceID 是开发者创建每类智能产品的唯一标识，由平台分配。

（6）DeviceTypeID（产品类型标识）。DeviceTypeID 由平台定义和分配，如空气净化器的 DeviceTypeID 为 013。

（7）产品功能定义。开发者从平台的品类功能集中选择自己产品支持的功能，然后生成设备 Profile 上传到平台，目前平台仅支持选择功能子集。

5.1.2 华为 HiLink 协议

华为 HiLink 协议是华为 HiLink 智能硬件开发者平台中的核心，本节从功能定义、协议策略、协议架构等方面对 HiLink 协议进行介绍。

1. 功能定义

HiLink 协议主要完成两个功能：智能连接和智能联动。下面分别介绍每个功能的具体内容。

（1）智能连接。华为 HiLink 开放协议的终端，可以接入智能网关、智能家居云，包括以下功能。

① 支持自动发现华为 HiLink 设备。

② 支持在智能网关的场景下一键完成设备入网配置。

③ 支持网络参数发生变化时自动同步，无须重新配置。

④ 支持多个智能网关分布式部署，设备自动切换。

（2）智能联动。支持通过 App 对设备进行远程控制，也支持设备之间的联动控制，包括以下功能。

① 支持一个 App 完成设备管理和控制，统一入口，统一体验。

② 支持通过手机 App 完成多设备联动和场景设置。

③ 支持通过智能网关实现局域网内的设备联动。

④ 支持通过接入智能家居云实现云端设备联动。

2. 协议策略

HiLink 协议的策略为开放共建、拒绝封闭。开放共建包括以下方面。

（1）开放设备侧 SDK，帮助智能硬件厂商快速集成华为 HiLink 协议。

（2）开放 App 侧 HTML5 插件，支持厂家定制设备控制页面。

（3）云端通过开放 API，实现和第三方云的协议对接和数据共享。

（4）开放智能网关插件平台，可以支持主流协议，如 Google Weave 协议的对接。

3. 开放互联协议架构：连接人、端、云

华为 HiLink 协议框架的主要部件包括华为 HiLink Device、华为智能家居 App、华为 HiLink Cloud 和华为 HiLink Router。

（1）华为 HiLink Device。华为 HiLink Device 包括开放的终端 SDK、OS 和芯片能力，具有以下功能。

① 集成华为 HiLink SDK，实现终端快速入网、能力开放和设备间互操作。

② 可支持 Wi-Fi/ZigBee/BLE。

（2）华为智能家居 App。华为智能家居 App 提供开放的海量手机入口，具有以下特点。

① 提供统一入口、统一体验。

② 支持单设备管理和控制。

③ 支持多设备联动和场景设置。

（3）华为 HiLink Cloud。华为 HiLink Cloud 提供开放的云端数据共享服务，支持的功能包括以下方面。

① 多设备管理、场景联动。

② 远程控制、视音频媒体能力。

③ OpenAPI 第三方对接。

（4）华为 HiLink Router。华为 HiLink Router 提供开放的智能家居路由平台，支持以下功能。

① 一键连接、自组网、自动漫游。

② 多设备协同和场景联动。

③ 多协议、多标准转换。

HiLink 平台为开发者提供基于云到端的整套智能家居解决方案服务，与硬件一起构建一个 HiLink 生态圈。基于此，开发者能够快速构建智能硬件，缩短产品上市周期，还可以与 HiLink 生态圈内的硬件互联互通，形成开放、互通、共建的智能家居生态。该平台具有以下四大优势。

（1）开放共建。为开发者提供一站式的开发服务。

（2）简单易用。一键联网，App 统一管理智能硬件。

（3）安全可靠。具有端到端的差异化的芯片级安全能力。

（4）低成本。资源占用小，降低了设备智能化的成本。

5.1.3 技术方案

HiLink 生态中的开发者可以在 HiLink 智能硬件开发者平台中进行开发。平台开放 HiLink SDK、LiteOS、物联网芯片、安全和人工智能等核心技术能力，如图 5-1 所示。

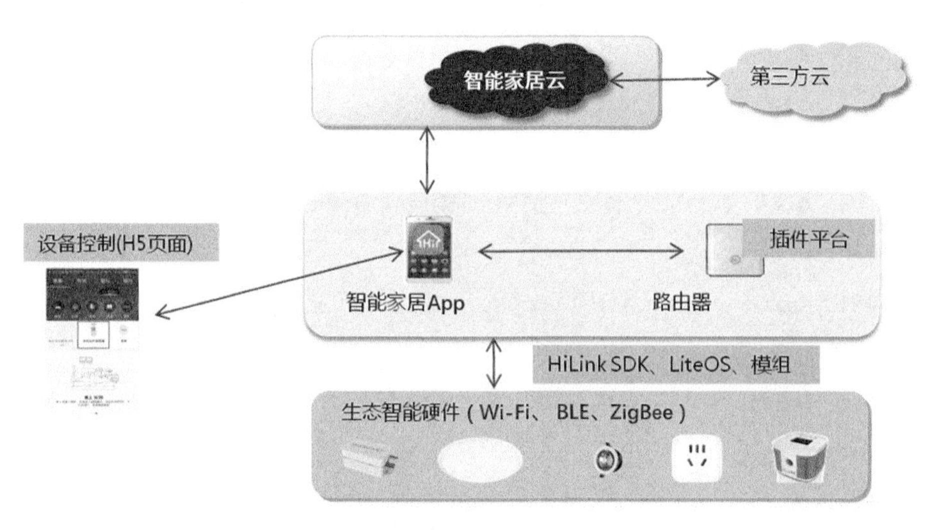

图 5-1 HiLink 平台技术方案示意图

1. HiLink 智能设备

平台提供 HiLink SDK，支持 Wi-Fi、BLE、ZigBee 等联网方式，帮助智能硬件厂商快速集成华为 HiLink 协议。

2. 智能家居 App

平台提供标准的 HTML5 的设备控制页面，开发者也可以基于 JSAPI 接口，进行智能设备控制界面的开发。

3. HiLink 智能家居云

云端通过开放 API，实现和第三方云的协议对接和数据共享。

4. 智能路由开放平台

智能路由开放平台，可以支持主流智能家居协议的转换，实现第三方设备的控制。

5.1.4 行业合作与进展

华为 HiLink 已经与海尔、美的、博联等国内几十家知名厂商合作，打造互联互通的新平台，未来将会有越来越多的厂家产品支持，为消费者提供真正的智能家居体验。目前，华为最新的智能路由、电视盒子、手机等智能终端上均支持对接华为 HiLink 平台，可以为消费者带来便捷的互联互动体验。

5.1.5　开发者社区

华为 HiLink 开发者社区为开发者提供全方位的指导和从开发环境的搭建到集成、测试的一站式开发服务。开发者社区提供了以下服务：华为 HiLink 开发工具、远程调测平台、应用接入管理平台、SDK 下载入口、文档在线、实时客服及应用推广。

5.1.6　产品开发

产品开发是指借助华为 HiLink 硬件开发者平台，进行产品创建、产品定义、固件开发、固件上传、申请认证等，完成一个将硬件接入平台的全过程。HiLink 硬件设备接入流程如图 5-2 所示。本小节只介绍主要流程，第 8 章将具体介绍每个环节的开发步骤。

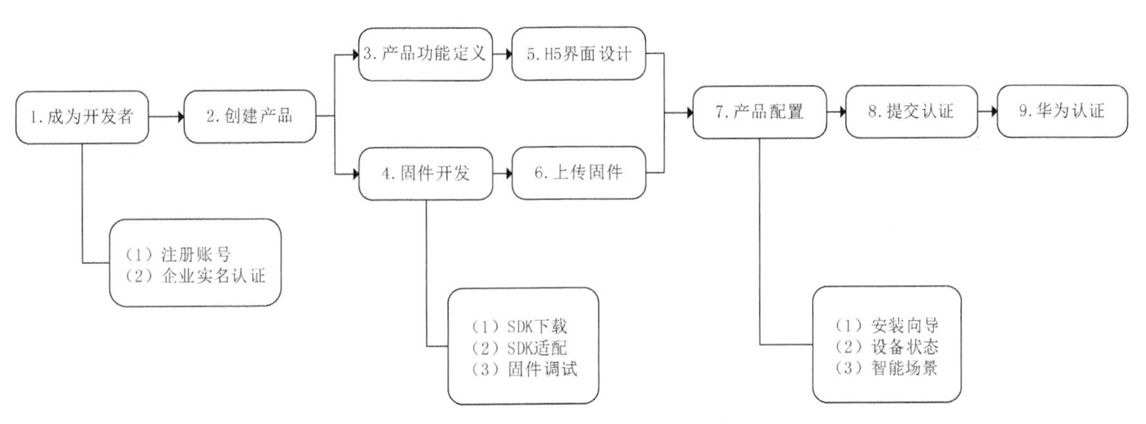

图 5-2　HiLink 硬件设备接入流程

1. 成为开发者

（1）注册账号。登录华为开发者联盟，按照界面提示的要求，注册华为账号。可以使用手机号或者邮箱注册华为账号。

（2）企业实名认证。开发者需要按照平台网站页面的要求提供资料，进行企业实名认证，完成企业实名认证的开发者即可创建产品和查看相关的文档资源。已经在华为开发者联盟完成实名认证的开发者，直接在平台上签署合作协议即可创建产品。

2. 创建产品

在平台网站上按照要求填写产品名称、产品品类、产品型号等字段，提交后即可获取接入密钥信息，然后下载配套 SDK 完成智能产品的开发工作。

3. 产品功能定义

开发者从平台的 HiLink 产品功能定义中选择支持的功能。例如，平台通过 profile 定义了灯支持总开关、背光开关、亮度、颜色、模式、定时开关、倒计时开关、升级、网络信息字段，并编辑功能的取值范围。

4. 固件开发

华为 HiLink 硬件开发者平台提供两种开放方式：硬件直连接入和云接入。硬件直连接入方式通过 HiLink SDK、华为 LiteOS 认证的 Wi-Fi 模组，在固件侧面向 HiLink 云做开发，集成连接能力并加入 HiLink 生态。云接入方式通过基于 OAuth 2.0 的账号绑定授权能力，与华为 HiLink 云之间建立对接，共享设备到 HiLink 云，使设备被华为“1+8”的终端展示和控制。

（1）SDK 下载。使用 HiLink Wi-Fi 模组接入已有 Wi-Fi 模组设备，需要登录服务卡片后获取相应的 HiLink SDK。若开发者使用已有 Wi-Fi 模组设备接入类型，但在平台上未查找到自己芯片对应的 HiLink SDK，则需要开发者提供芯片工具链和编译选项给平台。

（2）SDK 适配。使用 HiLink Wi-Fi 模组接入，让智能硬件产品可以识别和执行平台下发的指令，如将华为下发的字符命令转换成串口可识别的二进制命令等开发工作。

（3）固件调试。平台提供测试用例、工具和标准，开发者需要对设备图片、配网注册、升级、稳定性、profile 中宣称的设备功能等进行全面测试，保障产品质量。

5. H5 界面设计

H5 开发指的是开发者开发运行在智能家居 App 上的设备控制页面，开发者可以按照自己的功能诉求进行页面的开发，可以根据自身情况选择以下开发方式。

（1）App 界面设计开发方式。

（2）厂家自开发方式。

UI+是华为提供的 H5 设备控制界面开发工具，读者可以参考第 7 章中的相关介绍。通过 UI+，开发者投入较低的人力就可以实现 H5 设备控制界面的开发。

开发者自身技术能力深厚或者已有 H5 成型代码的，可以选择厂家自开发方式，需要参考《HiLink App H5 开发指南》对接华为的接口。

当前仅界面标识为极速接入的设备支持使用 UI+进行界面开发。

6. 上传固件

开发者将前面开发完成并调试通过的固件上传到平台做备案。

7. 产品配置

（1）安装向导。开发者需要参考《HiLink 客户端用图规范》的要求进行安装向导图片的开发，安装向导用于 App 上呈现不同设备安装方式的差异，使消费者可以方便地对设备进行安装和配置，开发者按照指定格式和命名要求将安装向导上传到平台进行审核。

（2）设备状态。开发者需要参考《HiLink 客户端用图规范》的要求进行设备状态图片的开发。设备状态图片用于 App 首页九宫格界面上呈现设备的当前状态，方便消费者快速了解设备状态。其中，在线或离线状态是必选的。开发者开发完毕后按照指定的格式和命名要求将设备状态上传到平台进行审核。

（3）智能场景。智能场景也叫 IFTTT、自动化，是平台为整个 HiLink 生态互联互通提供的功能，开发者可以将设备支持的可作为触发条件的事件和可触发执行的动作通过文件反馈给平台，即可在设备上线后，根据用户场景和其他设备进行联动设置，参考《HiLink 设备智能场景配置指导书》完成配置。

8. **提交认证**

（1）测试。开发者须下载《App 测试报告模板》《设备测试报告模板》《认证测试工具》，并按照页面提示准备 H5 软件自验证报告、硬件测试报告，确保所有测试项全部测试通过再提交认证。

开发者须完成注册华为账号、企业实名认证并签署智能家居开发者协议成为开发者后，才能下载相应的《认证测试工具》。

（2）样机。开发者按照《HiLink 样机提供指导和说明》提供样机，平台认证完成后除留样的两台机器外，其他样机会退还。

9. **华为认证**

平台审核开发者提供的自测试报告，并对智能产品进行认证测试，认证测试范围包含设备图片、配网注册、升级、BI、稳定性、profile 功能等。平台在收到样机后在 3 个工作内，完成认证测试。

5.2　其他企业平台与生态

物联网产业发展至今，行业应用需求逐步崛起，底层技术逐步成熟，因此，发展完善的物联网云平台技术，从而刺激下游应用的部署，成为推动产业发展的关键。智能家居云平台可能来自互联网行业，也可能来自通信、家电、安防领域，以下列出其他国内外知名的智能家居云平台。

总体来说，能够实现应用级技术支持的智能家居云平台有阿里云、百度云、腾讯云等；能够广泛提供智能家居开发者支持的云平台有涂鸦、BroadLink DNA、机智云、海尔 U+、京东智能云、讯飞开放平台、小米 IoT 开发者平台等。这类云平台中，涂鸦、BroadLink DNA、机智云 3 家有芯片模块研发生产及供应能力，能够帮助家电厂商实现智能家电往云端的迁移部署，能够提供基于家电功能与云端业务实施的完整解决方案；还有以企业自身需求为主，对外联连的智能家居云平台，如 M-Smart、格兰仕 G+、国美智能云、萤石云、乐橙云等。

国外的智能家居云平台有 Home、Alexa、HomeKit、Arrayent、Ayla Networks 等。

接下来我们在以上平台中挑选具有代表性的平台进行介绍。在介绍国内平台与生态时，主要从硬件设备接入和开发套件两个方面进行介绍。

5.2.1 国内企业平台与生态

1. 阿里智能开放平台

阿里基于自身传统云计算优势，已全面进军物联网市场。阿里云 Link 作为其 IoT 开放平台已推出生活平台、城市平台及商业共享三大平台，并与硬件模组厂商积极合作，快速构建生态，发展迅猛。

阿里云推出了 Home Link 智能生活物联网平台，可提供功能完善的“云边端”一体化使能平台。该平台通过接入多品牌、多品类的智能化设备，集成 AI、大数据、语音等技术，并引入音乐、云食谱、地图等服务资源，支持开发者快速搭建自有的应用系统，构建“智能生活开放平台”。

通过阿里云 IoT“智能生活开放平台”，其合作伙伴可以低成本实现智能化，单品设备可以联网，设备之间能够互相联通、协同工作，从而提供完整的场景化智能服务，如离家模式、睡眠模式等。智能家居厂商还能通过平台实现产品数据上下行传输和存储，也能在平台上管理智能设备的接入进程，以及售后、数据分析等管理功能。借助阿里云技术，平台强化了物联网安全能力并提供通信加密、防网络攻击、高并发支撑等功能。阿里云 IoT 联合近 200 家 IoT 产业链企业宣布成立 IoT 合作伙伴计划联盟，旨在建立和培育开放、互通、安全的 IoT 产业生态，解决当前最为困扰 IoT 发展的问题——服务碎片化。联盟成果将广泛应用到 IoT 的各个服务场景中。

阿里智能，主要面向的用户是家用电器产品，如空调、洗衣机、窗帘、摄像头、空气净化器、照明、温控等厂商或开发者。这些家电设备与手机及云服务器之间通过阿里的私有协议 Alink 互联。阿里智能为用户提供的解决方案包括联网模块和云端服务。阿里智能提供的联网模块主要是 Wi-Fi 模组。模组固件包括嵌入式 OS 及 Alink SDK，开发者可以基于 Alink SDK 构建自己的应用。Alink SDK 中主要封装了云端的一些交互和服务，如升级管理、配置管理等，另外还包含一个应用程序 SmartLED，用来验证智能设备数据发送及指令处理。Alink 模组认证流程如图 5-3 所示。

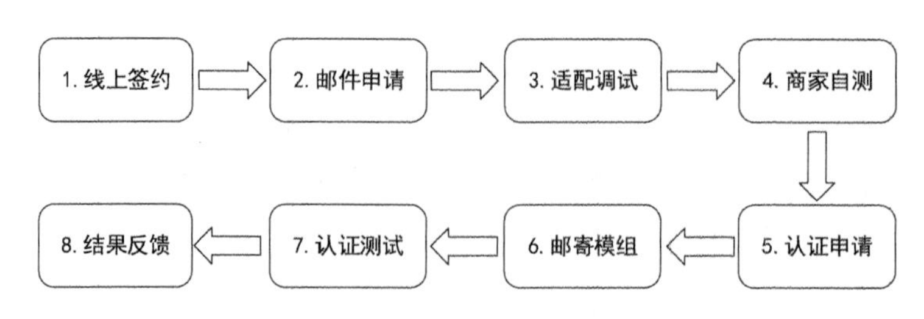

图 5-3 Alink 模组认证流程

阿里智能提供了一个 App，通过这个 App 可以控制所有阿里智能支持的设备，为用户提供一致的交互体验，以及设备间联动的操作。阿里智能 App 设备面板使用 HTML5 技术开发，并通过 H5 SDK 开放自主开发能力。厂家及开发者可遵循阿里智能 App 的设计和开发规范自行开发 App 设备控制界面。

2. 腾讯云（企鹅智家）

腾讯作为“互联网”大战略的提出者和践行者，利用其连接能力，依托腾讯云、腾讯微瓴智慧物联系统、腾讯海量优质内容社交传播资源，打造了基于物理空间，集社交、智能硬件、智慧社区于一体的创新智慧型产品企鹅智家。腾讯企鹅智家为用户提供更加智能化、社交化、增值化的服务体验，“赋能”地产行业，用智慧改变未来人居。企鹅智家开放平台架构如图 5-4 所示。

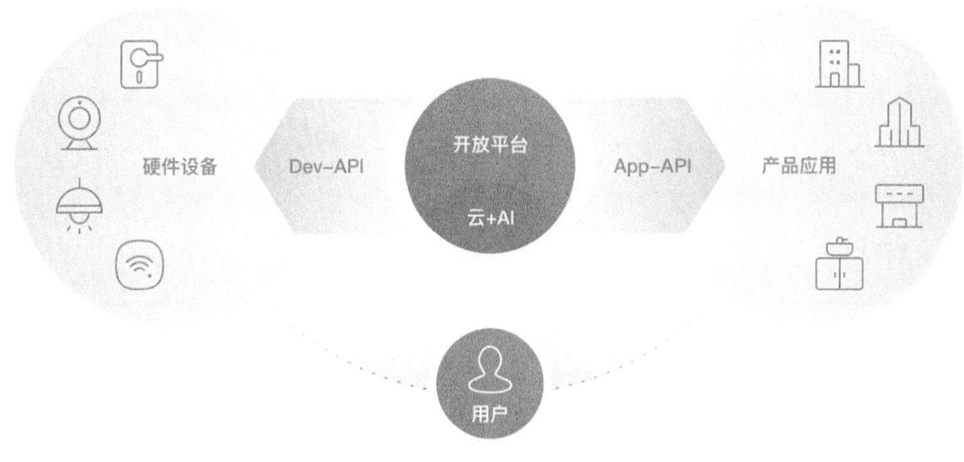

图 5-4　企鹅智家开放平台架构

（1）智能家居设备接入。腾讯企鹅智家是集“智能硬件”“智慧社区”“社交传播”于一体的生态模型，面向家居、社区、楼宇、商圈、能效管理、安防等多个应用场景，打造一个人与人、人与服务、人与建筑等完全互动、交流、娱乐、互助的线上线下智慧互联社区，以实现业主、开发商、物业、商家多方共赢为最终目标。以下从服务、语音交互、安防、用户画像、社交娱乐平台几方面介绍其特点。

① 服务：通过接入腾讯微瓴智慧物联系统，构建设备、人、家庭、体验及服务五合一智慧生态系统，打造物联网新型社区服务，包括室内智慧家居服务、公共空间预约、一键式物业服务等。

② 语音智能交互：通过智能机器人小微提供的智能服务使硬件可以快速具备听觉和视觉感知能力，实现对智慧家居硬件的控制，还能够根据用户习惯，提供音乐、有声内容、视频等，为用户营造舒适、便利的生活环境。

③ 智慧安防系统：依托腾讯优图的人脸检测技术，能够快速完成人脸识别和身份验证，保障社区安全，使钥匙和门禁卡成为过去式，大幅度提高业主居住安全性及物业管理效率。

④ 精准用户画像及信息推送：依托海量用户数据和广泛产品覆盖，企鹅智家能为每一位用

户进行精准画像和标签管理，及时向用户推荐其需要的信息和服务。

⑤ 社交娱乐平台：依托腾讯优势社交产品，打造基于共同物理空间和兴趣的邻里社交平台，业主可通过话题、活动、议事大厅、邻里圈、聊天室等方式进行互动、交友。

（2）开发套件。腾讯云致力于为合作伙伴的多种应用场景提供便捷、高效的平台服务。腾讯云将提供全球化物联云，为合作伙伴快速搭建高性能、弹性可靠的物联服务，同时深度整合业界领先的人工智能、大数据服务能力，通过公有云、私有云、智能终端及端到端的解决方案，帮助企业低门槛轻松实现物联网化。除此之外，腾讯云借助其强大的合作伙伴生态系统和不断充实的行业解决方案，助推企业数字化转型。

3. 百度 DuerOS 开放平台

作为国内的搜索行业巨头，百度正通过 DuerOS 平台“赋能”各个智能设备厂商的产品，从而为用户带来智能交互体验。百度云推出的 DoHome DuerOS 将 AI 和家居有效地结合起来，并利用自身的云计算能力将不同品牌的家居通过云端有效地连接起来，以此来实现互联互通。DuerOS 的架构如图 5-5 所示。

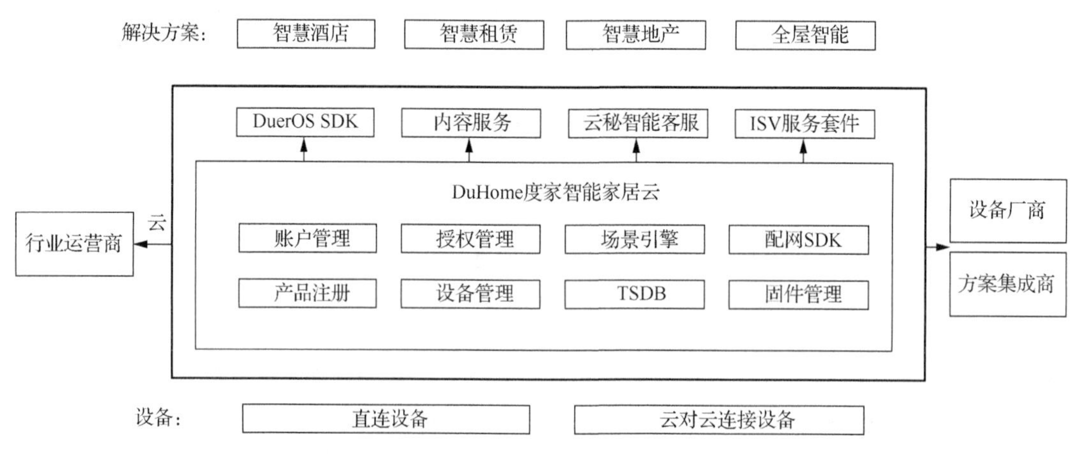

图 5-5 DuerOS 架构图

（1）智能家居设备接入。作为一个开放的对话式人工智能系统，DuerOS 提供最基础的软、硬件的能力，希望厂商通过软硬结合，打造出深入场景体验的差异化产品，通过数据流等途径为用户带来更好的智能体验。自 2017 年 7 月正式发布以来，DuerOS 的合作伙伴数量已经超过了 160 家，搭载 DuerOS 落地的主控设备也超过了 80 余款，DuerOS 落地硬件解决方案超过 20 个。

（2）开发套件。DuerOS 提供集成 DuerOS 的软、硬件一体解决方案和极简的开发工具、配套的开发文档、丰富的教学视频及活跃的开发论坛；汇集专业、强大的认证方案商资源，为厂商提供全流程开发协助；组建专业测试团队，为厂商提供专业的声学、协议等设备认证服务。

4. 涂鸦智能（TuyaSmart）智能硬件云平台

涂鸦智能为硬件制造厂商和智能化产品开发者提供一站式产品智能化解决方案、全球化的

IoT 云服务、软硬件研发和 Wi-Fi 模块选购。其中，部署全球的智能云计算群——涂鸦云，在阿里云与亚马逊的深度支持下，拥有高可靠性和全球 DNS 边缘加速，每日可承接全球用户 20 TB 数据的吞吐量。此外，涂鸦智能最新打造的智能硬件 3.0 服务平台，可以帮助厂商，让产品在 15 天左右投入市场。涂鸦智能 3.0 平台的多版本开发功能可以解决 OEM 订单软件化贴牌的问题。另外，涂鸦智能 3.0 平台还能做到 1 分钟生成 1 个 App 面板，10 分钟生成 1 个 OEM App，品牌定制化 OEM App 也只需厂商提供品牌素材，无须代码应用，1 天便可以完成打包。涂鸦大家电解决方案架构图如图 5-6 所示。

大家电解决方案架构

完善的解决方案架构，轻松解决各种使用场景

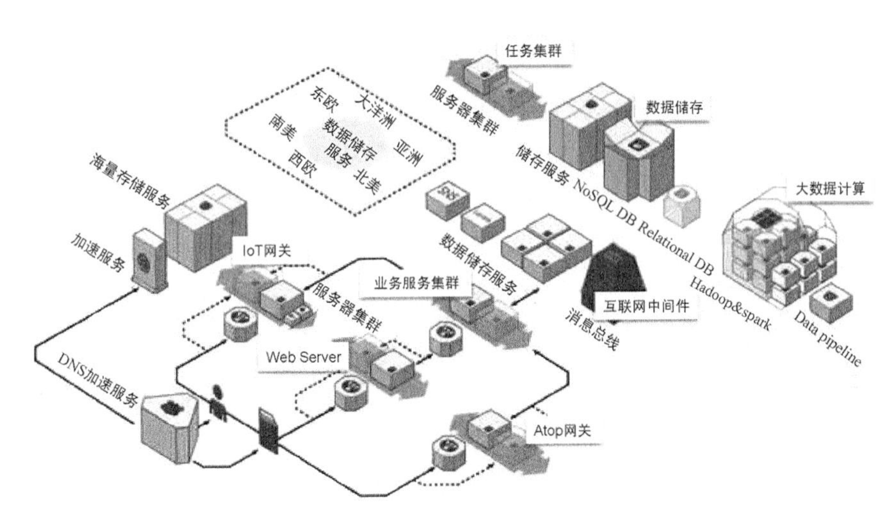

图 5-6　涂鸦大家电解决方案架构图

（1）智能家居设备接入。涂鸦智能在产品品类方面以白色家电、智能电工产品、照明、小家电为主，整体覆盖了空调、空气净化器、净水器、马桶、灯具、插座等 36 个行业品类，几乎涵盖了市面上所有的家电类目。国内的品牌商 TCL、长虹、意博高科等，智利的 Grupo Beca（贝卡集团）和挪威的 Mill（迈尔国际有限公司）等都与涂鸦智能达成了深度合作。

在功能场景方面，涂鸦智能核心研究智能硬件的结构化和控制场景化，以打造用户的场景智控。以室内环境控制系统为例，设备可以自动读取室内的湿度指数和温度指数，并由此根据用户所设定城市的实时天气指标的大数据综合读取的湿度指数和温度指数做出调控，以保证室内恒定的温、湿度及空气清新指数。用户只需享受结果，无需进行机械操作。

设备厂家接入时，需明确设备的设计形态和整体的功能设定，将产品需求汇合到涂鸦智能团队内部，由团队内部将明确的软件架构和产品需求所对应的模块选型反馈给厂家。签约

后，涂鸦智能团队内部开启软件研发程序，同时将联网模块放到厂商的原电路板上，以完成电路设计，之后制造出硬件样品，与研发好的软件进行联合调试，反复调试确认无误后进行产品的试产。

（2）开发套件。涂鸦智能提供全球化、一站式的智能硬件解决方案，主体包括联网模块、模块的嵌入式系统、PaaS 云、App 4 个部分。这 4 个部分都是直接给厂商输出成品，无须二次开发，最快只需不到一天就可对接成功。

5. BroadLink IoVT 云平台

BroadLink IoVT 云平台为传统家电提供接入网络的软、硬件条件支持，使传统家电厂商有机会参与智能家居生态圈。通过 BroadLink DNA 解决方案，设备厂商只需在硬件上预留一个 Wi-Fi 接口，通过植入 BroadLink Wi-Fi 模块及定制 App 和云服务，即可快速完成智能化，实现设备配置联网、设备发现、设备远程控制等功能。BroadLink DNA 产品之间拥有天然的互联互通、条件联动、数据共享。其内容包括：通过虚拟机实现快速的迁移和灵活的按需扩展，在 Azure 云服务上构建高可用性的物联网应用服务，以站点到站点 VPN 连接全球各地从而实现无边界的服务，通过 IoVT 虚拟设备架构打通物联网和互联网。BroadLink DNA System 链接生态系统如图 5-7 所示。BroadLink DNA System 为传统家电转换为智能家电提供的功能服务如图 5-8 所示。

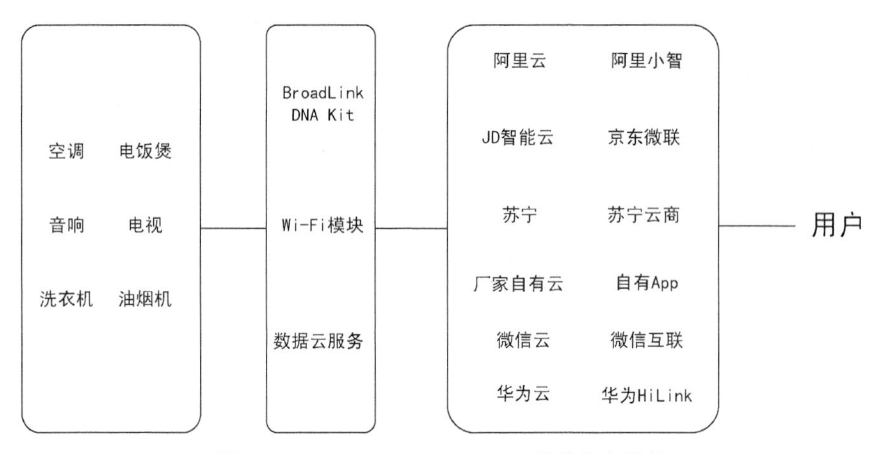

图 5-7 BroadLink DNA System 链接生态系统

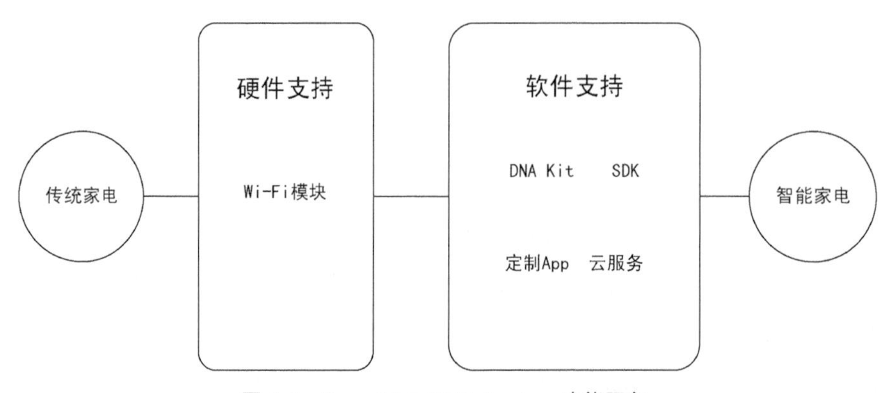

图 5-8 BroadLink DNA System 功能服务

（1）智能家居设备接入。目前 BroadLink 与国内、外的品牌家电厂商基本都有对接，包括海尔、飞利浦、方太、欧普、汇泰龙、鸿雁等超过 150 家知名企业产品，兼容十大云平台，实现了从单品到无限可扩展系统的架构。除了提供快速接入平台，BroadLink 还为厂家提供超级 App 服务、云服务与大数据服务、系统解决方案、人工智能服务等。通过 BroadLink DNA 计划实现的第三方互联互通平台为厂家、平台方、用户之间搭建了桥梁，也使得机器人、可穿戴设备、车联网与智能家居的结合迅速实现标准化。

BroadLink 开发的完整物联网接入系统 DNA Kit 可以帮助厂家一次接入打通全平台，俗称“全网通”方案。它具有完整的产品 profile 库，全自动的云平台对接及 H5 页面生成器，一款产品 3 天可以完成完整的智能化方案。开发者不需要了解复杂的网络设置、编程，只需要选择该款产品的功能集，选择需要对接的云平台，App 端 UI 就会自动生成。

（2）开发套件。DNA Kit 开发套件可方便用户在 DNA Kit 开发者网站进行产品的创建和调试，主要由 Wi-Fi 模块、STM8 单片机和一些外围器件组成。用户可以进行基于 STM8 家电电控板的调试，也可以将 Wi-Fi 模块接上电脑串口，进行模拟电控板的调试，或者直接将 Wi-Fi 模块和电控板连接，调试真实的家电产品。

BroadLink 将新一代的智能家居互联互通的生态系统 BroadLink DNA 部署到公有云上，同时使用中国由世纪互联运营、海外由微软运营的 Microsoft Azure 服务，利用虚拟机、云服务、站点到站点 VPN，构建既满足中国用户使用，又能够为全球市场提供可靠支持的“无边界云端物联网基础架构”。

6. 海尔 U+平台

海尔优家（U+）自 2015 年以来，提出智慧生活 1.0 战略，打造“电器-网器-社群场景-生态”的转型模式。公司构建了全球第一个以“物联云平台和 U+大脑”为核心的 U+智慧生活平台，构筑了智慧厨房美食生态圈、智慧卫浴洗护生态圈、智慧起居生态圈、智慧安防生态圈及智慧娱乐生态圈五大智慧生活生态圈。U+平台以 U+物联平台、U+大数据平台、U+交互平台、U+生态平台为基础，以引领物联网时代智慧家庭为目标。

海尔优家起草的家庭网络国家标准被提报为国际标准，将大数据分析、人工智能、物联网等技术融入人们的现实生活。海尔优家通过建立统一的智慧协议标准，实现不同品类、不同品牌的智慧产品或服务的互联互通，围绕网器产品价值和服务增值，以全场景的互联互通和服务的闭环，开发新一代的全系列智能冰箱、智能洗衣机、智能空调、智能热水器、智能厨电等整套智能家电，从而营造全新的智慧物联家居生活，为用户提供满足不同需求的智慧生活体验，引领智慧家居产业的新时代。

（1）智能家居设备接入。作为国内智能家居行业的领头羊，海尔 U-home 通过创建一流模块化资源与用户并联交互的场景，开创一个全新的智能家居时代。智慧家庭是智能家居的上层建筑，智能家居场景在构建智慧家庭中起到了举足轻重的作用。海尔 U-home 从消费者的安防场景刚需切入，依托U+智慧生活平台，提供开放平台接口，快捷接入第三方设备，为市场提供差异化、模块化解决方案，构建一系列智能家居场景，在用户生活中普及场景化，为消费者提供健康、舒适、安全的智慧体验，促使智慧家庭落地。

U+平台在电器网器化的用户体验方面，大幅度改善了网器的操作性能，达到行业领先水平，同时提升了场景联动体验；在用户交互方面，建立了网器场景社群，通过社群运营，激活和唤醒了价值用户，用户活跃度明显提升；搭建了生态平台——海尔U+生态平台，实现了生态圈闭环的关键一环，实现了用户到网器到生态的无缝衔接，以及集团内的生态资源共享，提高了用户体验及效率。U+发布了行业首个智慧家庭操作系统——UHomeOS，搭载UHomeOS的智能冰箱成功上市，取得良好反响。

U+在生态构建方面，主导成立中国智慧生活产业联盟，实现用户与智慧生活“大生态”零距离交互，有助于各厂家优势互补；以轻快的业务模式实现利益共享，实现平台价值；连续3年举办U+创客大赛，汇聚创客项目，扩大平台影响力。

在此基础上，U+重视参与国际标准联盟和知识产权保护，获得Wi-Fi联盟HETG工作组主席和OCF Board席位，主导并牵头无线宽带标准工作组的智能设备接入无线网络标准的制定，并申请超过150项专利技术。

U+平台作为物联网行业智慧家庭领域开放引领的生态平台，吸引全球众多优秀合作伙伴一起建设U+智慧生活大生态，其中有硬件制造商、生态服务商、技术合作伙伴、开发者社群等。U+全力打造的生态平台，在为用户提供更多方便、快捷的服务的同时，加快了全场景智能生态系统的建设步伐。

（2）开发套件。针对硬件开发者、App开发者、服务开发者、内容开发者，U+平台提供不同的自助开发服务，配套开发资源、测试工具、调试环境，满足不同开发者的开发需求。网器（硬件）自助开发服务，支持Wi-Fi模块、设备SDK、云云等多种应用方式，配套标准开发板和丰富的开发资源，使开发者可以简单、快速地实现硬件智能化。全开放的资源平台，为开发者提供硬件、软件、内容、资源、服务等丰富的开发应用资源，一站式解决硬件、软件、服务、内容的应用需求。

7. 讯飞开放平台

讯飞开放平台是全球首个开放的智能交互技术服务平台，可为开发者打造一站式智能人机交互解决方案。用户通过互联网、移动互联网，使用任何设备，在任何时间、任何地点，可随时随地享受讯飞开放平台提供的“听”“说”“读”“写”等全方位的人工智能服务。目前，开放平台以“云-端”的形式向开发者提供语音合成、语音识别、语音唤醒、语义理解、人脸识别、个性化彩铃、移动应用分析等多项服务，范围包括移动应用、智能家居、可穿戴设备、机器人等领域。

国内外企业、中小创业团队和个人开发者，均可在讯飞开放平台直接体验世界领先的语音技术，并将其简单、快速地集成到产品中，让产品具备“能听、会说、会思考、会预测”的功能。讯飞开放平台目前已吸引 20 万合作伙伴加盟，覆盖终端用户超过 8 亿。

（1）智能家居设备接入。目前，讯飞开放平台的智能家居类应用客户主要有叮咚音箱、小鱼在家、小兴看看、海康威视和美的冰箱、空调等。针对家居场景的噪声环境和远距离对话情况，讯飞开放平台推出了完善的智能家居远场语音交互方案，现提供的主要功能有语音听写、离线语音合成、离线命令词识别、开放语义、话筒阵列、语音唤醒等。通常在注册为讯飞开放平台的开发者之后，就可直接在上面获取平台的功能及服务。

（2）开发套件。讯飞目前对外提供的阵列分为二麦线性阵列和四麦线性阵列。二麦线性阵列 XFM10211 采用双话筒录音，可实现的功能主要有去除混响、降噪、回声消除、语音唤醒、输出数字音频信号、模拟音频信号、唤醒触发信号等。四麦线性阵列 XFM10411 是一款基于四话筒阵列的语音硬件前端方案，利用话筒阵列的空域滤波特性，在目标说话人方向形成拾音波束，抑制波束之外的噪声和反射声。模块的主要功能是完成降噪、回声消除、语音唤醒等语音前端处理，输出降噪后的音频信号、声源角度数据、唤醒触发信号、通信等。

8. Wlink（万联）平台

Wlink 平台是国内物联网创新企业南京物联传感在 AWE（Appliance & electronics World Expro，中国家电及消费电子博览会）推出的一个平台。该企业之前以基于 ZigBee 技术的无线智能家居设备和解决方案为主，并凭借完善的终端设备系统在业内树立了一定的口碑。Wlink 平台的主要特色是，平台本身就有很多硬件产品，吸引传统厂商、单品厂商以合作方式加入。另外，Wlink 有一个比较独特的点，即它提出了超级网关概念，这个网关不但能够连接足够多的设备，而且可以连接系统与系统、家庭与家庭、酒店与酒店、社区与社区，对公共场所的智能化有重要作用。不过，超级网关的实现仍需要物联智能产品的进一步推进，以及其他领域合作伙伴的配合。

9. 小米

作为手机厂商的小米，正在积极面向智能家居转型。自 2013 年开始涉足智能家居以来，小米已正式向市场推出“米家”产品，围绕“米家”品牌为核心，打造了一个具有一定规模的智能家居庞大生态环境，并在这个生态体系下培育、孵化了众多创新企业，显然，小米智能家居生态体系已成为全球最具规模的智能硬件物联网平台之一。

如今，小米还推出了物联网开发者计划，对外开放小米 IoT 平台，同时联合百度共建软硬一体的“IoT + AI”生态体系，重构和升级整个产业。在智能家居产业链中，小米希望与合作伙伴共同打造下一个智能化的物联网场景。

10. 京东

自 2014 年积极探索智能硬件以来，京东智能聚焦于打造互联互通的开放智能生态，并与科大讯飞合作推出叮咚音箱，依托科大讯飞的语音技术，寄望于以叮咚音箱作为家庭入口中枢操控其他智能家居产品，以此占领用户家庭更多话语权。

此后，京东再次发布物联网战略，与各合作伙伴共建未来消费级物联网，基于“开放”“赋能”理念，推出了 Alpha 智能服务平台。该平台由大数据、物联网协议、自然语义理解、机器学习、图像识别、创新支付等“软硬兼施”的技术模块组成，通过技术“赋能”，让智能设备获得视觉、听觉、表达和学习的能力。而 Alpha 平台的核心能力物联网协议 Joylink，作为承载互联互通的协议，已对接 200 多家主流厂商，覆盖 42 个品牌类。与此同时，为推动消费物联网落地，京东开启了“智子计划点亮万家”的智能家庭升级计划。

11. Andlink

Andlink 是由中国移动打造的数字家庭开放平台。OneNET 开发板是中移物联网自主研发的开发板，采用 MCU+Wi-Fi 的结构，配置了应用广泛的 STM32F103 单片机，搭载温湿度传感器及 EEPROM，并将所有 IO 接口都引出，完美支持各种产品需求。Andlink 操作简便，只需短短 30 分钟就能搭建自己的智能硬件；另外，根据不同的用户需求，同时提供标准板和迷你板两种不同规格的开发板供开发者选择，更有详细的教程、例程帮助开发者快速上手。

5.2.2 国外企业平台与生态

国外智能家居方面主要介绍有影响力的几大国际著名企业的平台及其生态，包括苹果、谷歌、亚马逊和三星。

1. 苹果 HomeKit

苹果的智能家居平台，最早在 2014 年的 WWDC（Worldwide Developers Conference，苹果全球开发者大会）上发布。HomeKit 的主要特点是，植根于苹果 iOS 系统，模式上则是依靠苹果 iPhone/iPad 等硬件优势，吸引第三方硬件厂商硬件接入，让终端消费者能够利用这个平台对其他硬件进行统一管理。

如今的 HomeKit 已随 iOS10 升级为 Home，除了支持 Siri 语音控制，还增加了一些不错的其他交互方式，如可在锁屏状态下使用 3D Touch 呼出面板等。不过，Home 的缺点也很明显，受限于手机系统，用户无法通过安卓系统使用 Home。

2. Google 云平台

Nest 是谷歌旗下的品牌，2014 年 1 月被谷歌以 32 亿美元收购。起初，Nest 就是一家只拥有两款智能单品的创业公司，被谷歌收购后加速了平台化转型。HomeKit 发布不久，Nest 方面就宣布允许第三方公司访问其设备，与之进行通信连接，洗衣机、烘干机制造商惠而浦，遥控车库门开门机制造商 Chamberlain 等公司均参与了 Nest 的合作计划。

Nest 由单品转向平台，然后与第三方厂商合作，对谷歌来说无疑是成功的，且其平台已经能够兼容诸多硬件。但可惜的是，在发展的过程中，Nest 本身出现了不少问题，早前单品的优势在慢慢消退，平台也不太为人所知。相比较而言，Google Home 更得谷歌器重，成为谷歌智能家居目前的主要产品。后来推出的 Google Assistant，整合了 Nest、SmartThings、飞利浦的 Hue 及 IFTTT，扩大了其生态系统。

3. 亚马逊 Alexa

2014 年，亚马逊推出全球首款智能音箱 Echo，搭载其研发的虚拟个人语音助理 Alexa。后来，在看到一名工程师操纵扬声器控制流媒体电视设备后，亚马逊有了将 Echo 作为智能家居中心的愿景。亚马逊为 Alexa 开发开放了 API，并加入了智能家居的生态系统。到目前为止，从灯泡到空调，用户都可以通过 Alexa 来控制。

2018 年 9 月中旬，亚马逊发布了 13 款智能家居硬件，不仅突破了亚马逊智能家居硬件发布数量阈值，对于全球智能家居界来说，也是史无前例的更迭丰碑。这 13 款新硬件拥有一个显著的特征，就是围绕 Alexa 智能语音助手进行全面布局。

其实，除了自有品牌的大幅度更新以外，亚马逊一直在围绕 Alexa 布局生态。此前，亚马逊针对智能家居设备推出了 Smart Home Skill API，为 Alexa 兼容的游戏配件推出了 gadget SDK，以及亚马逊的 Alexa 语音服务。之后，亚马逊与微软合作，将 Alexa 和 Cortana 提供给美国所有 Echo 音箱和 Windows 10 用户。

2016 年年底，Alexa 拥有大约 5 000 个技能。2017 年，这个数字增加了 5 倍多，达到了 25 000 多个。截至 2018 年 9 月，Alexa 在全球拥有超过 50 000 个技能，并且可与 20 000 台设备兼容，被超过 3 500 个品牌使用。2018 年，亚马逊 Alexa 设备的数量在全球语音控制智能音箱中遥遥领先。

4. SmartThings

从平台的角度来说，SmartThings 要早于 HomeKit 和 Nest，但真正为业内所熟知，却更晚一些。SmartThings 广受关注，与 Nest 类似，是被三星收购。归入三星旗下后，SmartThings 保持独立运转，并取得了快速发展，先后成为 Z-Wave 联盟和 ZigBee 联盟两大物联网标准组织的董事会成员。

SmartThings 主要定位为三星智能家居平台担当，与其他平台不同的是，它的关键是内置 Z-Wave 和 ZigBee 通信模块，主要用于兼容基于这两种通信方式的设备。目前，运行于 SmartThings 上的设备主要有两类：一类是公司自身的 5 个组件，如 Multi 多用途传感器、Motion 运动传感器、Moisture 湿度传感器等；另一类则是与第三方合作的设备。

本章小结

本章首先以华为 HiLink 为例介绍了智能家居开发平台的功能及特点、智能家居云平台的架构；然后讲解了华为 HiLink 智能家居开发平台的协议、技术方案、开发者社区，展示了产品开发的主要流程；最后介绍了其他主流智能家居云平台及其生态。

通过本章的学习，读者应该对智能家居云平台有了一定的了解，能够充分理解华为 HiLink 的功能、架构、技术方案及产品开发流程，了解不同云平台的特点、优势及劣势，可以熟练地使用 HiLink 平台进行产品创建和定义。

思考与练习

1. 智能家居开发平台的主要功能是什么？
2. 智能家居云平台的架构都包括哪些？
3. HiLink 的开发流程主要有哪些步骤？
4. 说一说几个主流智能家居云平台的特点。

第 6 章 智能家居单品

06

学习目标

① 了解智能家居中智能单品的类型、品种及功能特点。
② 掌握不同单品在不同场景应用下的作用。
③ 了解当前最新的智能单品的创新点。
④ 了解智能单品之间的组合形式。

上一章提到，很多企业推出了自己的智能家居平台，通过为不同协议开放接口，实现原来多个独立系统的集成，为各种智能终端之间的互联互动提供“普通话”。同时，这种企业平台也为个人或企业开发者提供开发服务，使智能硬件厂家可以参与到智能家居系统的开发中，形成开放、互通、共建的智能家居生态。这也催生了各种不同品牌厂家的终端产品和设备的多样化。

本章根据智能家居功能的不同，来介绍为不同功能系统服务的智能家居单品，分别从智能路由、安防、环境监测、照明、节能、娱乐等几类进行介绍。在智能单品的介绍中，从通信协议、设计特点、外形特点等方面进行介绍，每一个功能类型下选取几个主要的智能单品进行介绍，使读者从宏观上把握整个智能家居的系统功能，深入了解不同单品的特点。

6.1 智能路由

作为家庭网络通往外部的门户、家庭网络中 Wi-Fi 信号的提供者，路由器在家庭网络中扮演着重要角色。随着智能家居时代的到来，智能路由应运而生。相比于只提供网络连接的传统路由器，智能路由除了提供联网功能，还担任起网络控制中心的角色，在硬件配置基础上搭载智能操作系统，从而免去了复杂的网络配置，更多地与用户交互，起到主控作用，帮助接入家庭网络的设备实现智能操控。

6.1.1 基本概念

随着连接设备种类和数量的增加、功能的扩展、数据流量的增加，智能路由需要应对更加棘手的问题，如不稳定、卡顿、安全风险等问题。这对路由器的计算能力、带宽和频段提出了更高的要求，大部分厂家采用吉比特、双频、多核网口等策略来应对这些问题。读者在了解路由器时，经常会看到这些术语，接下来就对这些术语和它们针对的情况进行一一介绍。

（1）吉比特路由。吉比特路由是指接具有吉比特带宽速度端口的路由器。随着光纤入户的普及，接入家庭网络的带宽提升到百兆以上，这时需要使用吉比特路由器来充分发挥带宽优势，以利于网络运行的稳定，降低延迟。

（2）双频路由器。双频路由器是指可以同时工作在 2.4 GHz 和 5.0 GHz 频段的路由器。但由于常见的电子产品如空调、微波炉、无线键鼠等同样在使用 2.4 GHz 频段，所以很容易造成设备间的无线信号干扰，导致无线网络不稳定。而利用 5 GHz 频段就可以避开 2.4 GHz 这个拥挤的公共频段，避免与其他无线设备发生冲突。因此，为了既能与 2.4 GHz 的设备兼容，又可以服务于 5 GHz 的设备，很多厂家都生产双频路由器。

（3）多核路由器。多核路由器与具有多核处理器的电脑、手机类似，随着需要处理的数据量的增加、功能的扩展，单核设备连接 10 个以上设备会出现不稳定现象，多核处理器技术可提升路由器的计算能力和多设备连接的稳定性。

6.1.2 路由器单品

在选择路由器时，需根据户型面积大小、网络带宽不同、用户需求、成本等多种因素来选择相应的路由器型号和配置。本小节将选取几个有代表性的路由器单品如华为路由器和小米路由器，并从技术特点、功能优点等方面对其进行介绍。

1. **华为路由器概述**

华为为大户型提供高功率路由、子母路由、多路由级联组网等方式的路由器，为小户型提供更小巧、便捷的小型路由器。以下从面积、带宽角度举例说明如何根据不同情况选择不同类型的路由器。

（1）120 m^2 及以上任意户型，带宽大于或等于 100 Mbit/s 时，可以选用华为子母路由器 Q2 Pro，如图 6-1 所示。配置：吉比特子母路由、即插即用、最大支持 1 拖 15，让信号覆盖到家庭每个角落。

（2）100～120 m^2 方正户型，带宽大于或等于 100 Mbit/s 时，可以选用华为路由器 WS5200 四核版，如图 6-2 所示。配置：华为凌霄四核 CPU、四信号放大器、全吉比特端口、双频 5 GHz 优选。

图 6-1　华为子母路由器 Q2 Pro

图 6-2　华为路由器 WS5200 四核版

（3）100 m^2 以内中小户型，带宽大于或等于 100 Mbit/s 时，可以选用华为路由器 WS5200 增强版，外观与 WS5200 四核版类似。配置：华为凌霄双核 CPU、双信号放大器、全吉比特端口、双频 5 GHz 优选。

（4）100 m^2 以内中小户型，带宽小于等于 100 Mbit/s 时，可以选用华为路由器 WS5102，如图 6-3 所示。配置：5 个百兆端口、1 GHz CPU、双频 5 GHz 优选。

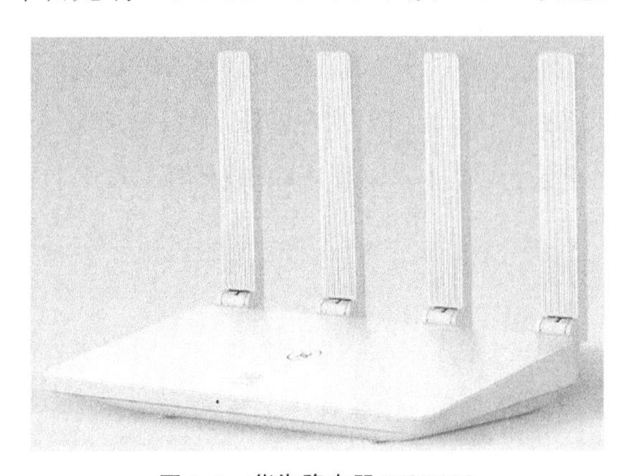

图 6-3　华为路由器 WS5102

2. 华为子母路由器 Q2 Pro

下面以华为路由器 Q2 Pro 为例介绍华为路由器的技术特点及功能。

（1）主要参数。

① 有线网络接口：母路由器提供 3 个 10 Mbit/s、100 Mbit/s、1 000 Mbit/s 自适应速率的以太网接口，支持 WAN/LAN 自适应（网口盲插）；子路由器提供 1 个 10 Mbit/s、100 Mbit/s、1 000 Mbit/s 自适应速率的 LAN 口。

② 设备类型：包括无线路由器、智能路由器、家用路由器、子母路由器、分布式路由器。

（2）无线参数。

① QoS 特性：支持按设备限速。

② WPS 功能：支持 H 键兼容 WPS 功能。

③ 传输标准：支持 802.11a/b/g/n/ac。

④ 无线速率：母路由器为 1 167 Mbit/s，子路由器为 1 167 Mbit/s。

⑤ 无线频段：2.4 GHz 和 5 GHz，支持双频并发。

（3）有线规格。

① 有线规格：网口传输协议 802.3、802.3u、802.3ab。

② 电力线传输协议：G.hn 电力线技术，支持 PLC Turbo 技术。

③ 有线网络接口：母路由器提供 3 个 10 Mbit/s、100 Mbit/s、1 000 Mbit/s 自适应速率的以太网接口，支持 WAN/LAN 自适应（网口盲插）；子路由器提供 1 个 10 Mbit/s、100 Mbit/s、1 000 Mbit/s 自适应速率的 LAN 口。

（4）软件功能。

① 手机 App：支持华为智能家居 App 本地或远程管理。

② Wi-Fi 模式：支持穿墙、标准、睡眠 3 种模式。

③ 安全特性：支持防暴力破解，自动屏蔽破解者；支持 WPA-PSK/WPA2-PSK Wi-Fi 加密；支持防火墙、DMZ、DoS 攻击保护。

（5）特色功能：支持华为 HiLink 智能家居、IPv4/IPv6、5G 优选、网口盲插、信道适时自动优化、PPPoE/DHCP/静态 IP/MAC 地址克隆 WAN 上网方式、Wi-Fi 中继、Wi-Fi 定时开关、客人 Wi-Fi、连网设备管理、MAC 地址过滤、儿童上网保护、VPN 透传、DMZ/虚拟服务器等功能。

3. 小米路由器

下面以小米 Mesh 路由器为例，介绍小米路由器单品，其外观如图 6-4 所示。小米 Mesh 路由器采用 Mesh 技术，支持多通道混合组网，可以应对各种复杂的家庭环境和户型。

图 6-4 小米 Mesh 路由器

（1）主要参数。

① 处理器：高通 IPQ4019 四核 717MHz 处理器。

② ROM：128MB。产品内存：256MB DDR3。

③ 整机接口：3 个 10 Mbit/s、100 Mbit/s、1 000 Mbit/s WAN/LAN 自适应以太网端口。

④ 信号放大器：4 个独立信号放大器。

（2）无线参数。

① 双频：2.4 GHz，最高速率可达 400 Mbit/s；5 GHz，最高速率可达 867 Mbit/s。

② 协议标准：IEEE 802.11a/b/g/n/ac/k/v。

（3）有线规格。

① 双 PLC 电力线：支持 HomePlug AV2，最高速率可达 1 300 Mbit/s，产品天线内置。

② 协议标准：IEEE 802.3/3u/3ab。

（4）软件功能。

① 操作系统：基于 OpenWRT 深度定制的智能路由器操作系统 MiWiFi ROM。

② 管理应用：支持 Web、Android、iOS。

③ 手机应用：小米 Wi-Fi App。

（5）特色功能。

① 多个 Mesh 路由器搭配，共同协作。

② 将 2.4 GHz、5 GHz 两个频段合并为一个 Wi-Fi 名词。

③ 小米 Mesh 路由器之间通过吉比特电力线组网，不会因墙体阻挡而产生信号衰减。

④ 小米 Mesh 路由器支持 Wi-Fi、吉比特电力线、网线多通道混合组网，每个 Mesh 路由器之间都能自适应组网，实现最优网络连接。相比无线中继模式，大幅减少网速衰减。

6.2 智能安防

安防系统是实施安全防范控制的重要技术手段，主要是通过智能主机与各种探测设备配合，实现对各个防区报警信号的即时收集与处理，通过本地声光报警、电话或短信等报警形式，向用户发布警示信号，以便用户通过网络摄像头所拍摄的现场情况来确认事情紧急与否。

家庭安防系统主要是通过各种报警探测器、网络摄像机、控制主机、读卡器门禁控制器及其他安防设备为住宅提供入侵报警服务的综合系统。本节介绍两种智能安防系统中的单品：一种是智能摄像头；另一种是智能门锁。

6.2.1 智能摄像头

室内视频监控系统是指在家庭重要区域内安装网络摄像机，进行 24 小时监控。视频资料能够进行本地存储，也可以供用户通过网络实时查看。室内视频监控系统一般包括视频采集、视频传输、视频信号存储与显示部分，用以满足实时远程监控、摄像头实时告警、摄像头上传告警通知、视频证据存储和回放，如图 6-5 所示。

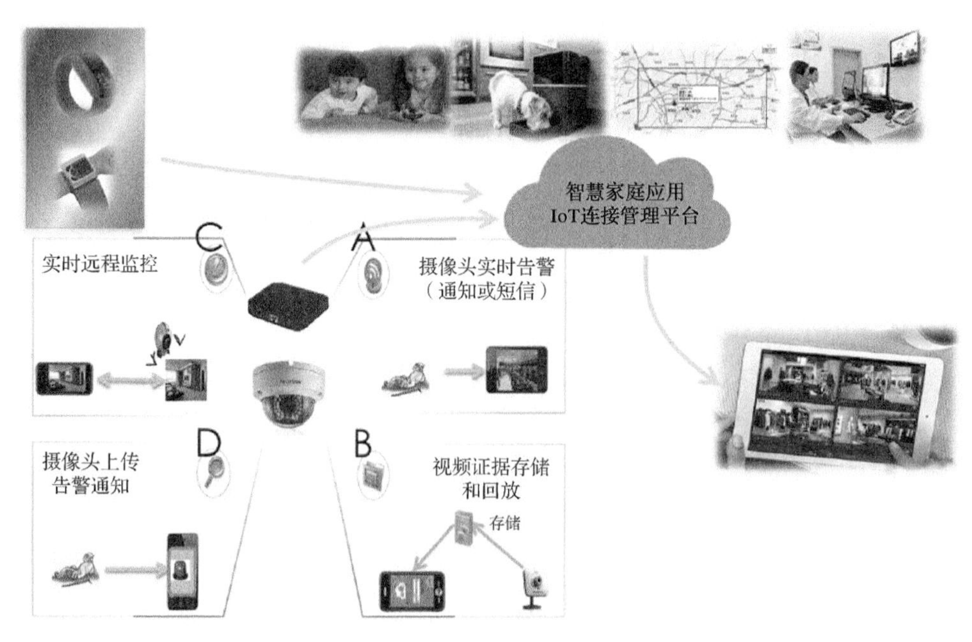

图 6-5　室内视频监控系统的作用

以获得 2019 年德国 iF 工业设计大奖的海雀 AI 全景摄像头为例，其外观如图 6-6 所示，手机 App 摄像头控制界面如图 6-7 所示。其功能与配置如下。

（1）AI 功能。海雀 AI 全景摄像头使用海思安全芯片，搭载华为云 DNN 神经网络算法，具备 AI 智能识别功能，具备人脸识别、人物移动识别、婴儿哭声识别功能，支持智能检索回看，而且通过不断学习，可以持续优化、不断提高识别精确度。

（2）全景摄像。海雀 AI 全景摄像头使用专利滑环技术，采用嵌入式无卡顿结构，可实现水平 360° 无限循环旋转，垂直 100° 旋转，可执行 360° 全景巡航，实时移动追踪。双巡航模式支持定时全景和定时定点查看。

（3）夜视功能。海雀 AI 全景摄像头内置 940 nm 红外灯珠，无光污染，无红曝，夜视距离为 10 m。

（4）对讲功能。海雀 AI 全景摄像头内置 3 m 全向降噪话筒，高保真喇叭消除回音，支持对讲视频通话，支持双向语音单向可视、一键直呼。

（5）存储。海雀 AI 全景摄像头支持双存储模式，云端加密存储和本地 Micro SD 卡存储。

（6）通信方式。海雀 AI 全景摄像头的通信方式为 Wi-Fi（2.4 GHz）。

（7）视频画质。海雀 AI 全景摄像头采用海思 3516E 专业图形处理芯片，搭配高清传感器，支持 1 080 P 全高清显示分辨率，采用 H.265 编码技术，可减少 40%带宽占用，减少时延，使画面更流畅。

（8）App 控制。海雀 AI 全景摄像头使用华为智能家居 App 对摄像头进行智能控制，可实现全景图像的观看，视频的抓拍、录像，通话对讲，一键呼叫，收藏定位点，以及各类信息检索功能。

（9）安全隐私。摄像头关机，镜头轻轻旋转，实现物理遮蔽镜头，保护安全和隐私。

图 6-6 海雀 AI 全景摄像头

图 6-7 手机 App 摄像头控制界面

6.2.2 智能门锁

家庭安防系统中，智能门锁是关键环节，主要以密码锁、指纹锁为主，本小节首先以包含多种开锁方式的青稞智能指纹锁为例介绍智能锁的工作原理和功能，接着介绍一款具有银行安全级别的智能静脉锁。

1. 智能密码锁、指纹锁

青稞（QINGKE）智能指纹锁如图 6-8 所示，其具体功能如下。

图 6-8 青稞智能指纹锁

（1）开锁方式。青稞智能指纹锁支持 7 种开锁方式，包括指纹开锁、密码开锁、NFC 门卡、华为智卡、蓝牙开锁、远程开锁、机械钥匙。

① 指纹开锁。青稞智能指纹锁自适应指纹数字证书认证系统，具备生物特征与数字身份双

重验证功能；指纹头采集面具有 6H 硬度，耐磨、耐用且无指纹残留；支持高像素、高分辨率、低拒真率、低误识率、大容量、自学习识别算法。

② 密码开锁。青稞智能指纹锁采用动态分组防拍摄密码技术，只需输入 6 位数字，即使输入过程被全程拍摄，外人也无法获取正确密码；输入时点按密码数字所在分区任意位置门锁自动识别，并且每次亮屏数字随机变换位置；提供 4 种密码开锁方式，即标准密码、虚位密码、临时密码、动态分组防拍摄密码。动态分组防拍摄密码如图 6-9 所示。

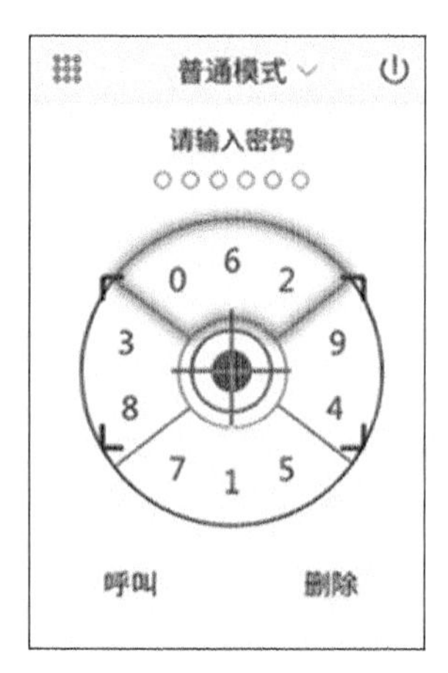

图 6-9 动态分组防拍摄密码

③ NFC 门卡。青稞智能指纹锁内置 EAL6 级安全芯片，无人可以复制，丢失后可及时删除，亦可远程禁用，确保门锁安全。

④ 华为智卡。青稞智能指纹锁支持熄屏开锁，不用打开 App，仅凭一部华为手机就可以实现在公司、小区、家门及更多场景畅行无阻。

⑤ 远程开锁。青稞智能指纹锁支持信息双向加密和门前触发机制，不用下发临时密码，不用访客下载 App，实现实时远程开锁。

（2）通信方式。青稞智能指纹锁采用 Wi-Fi 直连技术，门锁直连家中 Wi-Fi，不用额外承担网关成本。

（3）操作系统。青稞自主研发 iSenseOS 操作系统，为门锁提供安全、便捷并可持续升级的“大脑”。

（4）识别体系。自主研发的物联网设备身份识别体系 iSenseID，为每位用户、每台设备提供唯一、不可破解的“身份号码”，确保体系内每位用户、每台设备清晰可查。

（5）安全性。青稞智能指纹锁防“小黑盒”及静电打击；采用锌合金压铸一体成型，防暴力破坏能力强；采用 304 不锈钢锁体，C 级锁芯，具备盗撬报警功能。

2. 智能静脉锁

下面以图 6-10 所示的东屋世安（SecuRam）高安全静脉锁为例介绍该类智能锁的技术特点与功能。

（1）开锁方式。东屋世安高安全静脉锁采用创新静脉识别技术，采集手指静脉识别开锁，非配合无法盗取特征识别，不限人群，不限环境，指腹脏污、磨损、褪皮均可轻松识别，一步到位。

图 6-10　东屋世安高安全静脉锁

（2）加密功能。东屋世安高安全静脉锁具有银行级加密功能，即使专业人员也无法轻易破解。

（3）防钻。东屋世安高安全静脉锁装有高密度防钻板，能抵抗电钻等工具的暴力开启。

（4）抗电磁干扰。东屋世安高安全静脉锁抗电磁干扰强度高于“小黑盒”最大值 50 倍。

（5）手机应用。东屋世安高安全静脉锁可连接智能网关，用户通过华为智能家居 App 可远程查看门锁情况，随时掌握家中状态，查看开门记录。

6.3　智能环境监测

环境监测包括门窗开合监测、空气温湿度监测、人和动物移动监测、空气质量监测等。环境监测主要以各种传感器为输入信号来源，通过连接网关与手机 App 进行智能控制，实现与其他家电联动。下面以豪恩智能家庭套装为例，介绍如何构建传感器与网关联动，实现智慧管家。其组件如图 6-11 所示，包括多功能网关、门窗传感器、人体传感器、温湿度传感器。设备之间通过华为智能家居 App 实现智能联动场景，包括告警提醒、温情语音、人体移动侦测、门窗开关感应、温湿度监测，提供全新家居生活体验。华为智能家居 App 的环境监测设备界面如图 6-12 所示。

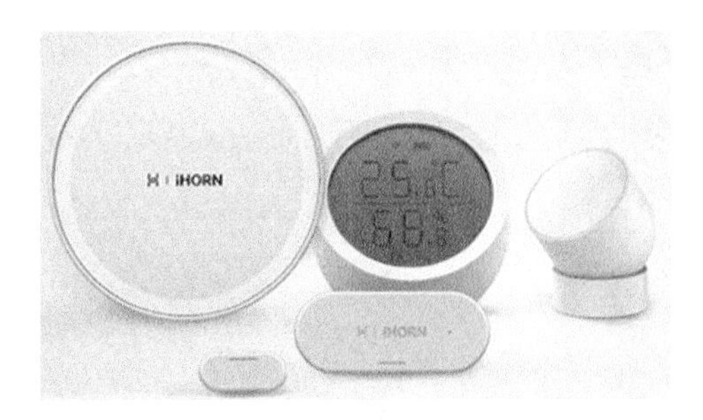

图 6-11　豪恩智能家庭套装组件

图 6-12　华为智能家居 App 的环境监测设备界面

1. 多功能网关

多功能网关是智能设备连接枢纽，不仅可以作为夜灯使用，还可以搭配华为智能家居生态产品实现多种功能，如搭配人体传感器，探测夜间人体活动，自动点亮夜灯；搭配门窗传感器，家人回家或亲友到访，门窗传感器会感应到大门开合，多功能网关同步播报门铃，让用户及时知晓家人或亲友到家；搭配定时功能，定制温情语音留言等。

2. 门窗传感器

门窗传感器利用磁控原理，实时监测门窗的开合状态。门窗传感器安装在门窗、抽屉等位置，与多功能网关共同实现警报提醒和智能场景联动。门窗传感器精致小巧，呈流线型体态，可以自然融合到家庭环境之中。门窗传感器具备专业防拆设计，遇暴力拆卸将自动报警，贴心守护门窗安全。

3. 人体传感器

人体传感器采用四元红外探测元件，可以在感应范围内精准识别人体移动，实现入侵警告或智能场景联动。人体传感器支持磁吸安装，角度可任意调节。搭配多功能网关，开启“离家模式”，人体传感器即可感知侦测区域的人体活动变化、外人闯入，从而向多功能网关发送信号；多功能网关现场发出高分贝警鸣震慑，并通过消息推送到用户手机，使用户及时了解家中动态。

4. 温湿度传感器

温湿度传感器具备温湿度监测、LCD 屏显示、历史数据记录及灵活摆放的功能。其与智能设备联动，实现室内温湿度的自动调节，营造舒适的家居生活环境。用户可通过华为智能家居 App 查看实时及历史温湿度数据。

5. 智能联动场景

（1）温湿度传感器搭配空调和加湿器，通过 App 设置智能联动场景，当环境温湿度偏离预设值时，自动开启空调或加湿器，改善温湿度，保持健康、舒适的宜居状态。

（2）门窗感应器、人体感应器搭配摄像头实现及时自动拍摄，同时通过华为智能家居 App 推送现场拍摄图片，实现非法入侵快速查证。

（3）门窗感应器与空气净化器联动，自动停止净化模式，自动打开窗户，使新鲜空气进入家中，体现智能与节能的微妙和谐。

（4）传感器通过 HiLink 互联平台连接华为生态设备，联动实现舒适、安全、节能的智能场景。

（5）离家模式：用户离家，全屋智能电器自动关闭，智能家庭套装切换警戒模式，开始监测家中动态。

（6）回家模式：用户回家，打开门的瞬间，智能家庭套装进入联动模式，灯光、电器开启。

（7）提醒模式：家庭套装开启智能提醒，如小孩误开窗户或阳台玩耍感应获知。

（8）健康模式：婴儿房、老人房实时监测温湿度，感知家中环境的每一度变化。

6.4 智能照明

家庭智能照明系统设计需要满足以下基本要求。

（1）控制功能。家庭智能照明系统设计要实现在任何一个地方均可控制不同地方的灯，或在不同地方可以控制同一盏灯，这就是集中控制和多点控制；还要满足红外、无线遥控、手机 App 远程控制等。

（2）情景设置功能。家庭智能照明系统设计应具有在某种情景下定时，色温、颜色定制，开关缓冲，明暗调节等功能。

6.4.1 光学基本概念

发光二极管（Light-Emitting Diode，LED）作为一种新型光源，目前广泛应用在室内照明中。由于 LED 的发光机理和发光方式与传统光源完全不同，对人体视觉和非视觉效应的影响程度也不同，如对褪黑素的影响，对学习效率、视疲劳、脑疲劳等的影响等，所以在智能家居的照明系统设计中，除了照明效果，还要考虑光线对于人体非视觉效应的影响这一因素。影响非视觉生物效应的光学参数有很多，包括光照度、色温、光谱、光强等。在介绍智能照明单品之前，本小节首先介绍几个基本的光学概念，以便读者在了解智能照明产品和设计智能照明系统时，对光学参数的设定机制有一定的了解。

1. 光照度

光照度表示被摄主体表面单位面积上受到的光通量，单位为“勒克斯”（lx）。1 lx 相当于 1 lm/m^2，即被摄主体每平方米的面积上，受距离为 1 m、发光强度为 1 cd 的光源垂直照射的光通量。光照度是衡量拍摄环境的一个重要指标。

室内照明利用系数法计算平均照度：在平时进行照度计算时，如果已知利用系数，则可以利用一个经验公式方便地进行快速计算，求出所需的室内工作面的平均照度值。我们通常把这种计算方法称为“利用系数法”，也叫“流明系数法”。照度计算有粗略地计算和精确地计算两种。例如，假设住宅整体照度应该在 100 lx，而即使是 90 lx 也不会对生活带来很大的影响。但是，如果是道路照明的话，情况就不同了。假设路面照度必须在 20 lx，如果是 18 lx，就有可能造成交通事故频发。商店也是一样，假设商店的整体最佳照度是 500 lx，如果用 600 lx 的照度，照明灯具的数量和电量就会增加，并在经济上造成影响。

2. 色温

色温是表示光源光谱质量最通用的指标，一般用“T_c”表示，单位为“开尔文”，用“K”表示。色温是按绝对黑体来定义的，光源的辐射在可见区和绝对黑体的辐射完全相同时，黑体的温度就被称为光源的色温。低色温光源的特征是能量分布中，红辐射相对多些，通常称为“暖光”；色温提高后，能量分布中，蓝辐射比例增加，通常称为“冷光”。色温决定灯光的色彩倾向，数值越小，越偏向暖光；数值越大，越偏向冷光。一些常用光源的色温为：标准烛光为 1 930 K，钨丝灯为 2 760～2 900 K，荧光灯为 3 000 K，闪光灯为 3 800 K，中午阳光为 5 600 K，电子闪光灯为 6 000 K，蓝天为 12 000～18 000 K。

最合适的 LED 照明灯具色温范围，应该是接近太阳自然白光的色温范围。一般来说，4 500 K 左右不伤眼睛；6 000 K 视觉最敏锐，但是也最容易造成视觉疲劳。但是不同的色温可以营造不同的环境氛围，家用照明需要不同的氛围，所以可以根据个人喜好随意选择不同色温的灯具。

3. 颜色对光线的吸收与反射

各种颜色对光线的吸收和反射是各不相同的，过分鲜艳的颜色会使人产生倦怠的感觉，过分深暗的颜色则会使人的情绪沉重。红色对光线的反射率是 67%，黄色反射 65%，绿色反射 47%，青色只反射 36%。由于红色和黄色对光线的反射比较强，所以容易产生耀光而刺眼。而青色和绿色对光线的吸收和反射比较适中，所以人体的神经系统、大脑皮层和眼睛里的视网膜组织对其比较适应，这两种光给人带来凉爽和平静的感觉。因此，通常大家看绿色、青色的物体时眼睛会比较舒服。

4. 光谱

光谱是复色光经过色散系统（如棱镜、光栅）分光后，被色散开的单色光按波长（或频率）大小依次排列的图案，全称为光学频谱。光谱中最大的一部分可见光谱是电磁波谱中人眼可见的一部分，在这个波长范围内的电磁波被称为可见光。光谱并没有包含人类大脑视觉所能区别的所有颜色，如褐色和粉红色。

5. 光强

发光强度简称光强，国际单位是“坎德拉”，符号为“cd”。1 cd 是指单色光源（频率为 540×10^{12} Hz）的光在给定方向上（该方向上的辐射强度为 1/683 W/sr）的单位立体角发出的光通量。光强可以用基尔霍夫积分定理计算。

6. 光通量

光通量是指人眼所能感觉到的辐射功率，它等于单位时间内某一波段的辐射能量和该波段的相对视见率的乘积。由于人眼对不同波长光的相对视见率不同，所以不同波长光的辐射功率相等时，其光通量并不相等。光通量通常用“Φ”来表示，单位采用“流明”，符号为“lm”。光通量是每单位时间到达、离开或通过曲面的光强度，是灯泡发出亮光的比率。

6.4.2 智能照明单品

传统照明产品以提供亮度调节为主，在智能家居中，考虑到光学参数对人的非视觉生物效应，已出现支持亮度、色温、颜色调节功能的智能照明单品。本小节以全彩灯泡、智能灯和智能植物生长灯为例介绍相关功能和技术特点。

1. 全彩灯泡

相比于传统灯泡，全彩灯泡支持多种光学参数可调，且支持远程控制，与手机 App 搭配可以参与更多智能场景联动。下面以图 6-13 所示的三思全彩灯泡为例，介绍全彩灯泡的具体功能和技术特点。

图 6-13　三思全彩灯泡

（1）采用陶瓷散热专利，经久耐用。三思全彩灯泡采用绝缘设计，以 1 600 ℃高温烧结的优质陶瓷为灯主体，散热优异且解决了传统铝基板灯的漏电隐患问题。其与传统 LED 灯泡平台的对比如图 6-14 所示。其外观为镂空设计，通风散热，光衰小，性能稳定，结构如图 6-15 所示。

XQ陶瓷像素平台

LED芯片直接贴在陶瓷上，热量通过空气对流直接散发到环境中，散热性能远高于传统LED灯

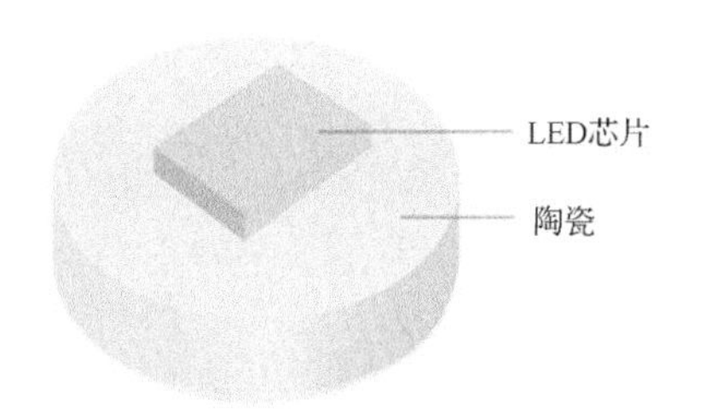

传统LED灯

LED芯片和铝基板间，PCB和导热胶增加热阻，会直接影响产品寿命。

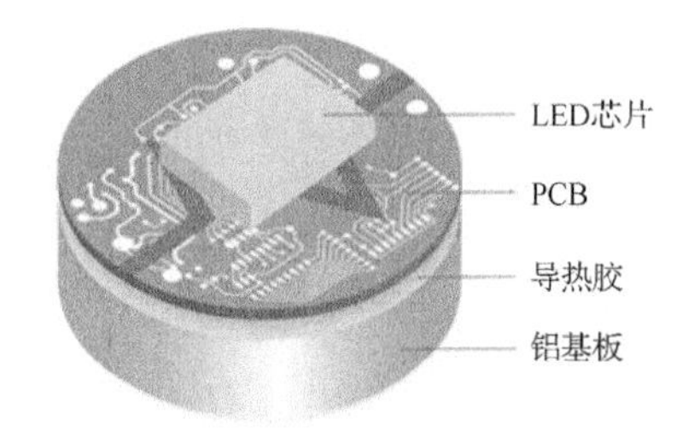

图 6-14　三思全彩灯泡陶瓷像素平台与传统 LED 灯泡平台的对比

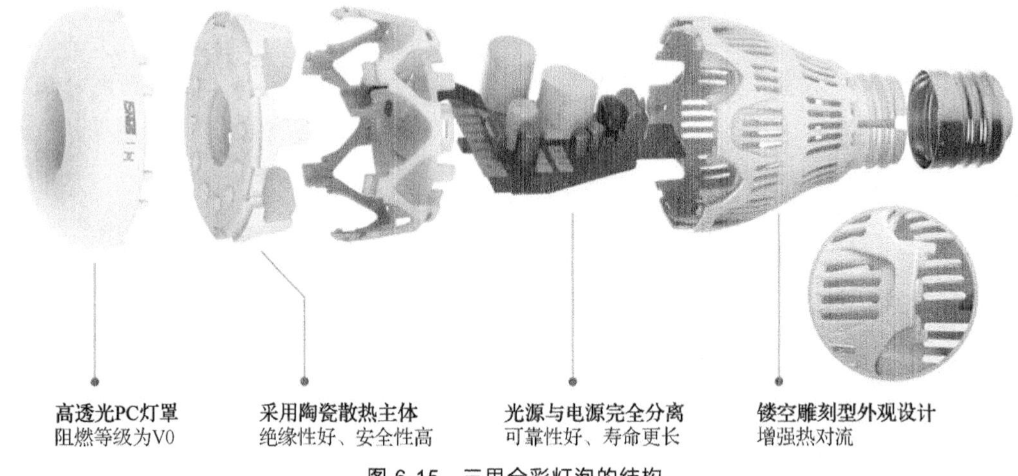

图 6-15　三思全彩灯泡的结构

（2）真彩色。三思全彩灯泡可进行超过 1 600 万种光色自由切换，把灯光作为看不见的装饰品，轻触间完成室内风格变化，与其他智能设备共同创造不同场景风格。

（3）色温调节。三思全彩灯泡可调节色温，清醒白光、悠闲暖光随意选择，不呆板，让生活更有质感。色温调节示例如图 6-16 所示。

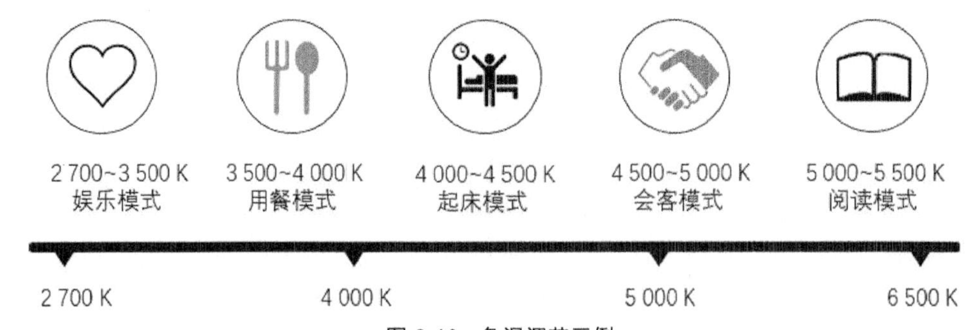

图 6-16　色温调节示例

（4）模式设置。三思全彩灯泡可最多提前设置 17 种模式，一键切换，操作简单，如酒吧、拍照场景、生日场景、浪漫烛光、激光氛围、影视场景、亲子故事、海浪冥想等模式。

（5）场景应用。三思全彩灯泡适用于客厅吊灯、餐厅吊灯、壁灯、创意灯饰、床头灯、阅读灯、台灯等。

（6）智能控制。使用华为智能家居 App 可以对三思全彩灯泡进行智能控制，通过对灯泡的远程开关、亮度调节、定时和倒计时的设置，进行作息时间及作业时间的管理，让学习生活更轻松；还可以进行多彩调控和场景设置，让生活更出彩。

2. 智能灯

单个的智能灯泡具有灵活性，适合中小空间的照明需求，但对于大面积的空间或需要更高亮度的场合，就需要使用亮度范围更大、功能更丰富的大型智能灯。下面以图 6-17 所示的欧普智能音响灯为例，介绍智能灯的功能和特点。

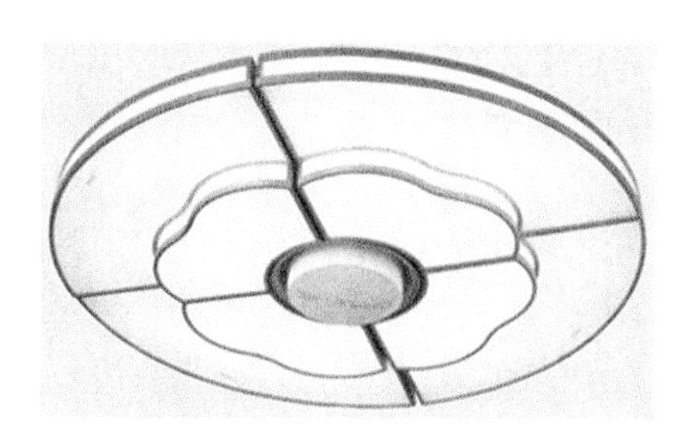

图 6-17　欧普智能音响灯

（1）控制。欧普智能音响灯支持多种控制方式，包括手机 App 控制、遥控器控制和墙壁开关控制。遥控器可实现“1 控 6 灯”，手机可实现多灯控制。

（2）无线连接。欧普智能音响灯搭载华为 Q1 子母路由器及 HiLink 核心直连技术，无须接收器，支持与路由器直连。

（3）调光调亮。欧普智能音响灯手机 App 和遥控器支持色温和亮度调节功能。

（4）声光搭配。欧普智能音响灯可搭配 JBL 蓝牙音响，配合不同场景模式的音频，实现一灯多用。

（5）三段分控。欧普智能音响灯全灯分 2 个部分，3 种亮灯模式，包括全亮、大灯盘亮、小灯盘亮，以满足不同的照明需求。

（6）手机应用。在华为智能家居 App 中可自动扫描、一键添加，设置设备位置和名称，开启设备应用。

3. 智能植物生长灯

在智能家居中，植物是给空间带来氧气、活力和高可观赏性的主要因素，其对于光照的需求也应考虑到。图 6-18 所示的三思智能植物生长灯预设 7 种植物光谱，利用光谱可调功能，满足家居常见植物的不同光照需求，呵护植物点滴成长，使植物葱郁、有活力。具体功能及特点如下。

图 6-18　三思智能植物生长灯

（1）光谱管理。三思智能植物生长灯支持光谱自定义，满足专业植物爱好者的独特需求，提供植物成长不同阶段的光照，让植物按需成长。光谱自定义界面如图 6-19 所示。

（2）照射时长管理。植物生长与人类一样，需要合理的作息时间。华为智能家居 App 为植物生长提供预设开启时长、倒计时、照射 8 小时后提醒关闭功能，保证植物正常的休息时长，方便使用。

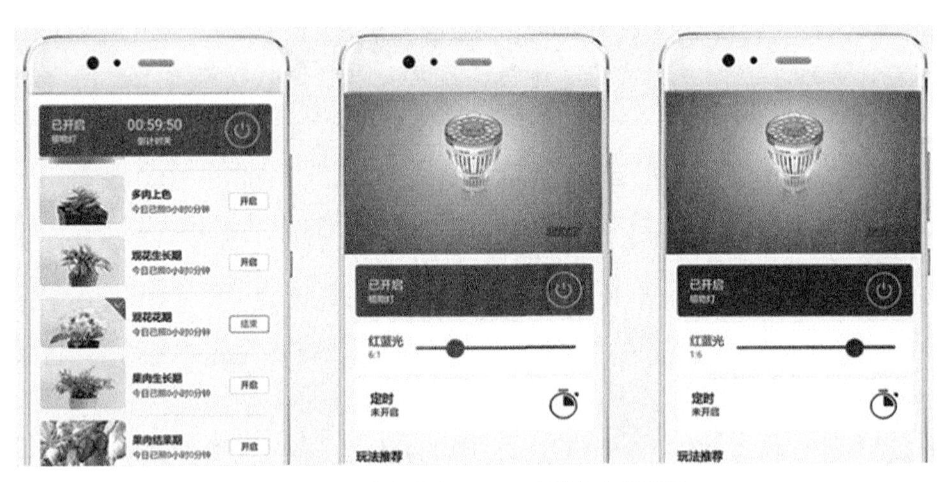

图 6-19　华为智能家居 App 光谱自定义界面

（3）照度管理。三思智能植物生长灯采用优异的光学设计，中心光强与周边光强接近，光谱比例均匀，植物不会陡长。

（4）远程控制。三思智能植物生长灯通过华为智能家居 App 可进行远程控制，包括照度、时长、光谱调节等。

（5）散热。三思智能植物生长灯配备与三思全彩灯相同的陶瓷散热技术。

（6）光谱指导。不同植物对光谱有不同的需求，如图 6-20 所示。科学的光谱配比能更好地管理植物生长。红光促使植物茎伸长，促进碳水化合物合成，促进果实维生素 C 和糖的合成，但抑制氮同化作用；蓝光是红光光质的必要补充，也是作物生长的必需光质，有利于高氧化物合成，包括气孔控制及茎延伸向光性等作用。三思植物生长灯选用对植物生长影响最大的两个光谱波段，即红光波段 600～700 nm 和蓝光波段 440～490 nm，以红光为主，辅以蓝光，促进植物的正常发育与产量形成。

图 6-20　不同植物需要不同的光谱示例

（7）光照时间指导。植物按照其对光照周期反应的不同可分为长日照植物、短日照植物和日中性植物 3 种，另外还有双重日常型、长短日型、短长日型。

① 长日照植物：植物生长发育过程中，每天的光照时数为 14～17 小时才能发芽或者光照时间越长开花越早，如杜鹃、桂花等。

② 短日照植物：植物生长发育过程中，每天需要光照时数为 8～12 小时，如菊花、草莓、牵牛花等。

③ 日中性植物：植物生长发育过程中，对光照长短没有严格要求，如月季、番茄、君子兰等。

6.5　智能节能

智能家居中，除了家电本身的节能功效，插座、开关等基本配件也是起到节能、控制作用的主要元素。本节以智能插座和无线动能开关为例介绍其在节能方面的作用。

6.5.1　智能插座

智能插座是实现传统家电智能化的简单易用、成本低廉的主要方式。本节以红外智能插座和 Wi-Fi 智能插座为例介绍智能插座的技术特点和可以实现的功能。

1. 红外智能插座

下面以遥控大师空调伴侣为例，介绍智能插座如何让传统空调变为智能空调。其外观如图 6-21 所示，其功能如下。

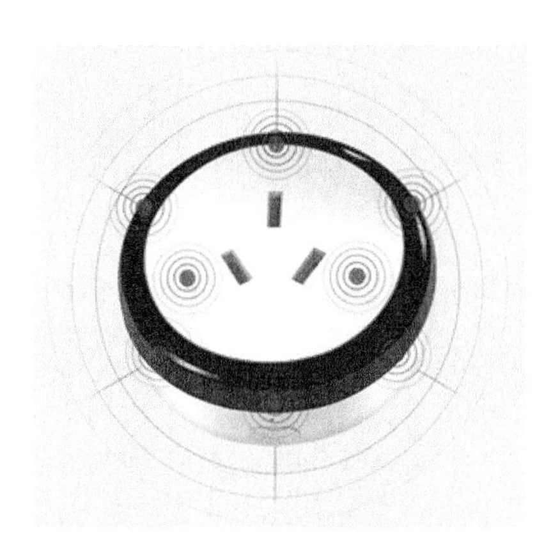

图 6-21　遥控大师空调伴侣外观

（1）情景设置。华为智能家居 App 自带多种睡眠模式，还可以进行自定义，量身定制灵活的睡眠模式。

（2）空调耗能管理。遥控大师空调伴侣支持当前功率实时监测和查看历史用电报表功能，还支持设置离家关机功能。

（3）语音控制。遥控大师空调伴侣搭配华为 AI 音箱，语音控制全家各个空调的温度。

（4）联动舒适调温。遥控大师空调伴侣搭配温湿度传感器、多功能网关和风扇使用，夏天当温湿度传感器监测到室温过高时，开启空调，同步开启电风扇，促进空气对流，快速均衡制冷；冬天当温湿度传感器监测到室温过低时，开启空调制热模式，调至舒适温度。

（5）遥控范围。遥控大师空调伴侣配备 8 个红外发射头，如图 6-21 中 8 个点所示，实现 360° 全方位红外覆盖，遥控范围更广。

（6）兼容性。遥控大师空调伴侣兼容 10A/16A 双规格，200 多个空调品牌，10 000 多个空调型号。

（7）安全性。遥控大师空调伴侣插孔自带独立安全门，以防婴幼儿误插手指；过流自动熔断，保障空调不受损；采用 V0 级抗阻燃材料，设备更耐用。

2. Wi-Fi 智能插座

控客 Wi-Fi 智能插座是一款特色与实用性兼备的产品，如图 6-22 所示。其小巧的外形中隐含了四大功能，具体如下。

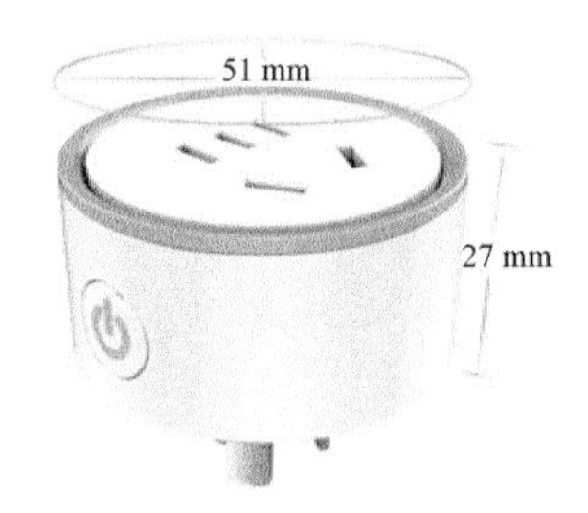

图 6-22　控客 Wi-Fi 智能插座

（1）Wi-Fi 连接。Wi-Fi 连接，可随时随地用手机 App 控制家电。

（2）拥有 32 组定时功能，该功能让用户在生活中能合理利用谷电，达到节能环保的目的。

（3）自带充电保护功能。电充满后会自动断开，可以保护充电设备、延长电池使用寿命、杜绝安全隐患。

（4）远程管理。通过华为智能家居 App 远程管理，操作简单，易上手。

6.5.2 无线动能开关

无线动能开关看似分量最轻，其实在照明智能化中扮演着举足轻重的角色。其外形小巧，安装灵活，节能环保，支持智能控制，是双控改造和灯控智能化改造的理想配件。它必须配合多功能接收器一起使用。本小节以易百珑无线动能开关为例，介绍其原理、功能和技术特点，以及在智能照明系统中的应用示例。

（1）无限动能开关特点。易百珑无线动能开关无须更换灯具，无须考虑开关底盒是否有零线，无须在装修时提前考虑，想装就装，让家里的灯控智能化，实现 App 控制及场景控制。

（2）为双控、互控带来革命性突破。传统双控、三控布线原理如图 6-23 所示。无线动能开关的控制原理是，每个开关和接收器都有唯一地址码，不用担心串码。无线动能开关支持 3 种控制模式，包括一控一，即 1 个无线功能开关可以控制 1 个多功能接收器，如图 6-24 所示；多控一，即 1 个多功能接收器可被最多 8 个无线功能开关控制，如图 6-25 所示；一控多，即 1 个无线功能开关可以同时控制多达 30 个多功能接收器，如图 6-26 所示。

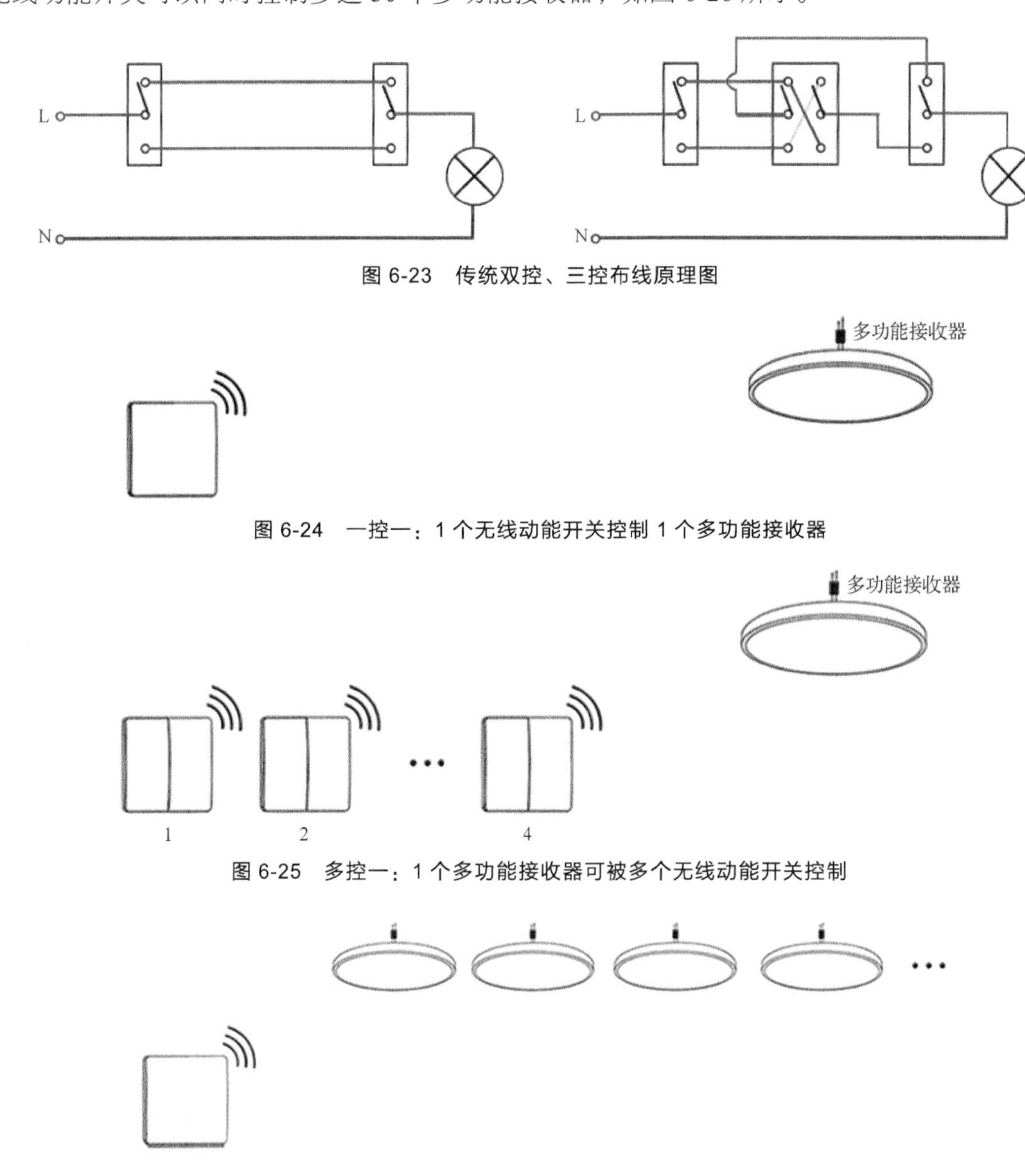

图 6-23 传统双控、三控布线原理图

图 6-24 一控一：1 个无线动能开关控制 1 个多功能接收器

图 6-25 多控一：1 个多功能接收器可被多个无线动能开关控制

图 6-26 一控多：1 个无线动能开关可以控制多个多功能接收器

（3）动能驱动。易百珑无线动能开关内置微能量采集模组，无线控制距离达 20～80 m，利用人们手指按压开关时的习惯性动作将机械动能转化为电能，并发出射频控制信号，能量恒久。

（4）安装灵活性。易百珑无线动能开关不需要重新布线，也无须供电和电池，可以随意粘贴、放置或安装，各种材质的墙面，包括玻璃、大理石、马赛克、瓷砖、木质等墙面均可直接安装。安装无须底盒，可以使用螺丝安装。不影响家具摆放位置，具有防水功能，可以放在浴室或庭院外墙。

（5）智能化。易百珑无线动能开关可实现双控、三控、互控、全开、全关功能，支持场景控制、远程控制、语音控制，支持通过华为云端和智能家居 App 控制其他华为 HiLink 智能产品，如图 6-27 所示。

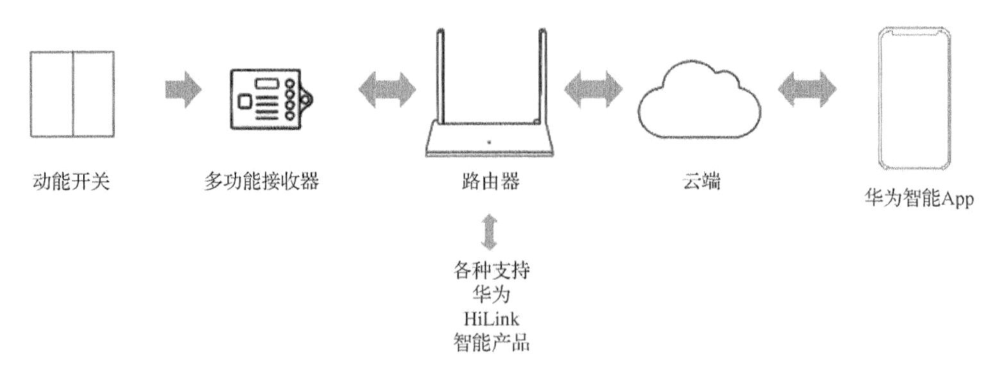

图 6-27 易百珑无线动能开关通过华为云端和华为智能 App 控制其他智能产品

（6）安全性。易百珑无线动能开关没有电弧，不会引爆泄漏煤气，有过载的保护电路，更具安全性。

（7）耐用性。易百珑无线动能开关比传统开关更耐用，低压工作，触点不会因为大电流而碳化。

（8）动能开关种类。包括多功能接收器，动能开关 1 键、2 键、3 键。

（9）安装改造过程简单、易操作。易百珑无线动能开关可保留原有照明设备和线路，只需要在灯具回路里加入接收器，即可灵活控制各种常见灯具，具备广泛的适用性。

（10）应用示例如下。

① 卧室。

安装推荐：1 个多功能控制器+门口单键动能开关+床头 3 键动能开关（其中 1 个键配合门口的开关做双控用，另外 2 个键做场景用，如全开、全关）。

场景举例：睡觉前，无须逐个关灯，仅需轻按动能开关，即可一键关闭全家的灯光。

② 客厅。

安装推荐：2 个多功能控制器+2 个 3 键动能开关（其中 1 个放在茶几上）+华为商城的智能插座和红外遥控中心。

场景举例：看电视，如打开电源、打开氛围灯、关闭主灯、打开机顶盒、打开电视、调至喜欢的频道等烦琐操作，现在仅需轻按动能开关即可。

6.6 智能娱乐

智能娱乐系统是智能家居中的重要组成部分。智能娱乐系统以视频、音频为主要内容，随着网络上音视频质量的越来越高，为提高用户体验，智能家居对于设备处理音视频的能力和速度提出了较高要求。本节以智能娱乐系统中具有代表性的电视盒子、智能音箱和无屏电视为例，介绍智能娱乐中涉及的技术与可实现的功能。

6.6.1　电视盒子

智能家居的娱乐系统中，多屏融合是大势所趋，电视盒子是将传统电视智能化的重要手段，也是将手机、平板电脑投射到大屏幕电视的一种手段。电视盒子是一个小型计算终端设备，只需要通过 HDMI 或色差线等技术将其与传统电视连接，就能在传统电视上实现网页浏览、网络视频播放、应用程序安装等功能，也可以将手机、平板电脑中的照片、视频投射到大屏幕电视上。本小节以荣耀盒子 Pro 为例介绍电视盒子的基本功能和技术特点。其外观如图 6-28 所示，具体功能如下。

图 6-28　荣耀盒子 Pro 外观

（1）存储。荣耀盒子配备 2 GB DDR3 RAM 和 8 GB eMMC Flash，采用多线程下载和大缓冲区技术，提高缓冲速度和播放流畅度，减少卡顿。

（2）影音效果。荣耀盒子配备 Dolby 5.1、DTS 2.0 影院级音效配置，4 K 分辨率，ImprexTM 芯片级画质增强。

（3）内容平台。荣耀盒子接入国广东方播控平台，持续提供稳定的正版内容服务，集成华为视频、CIBN 环球影视、银河 • 奇异果、云视听极光、芒果 TV 等多家合法内容。

（4）UI 设计。荣耀盒子采用沉浸式 UI 设计，为优质内容定制精美详情页大海报，为用户提供沉浸式观影氛围。

（5）交互方式。荣耀盒子支持智能语音交互功能，如语音搜片、快进、快退、随声操控等。

（6）特色功能。荣耀盒子支持跨屏续播功能，用一个共同的华为账号，可以实现荣耀盒子 Pro、荣耀手机、平板电脑等设备的个人在线观影记录、收藏等跨屏同步。

（7）通信方式。荣耀盒子内置互补式 Wi-Fi 双天线，双发双收，保证网络的稳定、流畅；配备有线网口，支持多种联网选择；支持蓝牙 4.0，可同时连接 4 台蓝牙设备；可连接蓝牙音箱，打造家庭影院；可连接蓝牙耳机，构建私人影音世界；可连接蓝牙手柄，畅玩游戏。

（8）平台生态。荣耀盒子支持华为 HiLink 智能家具协议，一键联网到荣耀路由，支持荣耀路由修改密码后自动同步。

（9）本地播放。荣耀盒子支持 4K 和 3D 视频解码，支持播放蓝光原盘 ISO、MKV、RMVB、MP4、MOV、AVI 等本地视频文件，支持 srt、ssa、ass 字幕。

（10）接口。荣耀盒子配备 USB 接口，支持 SAMBA 和 DLNA 协议，可通过“文件管理器”和“媒体中心”播放同一局域网中荣耀路由外挂移动硬盘中的内容，配备 AV、HDMI 接口。

（11）其他功能。荣耀盒子支持微信遥控，关注“荣耀盒子”微信公众号，通过“应用”菜单可使用“遥控器”功能；支持家长控制功能，控制小朋友的收看时段，防沉溺；支持多屏互动，手机与盒子连接后可将手机画面（照片、音乐、视频等）同步显示在电视上。

6.6.2 智能音箱

智能音箱作为语音指令的输入和识别端，是智能家居中主要的控制入口。下面以图 6-29 所示的华为 AI 音箱为例，介绍智能音箱的主要功能和技术特点。

图 6-29 华为 AI 音箱

（1）音质。华为与来自丹麦的扬声器品牌丹拿（Dynaudio）联合调音，采用独特的丹拿工艺概念喇叭，叠加华为 Histen 算法，高音清亮，低音雄浑，真实还原声音本色，给人带来如临演奏会现场般的聆听感受。

（2）设置日程管家功能。华为 AI 音箱兼备会议时间提醒、生活小事备忘、旅行购物清单等功能，并可将其同步至手机日程，提供个人专属贴心服务。

（3）一语通话。华为 AI 音箱既是音箱也是智能电话，可以通过音箱接拨联系人手机，或与亲友的音箱直接通话。与亲友畅聊时，人们可以继续专注于手上的事情，从而释放双手。

（4）联动功能。华为 AI 音箱可轻松开关灯、调节亮度、空调温度，更可定制回家、阅读、睡眠、离家等多种模式；只需一句话，即可控制多款家电，大至空调、净化器，小至插座、晾衣架，都可应声而动，使生活更随心所欲。

（5）声音捕捉。华为 AI 音箱具备 6 个环形话筒、先进的抗干扰算法，可在 5 m 内全方位立体捕捉声音。即便是嘈杂环境下发出的指令，音箱都能灵敏应答。

（6）多才多艺，有问必答。音箱覆盖内容广泛，经典音乐、儿童故事、搞笑脱口秀、百科答疑、地图搜索等应有尽有。

（7）无线通信方式。华为 AI 音箱支持 Wi-Fi 802.11b/g/n 协议标准、2.4 GHz 无线频段和蓝牙 4.2。

6.6.3 无屏电视

下面以图 6-30 所示的极米无屏电视 N20 为例介绍无屏电视的功能。

图 6-30 极米无屏电视 N20

（1）视频硬件配置。极米无屏电视 N20 精选欧司朗进口 LED 光源，光源亮度为 3 000 lx，日光下的色彩如黑夜中一般鲜活。

（2）分辨率。极米无屏电视 N20 具有 1 080 P 分辨率，高清观影，细节清晰。

（3）画面清晰度。极米无屏电视 N20 通过特定的插帧算法，解决高动态画面的抖动和拖尾问题，大幅提升运动画面的清晰度和流畅度。

（4）投影设置。智能辅助校正，一键迅速恢复正常画面。

（5）视频解码。极米无屏电视 N20 采用 HDR 10 解码技术，明暗细节更加丰富，支持 2D 转 3D。

（6）音响配置。极米无屏电视 N20 配备 Harman/Kardon 原装音响，只需一个按键即可变为无线音响，支持 Wi-Fi 和蓝牙连接。

（7）内容平台。极米无屏电视 N20 支持芒果 TV、银河·奇异果、搜狐视频等海量影音内容。

（8）交互设计。极米无屏电视 N20 具有全新设计的语音交互 UI，支持人性化的多轮对话式引导交互。声纹识别系统可识别发出指令者的性别和年龄段，为其推荐个性化内容。

（9）联动功能。极米无屏电视 N20 搭载百度 IoT 技术，能与接入 DuerOS 的十余个智能物联平台的设备进行语音直接控制，只需对无屏电视说出要求，就可自动完成调节室内温度、关窗帘、开灯等动作。

（10）无线通信参数。极米无屏电视 N20 支持 2.4 GHz/5 GHz 双频，支持 802.11a/b/g/n/ac 协议标准。

本章小结

本章基于华为 HiLink 智能家居生态介绍了智能路由、安防、环境监测、照明、节能和娱乐几大类别中的代表性单品，分别从功能、技术特点、场景设置及智能联动等方面介绍了每个单品，并提供了不同场景下的设计示例及部分单品的情景模式示例。

通过本章的学习，读者应对智能家居中主要系统的组成有了初步了解，并对相应系统下基本单品的设计思想、技术特点和所实现的功能有了基本了解，同时对智能家居中场景设置、情景模式的设计有了系统的认识。在智能家居的设计中，可以对某种类型的产品进行分析比较，并通过组合应用合适的单品针对某种特定场景和用户需求进行系统设计。

思考与练习

选取几个智能单品进行组合，设计一个智能家居系统中 3 个不同情景下的多设备联动场景。列出该场景所包括的所有设备，描述在该场景下，各设备组网的架构、联动方式，以及做此设计出于何种考虑。

第 7 章 集成开发环境

07

学习目标

① 了解华为 HiLink Device SDK 的架构，了解智能硬件接入步骤。
② 了解 HiLink Device SDK 的两大功能模块，掌握 HiLink Device SDK 智联快连中的两种组网方式。
③ 掌握 HiLink Device SDK 的库的结构，学会适配 API 接口，实现函数。
④ 掌握 UI+界面设计工具的使用方法。

前面几章介绍了华为 HiLink 智能硬件开发者平台及可接入平台的智能单品，接下来介绍华为 HiLink 智能硬件开发者平台 Device 侧的设备开发。本章首先将针对华为 HiLink Device SDK 的体系结构进行详细的讲解，并介绍如何通过 Device SDK 进行设备开发；然后介绍华为 UI+界面开发工具的使用方法；最后介绍两个开发环境——Arduino 和 Android Things。

7.1 华为 HiLink Device SDK

本节介绍 HiLink Device SDK 的架构、功能及智能硬件的接入方法。

7.1.1 HiLink Device SDK 简介与智能硬件接入

首先介绍本章涉及的几个基本概念，以利于读者对于后续内容的理解。有的原始概念来自于英文，如 Profile，不同作者对其中文翻译不同，为了不产生歧义，下面将继续使用该英文描述。而 HiLink Device SDK 为专有名词，也将继续使用其英文描述。

1. 基础概念

（1）Device（设备）。Device 即华为 HiLink 智能硬件开发者平台中的设备节点，如家庭娱乐、家庭照明、家庭安防、家庭健康及穿戴式智能设备等 IoT 领域的智能硬件。

（2）网关。网关即物联网解决方案中的网关，包括路由器、家庭网关等。

（3）App。App 即物联网解决方案中的手机或平板电脑控制端。

（4）云。云即物联网运营管理平台，用以实现海量连接、设备管理和运营管理，主要功能包括统一华为账号、设备管理、场景联动控制、安全连接和外部数据共享等。

（5）Profile。Profile 定义了设备侧的应用场景，这些行为包括如何与网关、云平台进行信息的查询和控制等。Profile 是服务的集合。

（6）Service（服务）。Service 是指定义智能设备执行查询和控制的命令的集合。例如，一盏智能灯，可以对外提供开关服务，外界可以通过这个服务来控制及获取灯的开关状态。

2. 使用场景

HiLink Device SDK 是运行在 Device 上的互联互通中间件，主要在以下场景中使用。

（1）物联网智能设备，如灯泡、插座、门磁、空调等，有接入网络的需求。

（2）智能设备需要使用 App 统一操控。

3. 技术优势

HiLink Device SDK 具有多种技术优势，具体包括以下方面。

（1）多场景覆盖。

① 支持短距和 LTE、NB-IoT 等多种互联技术。

② 覆盖家庭互联、穿戴互联等多种诉求。

（2）互联互通，支持 Wi-Fi、6LoWPAN 等。

（3）一步完成 Wi-Fi 设备入网，设备物理连接方式、入网配置对开发者透明。

（4）业务 Profile 开放。预定义智能家居 Profile，设备厂商只需适配 Profile，HiLink Device SDK 将实现设备与网关、设备与手机、设备与云端互联互通。

（5）统一的 Profile 定义支撑设备应用之间互操作。Profile 采用 JSON 的描述方式，易于理解和传输。

（6）SDK 适应多种运行环境。HiLink Device SDK 定义了操作系统适配层接口，开发者只需要适配接口，就可以使 SDK 运行在 Linux、华为 LiteOS Kernel 等操作系统上，甚至不需要操作系统。

4. 资源限制和建议

HiLink Device SDK 对设备资源的限制和建议如表 7-1 所示。

表 7-1　　设备资源限制和建议

序号	资源	建议
1	FLASH 存储	≥100 kB
2	内存	≥10 kB

调用 SDK 函数应避免多层次嵌套调用，否则可能发生栈溢出而导致程序崩溃。

7.1.2　HiLink Device SDK 的架构

本小节主要介绍 HiLink Device SDK 的架构。首先从整个软件体系角度介绍 HiLink Device SDK 在软件栈中的位置，然后介绍其本身架构，包括业务架构和内部逻辑架构。

1. 在软件栈中的位置

HiLink Device SDK 在 IoT 软件体系中的位置如图 7-1 所示。它在轻量级 Kernel 层之上，其上一层就是 IoT 智能终端及应用。

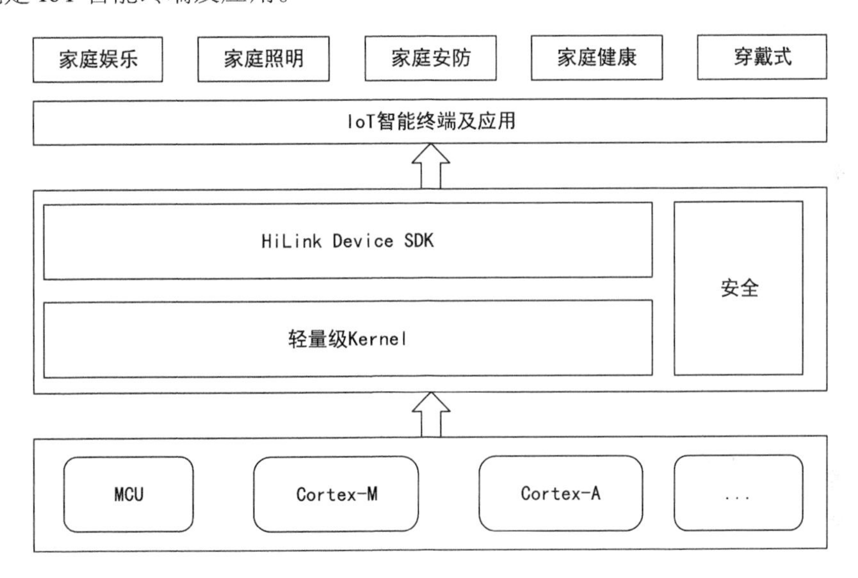

图7-1　HiLink Device SDK在IoT软件体系中的位置

2. HiLink Device SDK 的架构

HiLink Device SDK 涵盖了设备入网、离网、查看控制设备、设备管理、设备安全等功能，从业务架构上来看主要包含两部分，如图 7-2 所示。

（1）智能家居 Profile。HiLink 协议定义了一套智能家居设备的标准 Profile，设备厂商需要配合实现各个设备的 Profile。

（2）互联互通。HiLink Device SDK 实现了服务注册、服务发现、固件升级、设备安全等功能，设备厂商只需按照 Profile 将服务定义，实现 HiLink Device SDK 服务操作接口。

HiLink Device SDK 的内部逻辑架构如图 7-3 所示。

3. HiLink Device SDK 支持的操作系统

HiLink Device SDK 不依赖于具体的操作系统，而是提供了操作系统适配层，可将 HiLink Device SDK 移植到不同的操作系统上。

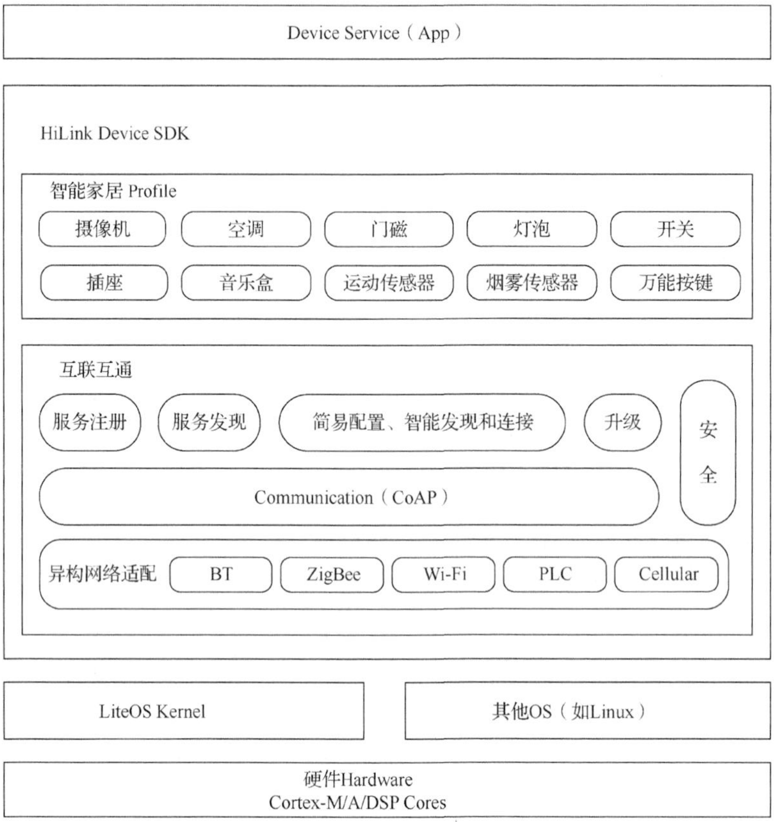

Device Service（App）

HiLink Device SDK

智能家居 Profile

摄像机　空调　门磁　灯泡　开关

插座　音乐盒　运动传感器　烟雾传感器　万能按键

互联互通

服务注册　服务发现　简易配置、智能发现和连接　升级　安全

Communication（CoAP）

异构网络适配　BT　ZigBee　Wi-Fi　PLC　Cellular

LiteOS Kernel　其他OS（如Linux）

硬件Hardware
Cortex-M/A/DSP Cores

图 7-2　HiLink Device SDK 的业务架构

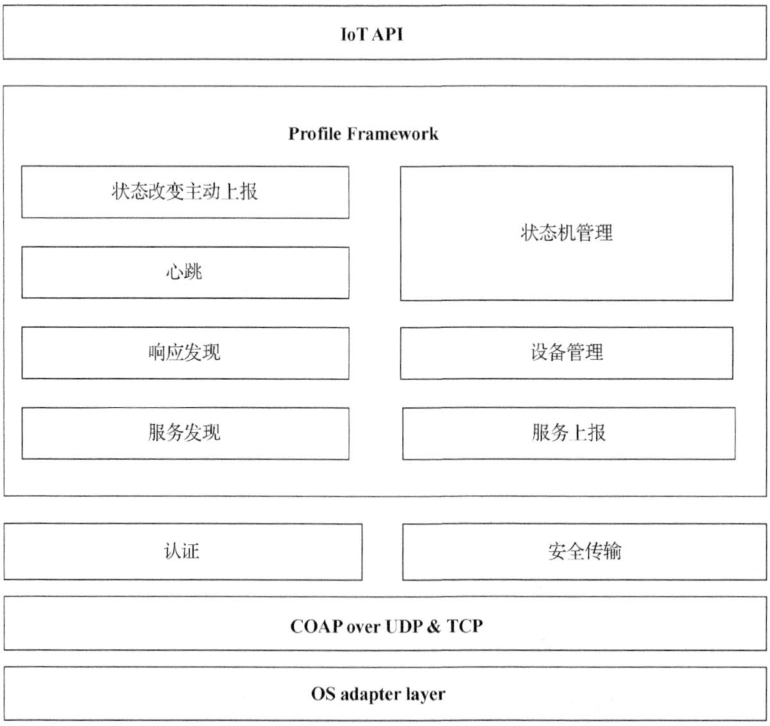

IoT API

Profile Framework

状态改变主动上报　状态机管理

心跳

响应发现　设备管理

服务发现　服务上报

认证　安全传输

COAP over UDP & TCP

OS adapter layer

图 7-3　HiLink Device SDK 的内部逻辑架构

7.1.3　集成 HiLink Device SDK

HiLink Device SDK 发布包中包含 HiLink Device SDK 库文件和头文件，针对不同的编译环境和硬件平台，HiLink Device SDK 会提供相应的库。设备开发者根据需要下载特定的库即可。

1. 下载 HiLink Device SDK 库

可根据设备芯片型号、操作系统信息、平台交叉编译版本等信息，登录华为 IoT 平台，进入文档下载中心下载设备 SDK 包。

HiLink Device SDK 发布包中包含库文件和对应的头文件，发布包目录结构如图 7-4 所示。分别将库文件和头文件添加到工程目录下即完成 HiLink Device SDK 的添加。

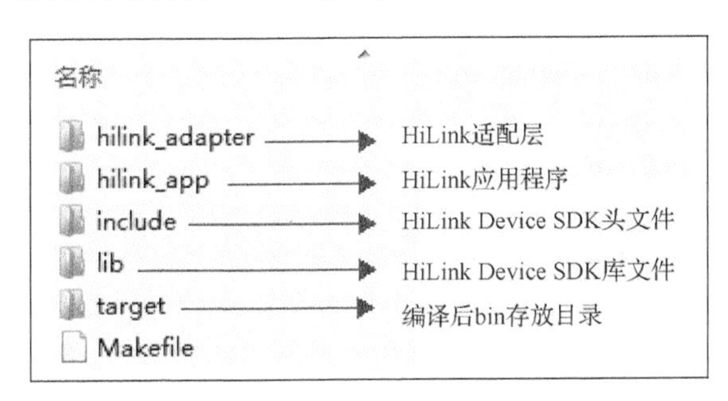

图 7-4　HiLink Device SDK 发布包目录结构

2. 实现 HiLink Device SDK 集成

HiLink Device SDK 包含智联快连和互联互通两大功能模块。智联快连是指设备配网连接网络的过程；互联互通是指设备接入网络后，与各个网元之间的通信。集成 HiLink Device SDK 就是程序根据逻辑流程调用 SDK 提供的功能函数，使程序支持 HiLink 智联快连和互联互通的功能。

程序集成 HiLink Device SDK 也是分两步：第一步实现集成 HiLink 智联快连，具体实现的逻辑流程和 SDK 接口调用见 7.1.4 小节内容；第二步实现集成 HiLink 互联互通，具体实现的逻辑流程和 SDK 接口调用见 7.1.5 小节内容。

在程序集成 HiLink Device SDK 的过程中，开发者需要做以下 3 个方面的事。

（1）HiLink Device SDK 源代码中调用了一些依赖于运行平台的适配函数，如格式化输出函数 hilink_printf、内存块填充函数 hilink_memset 等，这些适配函数是需要开发者实现的。

（2）程序需要按本章给出的逻辑流程调用相应的 HiLink Device SDK 提供的接口函数。

（3）一些与业务强相关的功能适配函数和数据结构需要开发者实现，如用于描述设备基本信息的 Device info 数据类型，用于获取设备服务字段的接口 hilink_get_char_state 等。

7.1.4　集成 HiLink 智联快连

HiLink 智联快连属于 HiLink 中的配网部分，可快速将新设备接入到网络中。它通过华为智能家居 App 或 HiLink 网关，下发无线路由器 SSID 和密码参数，快速配置 STA 类智能设备，使其加入无线路由器网络。

1. HiLink 智联快连配置说明

开发者可以根据实际的硬件能力进行 HiLink 智联快连配置。HiLink 智联快连所需 Wi-Fi 硬件能力如表 7-2 所示。

表 7-2　HiLink 智联快连所需 Wi-Fi 硬件能力

功能说明	硬件能力要求	芯片/模组
① 支持设备快速连接； ② 支持设备发现（支持智能家居 App 或 HiLink 网关在设备未接入网络前发现设备）	① 能够切换信道； ② 设备能够设置为混杂模式，接收 802.11 网络帧； ③ 模式支持能力 • Wi-Fi promiscuous 和 AP 模式共存 • 在 Wi-Fi promiscuous 模式下可以发送 Beacon 帧模拟 AP	MTK7687 和 ESP8266 等

2. HiLink 智联快连集成说明

HiLink Device SDK 为程序集成 HiLink 智联快连提供了两种方案，分别为组播/广播配网和 SoftAP 配网。两种方案在配网速度及成功率上没有明显差异，开发者根据自己的需求选择两种方案之一。

（1）组播/广播配网原理。智能家居 App 扫描到设备后，App 或者 HiLink 路由器会向设备下发路由器 SSID 和密码参数，设备收到 Wi-Fi 参数，解析并连接路由器，实现智能设备配网。

（2）SoftAP 配网原理。设备处于 SoftAP 模式，操作智能家居 App 接入设备热点并向设备下发路由器 SSID 和密码参数；设备切换为 STA 模式并回连路由器网络，智能家居 App 切换重连路由器网络。

3．开发者需实现的适配函数列表

程序集成 HiLink 智联快连之前，开发者需要实现一些依赖运行平台的适配函数，具体如表 7-3 所示。

表 7-3　HiLink 智联快连适配函数列表

接口函数名称	SDK 中定义函数的头文件
hilink_printf	hilink_osadapter.h
hilink_memset	hilink_osadapter.h
hilink_memcpy	hilink_osadapter.h
hilink_memcmp	hilink_osadapter.h
hilink_sec_get_Ac	hilink_link.h

备注：函数实现代码参考样例文件包中的 hilink_osadapter.c 文件源代码。

接口具体说明如下，其中[IN]和[OUT]分别表示输入和输出，后同。

（1）hilink_printf 函数实现代码如下。

```
int hilink_printf(const char* format, ...)
{
    va_list ap;
```

```
    int ret;
    va_start(ap, format);
    ret = vprintf(format, ap);
    va_end(ap);
    return ret;
}
```

① 函数描述：格式化输出，一般用于向标准输出设备按规定格式输出信息。

② 参数如下。

- format　[IN]：格式控制信息。
- ...　[IN]：可选参数，可以是任何类型的数据。

③ 返回值：小于 0，表示输出失败；大于或等于 0，表示输出的长度。

（2）hilink_memset 函数实现代码如下。

```
void* hilink_memset(void* dst, int c, unsigned int len)
{
    return memset(dst, c, len);
}
```

① 函数描述：在一段内存块中填充某个给定的值，将 dst 中前 len 个字节用 c 替换并返回 dst。

② 参数如下。

- dst　[IN/OUT]：目标的起始位置。
- c　[IN]：要填充的值。
- len　[IN]：要填充的值字节数。

③ 返回值：dst 目标内存的起始地址。

（3）hilink_memcpy 函数实现代码如下。

```
void* hilink_memcpy(void* dst, const void* src, unsigned int len)
{
    return memcpy(dst, src, len);
}
```

① 函数描述：复制内存中的内容，从源 src 所指的内存地址的起始位置开始复制 len 个字节到目标 dst 所指的内存地址的起始位置中。dst、src 指针必须指向合法内存。

② 参数如下。

- dst　[IN/OUT]：目标内存的起始位置。
- src　[IN]：源内存的起始位置。
- len　[IN]：要复制的字节数。

③ 返回值：小于 0，表示输出失败；大于或等于 0，表示输出的长度。

（4）hilink_memcmp 函数实现代码如下。

```
int hilink_memcmp(const void* buf1, const void* buf2, unsigned int len)
{
    return memcmp(buf1, buf2, len);
}
```

① 函数描述：比较两块内存区域，根据用户提供的内存首地址及长度，比较两块内存的前len 个字节。指针必须指向合法内存。

② 参数如下。

- buf1 [IN]：内存 1 的首地址。
- buf2 [IN]：内存 2 的首地址。
- len [IN]：要比较的字节数。

③ 返回值：等于 0，表示 buf1 等于 buf2；小于 0，表示 buf1 小于 buf2；大于 0，表示 buf1 大于 buf2。

（5）hilink_sec_get_Ac 函数实现代码如下。

```
int hilink_sec_get_Ac(unsigned char* pAc, unsigned int ulLen)
{
    unsigned char AC[48] = {0x29, 0x21, 0x2d, 0x20, 0x74, 0x51, 0x34, 0x29, 0x46, 0x74,
0x49, 0x66, 0x6a, 0x61, 0x4a, 0x66, 0xe2, 0x95, 0x3c, 0x6c, 0xcb, 0xdb, 0x19, 0x01,
0xfe, 0x8f, 0xa5, 0xfc, 0xe2, 0x2b, 0x1b, 0x61, 0x38, 0x92, 0x1c, 0x6b, 0x93, 0x0b,
0x64, 0x1f, 0x2b, 0x00, 0x46, 0x16, 0x55, 0x1e, 0x79, 0x1a};
    if (NULL == pAc)
    {
        hilink_printf("\n\r invalid PARAM\n\r");
        return -1;
    }

    hilink_memcpy(pAc, AC, 48);
    return 0;
}
```

① 函数描述：获取设备 AC 信息。AC 信息为长度固定为 48 字节的字符串，保存在 AC 文件中。AC 文件在设备做 HiLink 认证时由华为认证分发。

② 参数如下。

- pAc [OUT]：用来保存获取到的 AC 信息的内存首地址。
- ulLen [IN]：为保存 AC 信息提供的内存长度。

③ 返回值：为 0，表示获取成功；为非 0，表示获取失败。

4. HiLink 智联快连集成——组播/广播配网

组播/广播配网方式的集成流程如图 7-5 所示。流程说明如下。

（1）调用 hilink_link_init 进行初始化。

（2）调用 hilink_link_set_pkt0len 设置不同 Wi-Fi 加密类型下的 QoS Data 帧的 0 字节基准长度，请根据华为 HiLink 平台提供的文档《HiLink sdk 集成 FAQ》中提供的方法自测试或向芯片商获得数据。

（3）调用 hilink_link_get_devicessid 生成设备的 SSID，详见头文件 hilink_link.h 各参数说明，其中参数 ssid_type 的取值及含义如下。

①“01”表示设备处于等待配置的状态，且支持组播广播对接。

② “G1”表示设备连接路由密码错误，且支持组播广播对接。

③ “I1”表示设备连接路由超时，且支持组播广播对接。

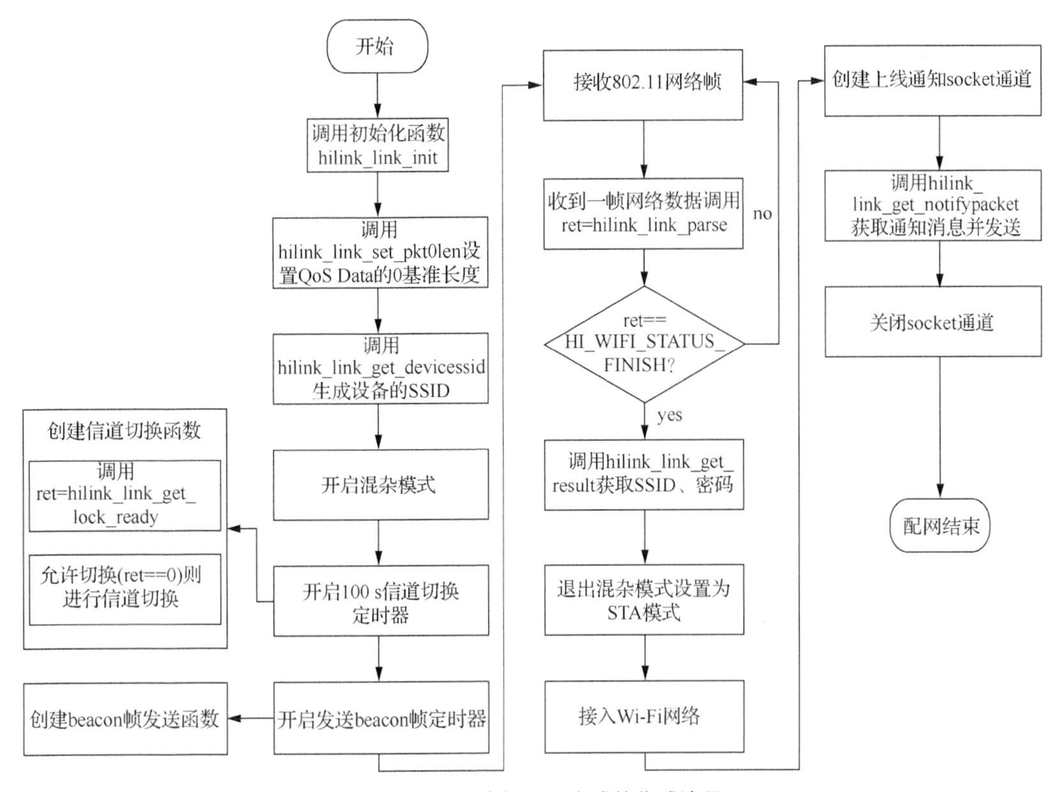

图 7-5　组播/广播配网方式的集成流程

（4）发送 beacon 帧使设备处于待发现状态，可创建一个定时器或者线程每 50 ms 发送一个 beacon 帧。

（5）切换 Wi-Fi 模式，开启混杂模式。

（6）启用 Wi-Fi 信道切换 100 ms 定时器（可以根据芯片性能调整），定时器响应函数实现切换信道，在切换信道之前需要调用 hilink_link_get_lock_ready 判断是否能切换信道，切换信道之后调用 hilink_link_reset 使 HiLink 恢复为初始状态。

（7）启用发送 beacon 帧定时器，并创建定时器响应函数——beacon 帧发送函数。beacon 需要在各信道轮流发，在切换信道后就可以在当前信道发送 beacon 帧，开发指南推荐每 50 ms 发一次，最大不要超过 100 ms，目标还是为了更快、更稳定地使设备连接上路由器。beacon 帧可以每 20 ms 或 50 ms 发一次，一次发送 1～2 个 beacon。

（8）每接收到一帧 802.11 数据就调用（根据不同平台可以采用回调方式调用）hilink_link_parse 函数进行包解析处理，当返回值不同时含义不同。

① 当返回值为 HI_WIFI_STATUS_CHANNEL_LOCKED 时锁定信道。

② 当返回值为 HI_WIFI_STATUS_CHANNEL_UNLOCKED 时释放信道。

③ 若返回结果为 HI_WIFI_STATUS_FINISH，则表明已经完成接收，可以获取结果及接入

网络。

（9）Wi-Fi 帧在提供给 SDK（调用 hilink_link_parse）前需要注意是否有包头，如果有则需要将其去掉从而提供纯正的 802.11 网络帧。

（10）如果在接收完成（即收到 HI_WIFI_STATUS_FINISH）之后，上线步骤有异常，则需要重新搜索 Wi-Fi 报文，此时需要调用一次 hilink_link_reset 使 HiLink 恢复为初始状态，才能确保下一次数据搜索的正确性。

（11）接收完成后调用 hilink_link_get_result 函数，解析出对应路由器的 SSID、密码、Wi-Fi 加密类型、回发消息类型（TCP、UDP）及发送端的 IP 和 PORT 等信息。

（12）根据获取的路由器的 SSID 停止 Wi-Fi 的混杂模式，同时切换为 STA 模式，并接入 Wi-Fi 网络。如果需要重启连接 Wi-Fi，则需要保存 hilink_link_get_result 和 hilink_link_get_notifypacket 函数的结果。

（13）成功接入 Wi-Fi 网络后，调用 hilink_link_get_notifypacket 得到上线通知信息数据包，根据不同的消息类型向 App 回发消息。

① TCP：根据获取的发送端的 IP 和 PORT 信息，开发者需要创建 TCP Socket 通道绑定从结果中获取的 IP 和 PORT。

② UDP：创建 UDP 广播将上线通知数据包发送出去。

（14）发送成功后表明发送端已经收到信息（手机端默认超时为 1.5 min），并保存已连接网络的配置信息；否则不保存网络配置信息。

组播/广播配网集成调用的 HiLink Device SDK API 列表如表 7-4 所示。

表 7-4　　组播/广播配网 API 列表

函数	备注
hilink_link_init	初始化函数
hilink_link_parse	处理 802.11 网络帧函数
hilink_link_get_result	获取 SSID 及密码信息函数
hilink_link_get_devicessid	构建设备 SSID 信息函数
hilink_link_get_notifypacket	构建上线通知数据 buffer 函数
hilink_link_get_lock_ready	获取锁信道是否准备好的信息函数，在信道切换定时器中调用
hilink_link_reset	清除 hilink_link 缓冲，在处理网络帧函数已经返回 HI_WIFI_STATUS_FINISH 后，需要再次接收数据包，则需要进行一次调用
hilink_link_set_pkt0len	设置不同 Wi-Fi 加密类型（OPEN、WEP、TKIP、AES）下的 QoS Data 的 0 基准长度

5．HiLink 智联快连集成——SoftAP 配网

SoftAP 配网方式的集成流程如图 7-6 所示。流程说明如下。

（1）调用 hilink_link_init 进行初始化。

（2）调用 hilink_link_get_softap_ssid 生成设备的 SSID，详见头文件 hilink_link.h 各参数说明。

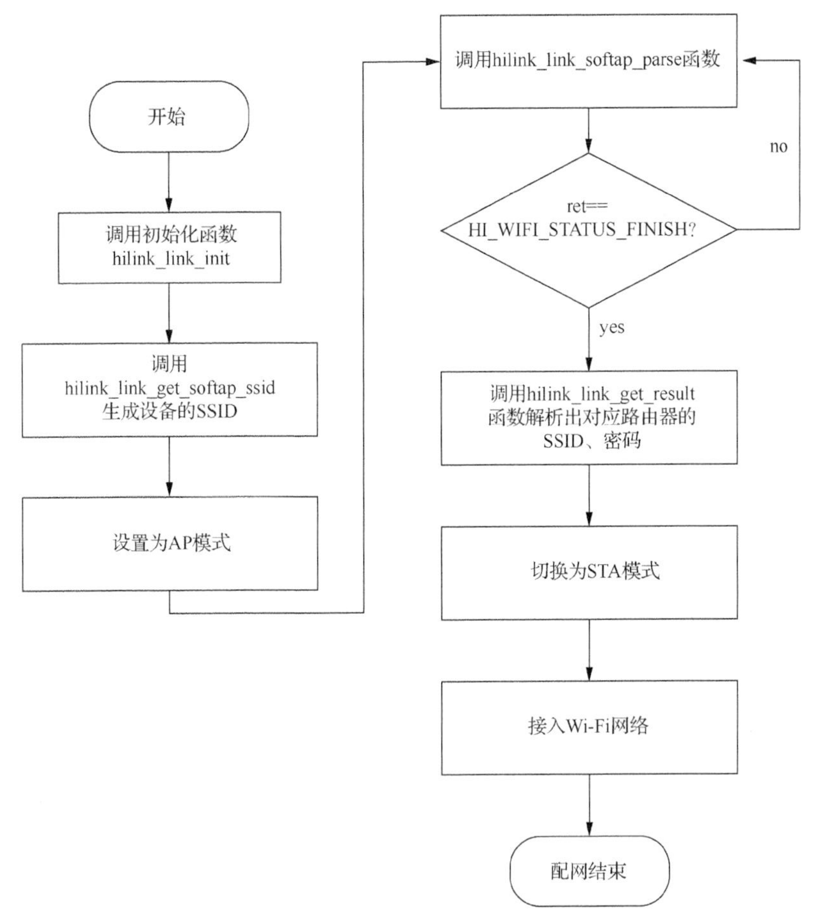

图 7-6　SoftAP 配网方式的集成流程

（3）切换 Wi-Fi 模式为 AP 模式。

（4）调用 hilink_link_softap_parse 函数，直到结果为 0。

（5）调用 hilink_link_get_result 函数解析出对应路由器的 SSID、密码。

（6）切换为 STA 模式，根据获取的路由器的 SSID、密码，接入 Wi-Fi 网络。

（7）成功接入 Wi-Fi 网络后配网结束。

SoftAP 配网集成调用的 HiLink Device SDK API 如表 7-5 所示。

表 7–5　SoftAP 配网 API

函数	备注
hilink_link_init	初始化函数
hilink_link_get_softap_ssid	构建设备 SSID 信息函数
hilink_link_softap_parse	设备开启 softAP 主调用函数
hilink_link_get_result	解析出对应路由器的 SSID、密码

设备在恢复出厂时，Wi-Fi SSID 和密码会被系统自动清除。

7.1.5 集成 HiLink 互联互通

设备程序在完成 HiLink 智联快连后，进入互联互通阶段。通过调用初始化和运行接口，完成互联互通功能的集成。先介绍基本步骤，再具体介绍每一步中开发者需要实现的适配函数。在设备中集成 HiLink 互联互通，需要以下几个步骤。

（1）适配 HiLink Device SDK 依赖的与系统相关的外部接口。

（2）定义 Device info。

（3）定义 Service info。

（4）适配 HiLink Device SDK 定义的获取和修改服务字段接口。

（5）适配 HiLink Device SDK 定义的修改 Wi-Fi 参数接口。

（6）适配 SDK 定义的设备固件版本查询和升级接口。

（7）程序调用 HiLink Device SDK 初始化及运行接口。

接着按上述步骤具体介绍每一步中开发者需实现的适配函数列表。

1．适配依赖运行平台的接口函数

HiLink Device SDK 依赖运行平台的接口函数如表 7-6 所示，需要设备开发者提供具体的实现。

表 7-6　互联互通接口函数

类别	接口函数名称	SDK 中定义函数的头文件
字符串操作接口	hilink_strlen hilink_strncpy hilink_strncat hilink_strncmp hilink_strchr hilink_strrchr hilink_atoi hilink_snprintf hilink_sprintf	hilink_osadapter.h
内存操作接口	hilink_memset hilink_memcpy hilink_memcmp hilink_free	hilink_osadapter.h
网络接口	hilink_network_state hilink_get_local_ip hilink_udp_new hilink_udp_remove hilink_udp_send hilink_udp_read hilink_tcp_connect hilink_tcp_state hilink_tcp_disconnect hilink_tcp_send hilink_tcp_read hilink_htons hilink_ntohs hilink_gethostbyname	hilink_socket.h hilink_osadapter.h

续表

类别	接口函数名称	SDK 中定义函数的头文件
FLASH 存储接口	hilink_save_flash hilink_read_flash	hilink_osadapter.h
Json 接口	hilink_json_parse hilink_json_get_string_value hilink_json_get_number_value hilink_json_delete	hilink_osadapter.h
系统时间获取接口	hilink_gettime	hilink_osadapter.h
随机数产生接口	hilink_rand hilink_srand	hilink_osadapter.h
获取 BI 密钥密文接口	hilink_bi_get_cr	hilink_osadapter.h

hilink_rand 不能采用标准 C 接口输出伪随机数，必须保证产生真随机数。

hilink_bi_get_cr 函数的实现代码如下。

```
int hilink_bi_get_cr(char* buf, unsigned int size);
```

① 函数描述：获取 HiLink 设备 BI 模块预制的密钥密文。BI 密文以字符串形式保存在 BI 文件中，BI 文件在设备做 HiLink 认证时由华为认证分发。

② 参数。

- buf　[OUT]：用来保存获取到的 bi 信息的内存首地址。
- size　[IN]：为保存 bi 信息提供的内存长度。

③ 返回值：为 0，表示获取成功；为非 0，表示获取失败。

函数实现参考样例 hilink_socket_stub.c 和 hilink_osadapter.c 文件源代码。

2. **适配设备相关的函数或结构数据**

设备适配的相关函数或结构数据如表 7-7 所示。

表 7-7　　设备适配函数或结构数据

类别	函数或结构数据类型名称	所在 SDK 中定义的头文件
设备描述数据	dev_info_t svc_info_t	hilink_profile.h
设备服务字段接口	hilink_get_char_state hilink_put_char_state	hilink_profile.h
修改 Wi-Fi 接口	hilink_notify_wifi_param	hilink_profile.h
设备固件版本及升级接口	hilink_ota_trig hilink_ota_get_ver hilink_ota_get_intro hilink_ota_rpt_ver hilink_ota_rpt_prg	hilink_profile.h

开发者集成 HiLink Device SDK 初期，如果不考虑设备升级，可将设备固件版本及升级接口定义为不执行任何功能的空函数，防止开发工作阻塞在适配这些接口上。

函数实现参考样例 hilink_profile.c 文件源代码。

3. 定义 Device info

HiLink Device SDK 定义了 Device info 数据类型，用于描述设备的基本信息，如设备唯一标识、设备型号、设备类型等。设备开发者需要根据定义的结构体填充对应的设备信息。

```
/*
    * 设备信息的结构体，由设备开发者提供
    */
typedef struct {
        const char* sn;          /**<设备唯一标识，如 sn 号，长度范围为(0,40]*/
        const char* prodId;      /**<设备 HiLink 认证号，长度范围为(0,5]*/
        const char* model;       /**<设备型号，长度范围为(0,32]*/
        const char* dev_t;       /**<设备类型，长度范围为(0,4]*/
        const char* manu;        /**<设备制造商，长度范围为(0,4]*/
        const char* mac;         /**<设备 MAC 地址，固定长度为 32 字节*/
        const char* hiv;         /**<设备 HiLink 协议版本，长度范围为(0,32]*/
        const char* fwv;         /**<设备固件版本，长度范围为[0,64]*/
        const char* hwv;         /**<设备硬件版本，长度范围为[0,64]*/
        const char* swv;         /**<设备软件版本，长度范围为[0,64]*/
        const int prot_t;        /**<设备协议类型，取值范围为[1,3]*/
    } dev_info_t;
```

设备开发者需要定义一个 dev_info_t 类型的结构体变量。HiLink Device SDK 依赖该结构体变量，因此该结构体变量在 HiLink Device SDK 运行时必须保证有效。dev_info_t 内容对应附件《智能家庭产品设备名称显示规范 附表-HiLink 认证设备清单》中的内容，prodId 对应 DeviceId，model 对应 DeviceModel，dev_t 对应 DeviceTypeId，manu 对应 ManufacturerNameId。

dev_info_t 结构体参数详细说明如表 7-8 所示。

表 7-8　dev_info_t 结构体参数说明

字段	必选/可选	类型	描述
sn	必选	String(40)	设备的序列号，用于唯一标识该设备；各厂商及各设备可以根据 MAC 地址或者 IMEI 号等信息来填充；sn 只用于对刚发现的设备进行唯一标识，一旦注册从云端分配到 devId 后，就通过 devId 来访问该设备
model	必选	String(32)	设备型号，同一个 manu 厂商下的不同型号设备此值必须不同
devType	必选	String(4)	设备类型 ID，取值参见“HiLink 认证设备类型 ID 及名称对照表”，占 3 字节（取值范围为“000”～“FFF”）
manu	必选	String(4)	制造商 ID，取值参见“HiLink 认证制造商 ID 及名称对照表”，占 3 字节（取值范围为“000”～“FFF”）
prodId	必选	String(5)	产品 ID，设备 HiLink 认证号为 deviceId，在设备做 HiLink 认证时由华为分配，取值参见“HiLink 认证设备清单”，占 4 字节
hiv	必选	String(32)	HiLink 协议版本，当前版本为 2.0
mac	可选	String(32)	MAC 地址
fwv	可选	String(64)	固件版本（firmware version）
hwv	可选	String(64)	硬件版本（hardware version）
swv	可选	String(64)	软件版本（software version）
protType	可选	Integer	协议类型：Wi-Fi、Z-Wave、ZigBee

4. 定义 Service info

HiLink Device SDK 定义了 Service info 数据类型，用于描述设备提供的服务的相关信息，如服务的类型。

```
/*
 * 服务信息的结构体，由设备开发者提供
 */
typedef struct  {
    const char* st;              /**<服务类型，长度范围为(0,32]*/
    const char* svc_id;          /**<服务 ID，长度范围为(0,64]*/
} svc_info_t;
```

设备开发者需要定义 svc_info_t 类型的结构变量，如果设备支持多个服务，则该变量为数组类型，目前最多支持定义 15 个服务。其中，st 对应设备的 ServiceType，svc_id 对应设备的 serviceId。根据在产品功能定义阶段确定信息来定义该变量。

5. 适配 SDK 定义的获取和修改服务字段的接口

开发者需要实现由 HiLink Device SDK 定义的获取和修改服务字段的接口。两个接口分别为 hilink_get_char_state 和 hilink_put_char_state。这两个接口由 HiLink Device SDK 调用。

用户通过操作设备的 App 界面向设备下发指令，当设备收到获取某个服务的属性值或设置某个服务的属性值指令后，HiLink Device SDK 会调用相应的接口。

接口具体说明如下。

（1）hilink_get_char_state 函数。

```
int hilink_get_char_state(const char* svc_id, const char* in, unsigned int in_len,
char** out, unsigned int* out_len);
```

① 函数描述：获取服务当前字段值，支持获取服务的全部字段的值。

② 参数。

- svc_id [IN]：服务 ID。厂商实现该函数时，需要对 sid 判断。
- in [IN]：接收到的 JSON 格式的字段与其值。当 in 字段为空时，需要输出该 svc_id 的全部属性。
- len [IN]：接收到的 in 的长度，范围为[0，512)。
- out [OUT]：返回保存服务字段值内容的指针，内存由厂商开辟，使用完成后，由 HiLink Device SDK 释放。
- out_len [OUT]：读取到的 payload 的长度，范围为[0，512)。

③ 返回值：为 0，表示服务字段状态值获取成功；为非 0，表示服务字段状态值获取不成功。

（2）hilink_put_char_state 函数。

```
int hilink_put_char_state(const char* svc_id,const char* payload, unsigned int len);
```

① 函数描述：修改设备当前服务字段值。

② 参数。

- svc_id [IN]：服务 ID。
- payload [IN]：接收到需要修改的 Json 格式的字段与其值。
- len [IN]：接收到的 payload 的长度，范围为[0，512)。

③ 返回值：SDK 定义的宏。

- #M2M_SEARCH_GW_INVALID_PACKET -101，获得报文不符合要求。
- #M2M_SVC_STUTAS_VALUE_MODIFYING -111，服务状态值正在修改中，修改成功后底层设备必须主动上报。
- #M2M_NO_ERROR 0，无错误，表示服务状态值修改成功，不需要底层设备上报，由 HiLink Device SDK 上报。

6. 适配 SDK 定义的修改 Wi-Fi 参数的接口

HiLink Device SDK 定义了修改 Wi-Fi 参数的接口函数 hilink_notify_wifi_param。HiLink 网关需要修改其本身的 Wi-Fi 参数如 SSID、PASSWORD、加密方式等，会发送消息通知设备。设备 SDK 接收到该消息后，调用该接口通知设备应用层需要连接到指定 SSID 和 PASSWORD 的网关。需要用到此项功能的场景包括以下两个。

（1）已经连接上 HiLink 路由器的设备，当修改 HiLink 路由器的 SSID 和密码之后，路由器会自动将这些信息同步给设备，设备收到信息后 HiLink Device SDK 调用这个回调函数，回调函数需实现修改 Wi-Fi 的 SSID 和密码，重新连接上路由器。

（2）当用户操作设备 App 界面删除设备时，设备收到指令后 HiLink Device SDK 调用这个回调函数，回调函数须实现清除 Wi-Fi 参数信息，在小于 5s 的时间内设备重新进入配网阶段（重新启动系统或应用程序）。

接口具体说明如下。

```
int hilink_notify_wifi_param(char* ssid, unsigned int ssid_len,char* pwd, unsigned
int pwd_len, int mode );
```

① 函数描述：修改 Wi-Fi 参数。通知 Device 的应用层修改 Wi-Fi 参数，使用新的 Wi-Fi 参数连接到指定的路由器

② 参数。

- ssid [IN]：路由器的 SSID。
- ssid_len [IN]：路由器的 SSID 的长度，范围为[0，33)。
- pwd [IN]：路由器的密码。
- pwd_len [IN]：路由器的密码的长度，范围为[0，65)。
- mode [IN]：路由器的加密模式，范围为[-4，6]。

当 ssid、pwd 均为空，且 mode=-1 时，表示清除 Wi-Fi 参数信息。当 ssid 不为空时，表示修改 Wi-Fi 参数信息。

③ 返回值：为 0，表示 Wi-Fi 参数修改成功；为非 0，表示 Wi-Fi 参数修改不成功。

7．适配 SDK 定义的设备固件版本查询和升级相关的接口

需要用到此项功能的场景包括以下两个。

（1）SDK 调用设备厂商提供的版本升级相关接口场景。HiLink Device 在启动和运行中，SDK 会调用设备厂商提供的接口查询当前设备是否有可用的升级版本，并把版本信息上报到网关或云端，供用户选择是否需要升级。当 SDK 收到用户的版本升级命令时，会调用厂商提供的版本升级触发接口。

（2）厂商调用 SDK 提供的版本升级相关接口场景。厂商如果检查到当前设备有可用的升级版本，须主动调用 SDK 定义的接口上报网关或云端。在升级过程中，厂商须调用 SDK 提供的接口实时更新升级进度和设备重启时间。特别注意：设备厂家需要在设备开机时有一次版本检测，并且每 24 h 必须有一次版本检测。

接口具体说明如下。

（1）hilink_ota_trig 函数。

```
int hilink_ota_trig(int mode);
```

① 函数描述：触发固件检测升级或启动升级。

② 参数：mode[IN]。mode=0 表示设备固件检测升级，mode=1 表示设备启动固件升级，范围为[0，1]。需要做入口参数检测，传入参数 0 和 1 为合法。

③ 返回值：SDK 定义的宏。

- #M2M_NO_ERROR　　0，无错误。
- #M2M_OTA__DETECT_FAILURE　　-900，触发固件检测升级失败。
- #M2M_OTA__START_FAILURE　　-901，固件启动升级失败。
- #M2M_ARG_INVALID　　-12，传入参数无效。

（2）hilink_ota_get_ver 函数。

```
int hilink_ota_get_ver(char** version, int* ver_len);
```

① 函数描述：获取固件设备版本信息。当前固件版本为最新时，version 返回为 NULL。

② 参数。

- version　[OUT]设备固件版本号。由厂商开辟内存，返回保存服务字段值内容的指针，使用完成后，由 HiLink SDK 释放。
- ver_len　[OUT]设备固件版本长度，范围为[0，64)。

③ 返回值：SDK 定义的宏。

- #M2M_NO_ERROR　　0，无错误。
- #M2M_OTA_GET_VERSION_FAILURE　　-902，获取固件版本号失败。

（3）hilink_ota_get_intro 函数。

```
int hilink_ota_get_intro(char** introduction, int* intro_len);
```

① 函数描述：获取固件设备版本描述信息。网关或手机 App 向 Device 发送获取 Device

固件版本描述命令。

② 参数。

- introduction　[OUT] 设备固件版本描述信息。由厂商开辟内存，返回保存服务字段值内容的指针，使用完成后，由 HiLink SDK 释放。
- intro_len　[OUT]设备固件版本描述信息长度，建议范围为[0，512)，如果出现长度太长，会被截断处理。

③ 返回值：SDK 定义的宏。

- #M2M_NO_ERROR　0，无错误。
- #M2M_OTA_GET_VERSION_INFO_FAILURE　-903，获取固件版本描述信息失败。

（4）hilink_ota_rpt_ver 函数。

```
int hilink_ota_rpt_ver(char* version, int ver_len, char* introduction, int intro_
len);
```

① 函数描述：上报固件设备版本信息。向网关或手机 App 上报 Device 固件版本信息。

② 参数如下。

- version　[OUT] 设备固件版本号。此参数暂未使用，建议保留，设置为 NULL。
- ver_len　[OUT] 设备固件版本长度，范围为[0，64)。此参数暂未使用，建议保留，设置为 0。
- introduction　[OUT] 设备固件版本描述信息。此参数暂未使用，建议保留，设置为 NULL。
- intro_len　[OUT] 设备固件版本描述信息长度，建议范围为[0，512），如果出现长度太长，会被截断处理。此参数暂未使用，建议保留，设置为 0。

③ 返回值：SDK 定义的宏。

- #M2M_NO_ERROR　0，上报固件版本号升级进度标志位。
- #M2M_OTA_RPT_VER_FAILURE　-904，上报固件升级版本信息失败。

（5）hilink_ota_rpt_prg 函数。

```
int hilink_ota_rpt_prg(int progress, int bootTime);
```

① 函数描述：上报固件升级进度。向网关或手机 App 上报 Device 固件升级进度。目前此接口只记录上报事件，服务字段状态由 SDK 统一上报，大概延时 200 ms。建议升级进度至 100%后设备休眠 5 s 再重启。

② 参数。

- progress　[IN] progress 为[0,100]表示升级进度正常，progress=101 表示升级失败，progress=1 000 表示无法进行网络通信，progress=1 001 表示镜像网络下载异常，progress=1 002 表示校验失败，progress=1 003 表示写入失败。
- bootTime　[IN] bootTime 大于 0，表示设备重启等需要的时间。bootTime 对应无法计量升级进度，如版本写入、重启等，通过该时间上报升级完成的大概时间。

③ 返回值：SDK 定义的宏。

- #M2M_NO_ERROR　0，无错误。
- #M2M_OTA_RPT_PRG_FAILURE　-905，上报固件升级进度失败。
- #M2M_ARG_INVALID　-12，　传入参数无效。
- #M2M_UPLOAD_DISALBE　-803，只能在模式为网关和云时上传成功，否则返回失败。

8. 程序调用 HiLink Device SDK 初始化及运行接口

设备启动互联互通的流程如图 7-7 所示。其中，调用的函数 hilink_m2m_process 的内部实现如图 7-8 所示。

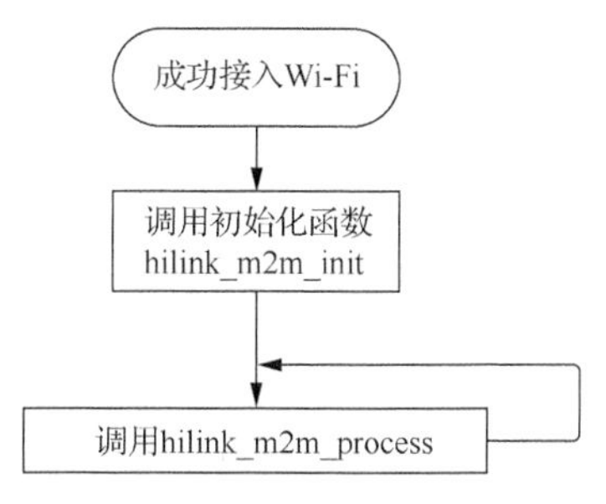

图 7-7　设备启动互联互通流程

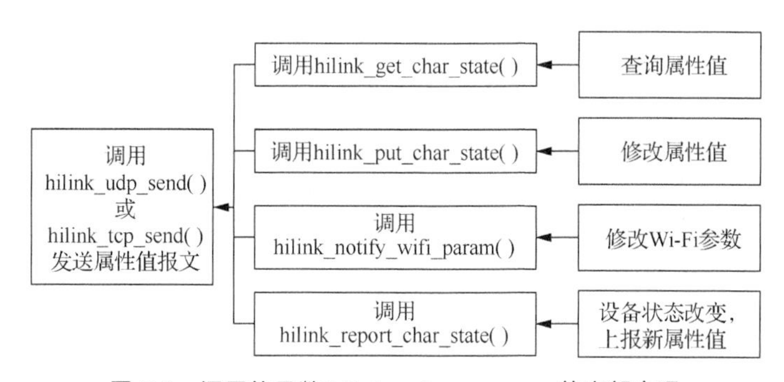

图 7-8　调用的函数 hilink_m2m_process 的内部实现

设备开发者需要调用 hilink_m2m_init 函数初始化 HiLink Device SDK 的互联互通功能模块。调用 hilink_m2m_init 函数时需传入 3 个参数：设备基本信息结构体指针、设备服务信息结构体指针数组及设备支持的服务数量。hilink_m2m_init 函数只能执行一次。初始化完成后，程序循环调用 hilink_m2m_process，时间间隔控制在 50 ms 内。

互联互通调用的 HiLink Device SDK API 如表 7-9 所示。

表 7-9　互联互通调用的 API

函数	备注
hilink_m2m_init	初始化设备
hilink_m2m_process	启动 HiLink Device SDK 开始状态机管理

续表

函数	备注
hilink_m2m_set_taskid	设置 task id
hilink_upload_char_state	上报服务状态
hilink_report_char_state	上报 report 能力属性状态

API 详细说明如下。

（1）hilink_m2m_init 函数。

```
int hilink_m2m_init(dev_info_t* dev_info, svc_info_t* svc, unsigned short svc_num);
```

① 函数描述：初始化 HiLink Device 设备信息、服务信息及服务个数。HiLink Device SDK 不会开辟内存用于存储 dev_info 和 svc，只会保存它们的指针。因此，SDK 运行时不能释放这两个指针。dev_info 指针不能为空，svc 指针不能为空，svc 指针对应的结构体数组个数必须与 svc_num 相等，函数的传入参数的正确性由设备开发者或厂商保证。

② 参数。

- dev_info [IN] 设备信息结构体指针。dev_info 指针不能为空，必须保证传入参数的正确性。
- svc [IN] 服务信息结构体数组指针。svc 指针不能为空，必须保证传入参数的正确性。
- svc_num [IN] 服务个数，即参数 svc 的大小，建议只支持一个，范围为[1，8]。svc 指针对应的结构体数组个数必须与 svc_num 相等，必须保证传入参数的正确性。

③ 返回值：为 0，表示 HiLink Device SDK 初始化成功；为-12，表示 HiLink Device SDK 传入参数非法；为-17，表示 HiLink Device SDK 读取 FLASH 错误，需要其调用接口进行异常处理。

（2）hilink_m2m_set_taskid 函数。

```
void hilink_m2m_set_taskid(int tid);
```

① 函数描述：设置 m2m main task id，在 hilink_m2m_process 循环之前调用。

② 参数：tid [IN] hilink_m2m_process 所在 taskid。

③ 返回值：为 0，表示设置成功；为非 0，表示设置失败。

（3）hilink_m2m_process 函数。

```
int hilink_m2m_process(void);
```

① 函数描述：启动 HiLink Device SDK 开始状态机管理，必须在 hilink_m2m_init 初始化成功后调用。

② 参数：无。

③ 返回值。

- 0 HiLink Device SDK 运行正常。
- -3 HiLink Device SDK 获取时间错误，需要其调用接口进行异常处理。
- -16 HiLink Device SDK 写 FLASH 错误，需要其调用接口进行异常处理。

- -17 HiLink Device SDK 读取 FLASH 错误，需要其调用接口进行异常处理。

其他详见 HiLink_error.h。

（4）hilink_report_char_state 函数。

```
int hilink_report_char_state(char* svc_id, char* payload, unsigned int len, int tid);
```

① 函数描述：服务字段状态发生改变主动上报到云平台（连接云平台时）或者 HiLink 网关（连接 HiLink 网关时）。仅具有 report 能力的属性字段使用此接口上报事件，只允许与 hilink_m2m_process 在一个任务中调用。

② 参数。

- svc_id [IN] 服务 ID。
- payload [IN] Json 格式的字段与其值。
- len [IN] payload 的长度。
- tid [IN] 接口调用所在 taskid，需同 m2m taskid，用于保证在同一任务中调用。

③ 返回值：为 0，表示服务状态上报成功；为非 0，表示服务状态上报不成功。

（5）hilink_upload_char_state 函数。

```
int hilink_upload_char_state(char* svc_id, char* payload, unsigned int len);
```

① 函数描述：服务字段状态发生改变主动上报到云平台（连接云平台时）或者 HiLink 网关（连接 HiLink 网关时）。设备在连接到 HiLink 网关或云平台时会主动上报一次服务所有字段的状态。目前此接口记录上报事件，服务字段状态由 HiLink Device SDK 统一上报，大概延时 200 ms。

② 参数。

- svc_id [IN] 服务 ID。
- payload [IN] Json 格式的字段与其值，此参数暂未使用，建议保留，设置为 NULL。
- len [IN] payload 的长度，范围为[0，512)，参数暂未使用，建议保留，设置为 0。

③ 返回值：为 0，表示服务状态上报成功；为非 0，表示服务状态上报不成功。

集成参考示例 hilinkmain.c 文件源代码。

7.1.6 执行程序

1. 将 SDK 库与其他程序链接

完成了上述步骤之后，将 HiLink Device SDK 库与设备的其他程序一起编译链接成可执行程序。

2. 程序异常重启功能的支持

为了保证 HiLink 设备长时间在线可被管理，开发者应在集成 SDK 的程序中加入看门狗机制，实现当程序或系统执行发生异常而挂死时，系统能自动重启恢复 HiLink 连接。

3. 为 SDK API 调用内存分配空间

开发者在调用 SDK 中的部分函数时需要自己分配内存空间，分配的空间过小会导致函数调用失败。代码如下。

```
int hilink_link_get_softap_ssid(const char* manu_name,
                                const char* device_name,
                                const char* device_id,
                                const char* device_sn,
                                char* device_ssid_out, unsigned int*
                                ssid_len_out);
```

参数 device_ssid_out 为函数输出 ssid 值的存储空间首地址，值存储空间由开发者分配。ssid 为 32 字节字符串，开发者分配的空间至少应为 33 字节，小于 33 字节会发生写越界。分配内存空间大小的函数如表 7-10 所示。

表 7-10　　分配内存空间大小的函数

函数名	参数	开发者分配内存空间最小值（字节）
hilink_link_get_softap_ssid	device_ssid_out	33
hilink_link_get_notifypacket	buffer_out	128

7.1.7　样例与调试

1. 样例代码

集成 HiLink Device SDK 样例代码目录结构如表 7-11 所示。

表 7-11　　样例代码目录结构

目录	文件名	文件说明
/	hilinkmain.c	集成 HiLink 互联互通样例代码
/include	hilink_cJSON.h	cJSON 接口
	hilink_osadapter.h	依赖运行平台接口
	hilink_process.h	设备信息接口
	hilink_profile.h	设备业务功能相关的适配接口
	hilink_socket.h	TCP/UDP 接口
	hilink_typedef.h	宏定义
/lib	libhilinkdevicesdk.a	SDK 库文件
/link	hilink_link.h	HiLink 互联互通 API
	hilink_link_sample.c	HiLink 智联快连组播/广播配网样例
	hilink_softap.c	HiLink 智联快连设备启动 SoftAP 配网样例
src	hilink_osadapter.c	依赖运行平台接口适配样例
	hilink_socket_stub.c	TCP/UDP 接口适配样例
	hilink_profile.c	设备业务功能相关的接口适配样例
	hilink_process.c	设备信息接口

2. 调试指导

厂商在完成设备版本开发后，需要进行功能调试，需要分别获取 HiLink 网关调试版本和智能家居 App 调试版本，智能家居调试 App 在 IoT 平台进入文档下载中心下载，HiLink 网关调试版本直接使用荣耀 Pro（WS851-10）最新的商用版本即可。进入 WS851-10 网页下的升级页面，确保网关已升级到最新版本。设备调试时，可参考《HiLink Device 认证测试指导书》完成设备基本功能的调试。

7.2　EMUI 智能家居 UX 设计

Emotion UI（EMUI）是华为基于 Android 开发的情感化操作系统。本节主要介绍如何利用 EMUI 下的界面设计工具 UI+进行智能家居的界面设计。

7.2.1　主要用途

UI+工具用于帮助开发者实现将开放的硬件在界面上进行显示和操控，主要包括以下几种用途。

（1）UI+工具根据功能定义直接以模板化生成，开发者可以基于模板进行个性化编排。

（2）在界面设计阶段可以扫描二维码在手机浏览器中预览效果。

（3）在固件开发阶段可以进行 UI 界面与设备联调。

7.2.2　主要步骤

1. 编辑设备展示属性

选中设备展示区，如图 7-9 所示。在弹出的图 7-10 所示的对话框中编辑设备展示相关属性。目前，“设备图片”选项只支持默认效果。“厂商 logo”选项中，logo 样式只支持手动输入品牌名称，支持中英文输入，系统将自动生成 logo 样式，工具将根据背景颜色变化 logo 字体颜色。

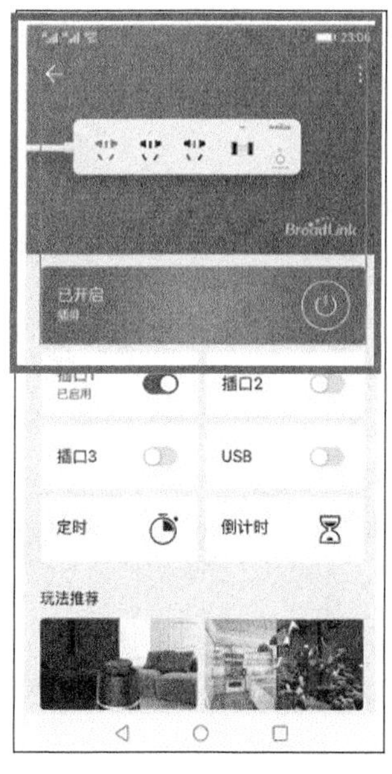

图 7-9　选中设备展示区

图 7-10　编辑设备展示相关属性

2. 编辑功能操作区属性

选中功能操作区，如图 7-11 所示。在弹出的图 7-12 所示的对话框中编辑功能操作区相关属性。其中，“+”为添加功能；“-”为删除功能；“功能”标签右侧的选项可切换功能模式；“显示”标签右侧的选项可进行“长卡片“和”短卡片”之间的切换；拖曳功能条可进行不同功能条上下顺序的调整。

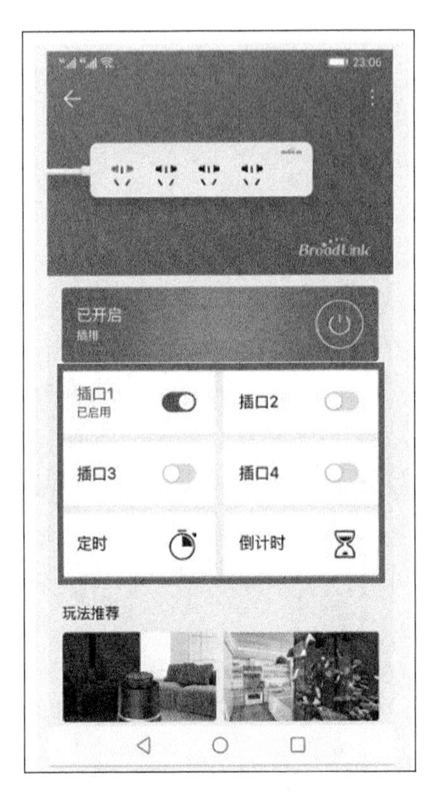

图 7-11　选中功能操作区

3. 编辑服务扩展区属性

选中功能操作区下方的服务扩展区，如图 7-13 所示。在弹出的图 7-14 所示的对话框中编辑服务扩展区相关属性，操作方法与功能操作区类似：“+”为添加模式；“-”为删除模式；“模式”标签右侧的选项可进行模式切换；在“标题”标签右侧的输入框中可为该模式命名；拖曳模式条可进行不同模式上下顺序的调整。

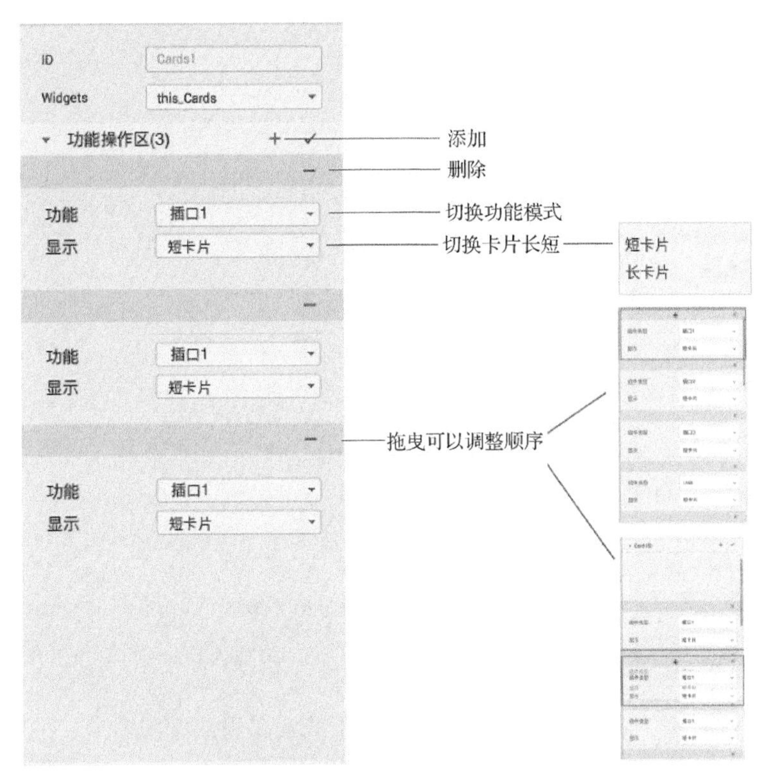

图 7-12　编辑功能操作区相关属性

图 7-13　选中服务扩展区

图 7-14　编辑服务扩展区相关属性

4. 生成界面效果

窗口下方提供了生成二维码扫描、保存、代码下载及高级编排版本入口的功能，如图 7-15 所示。

在手机中扫描二维码，输入验证码即可查看页面效果，如图 7-16 所示。

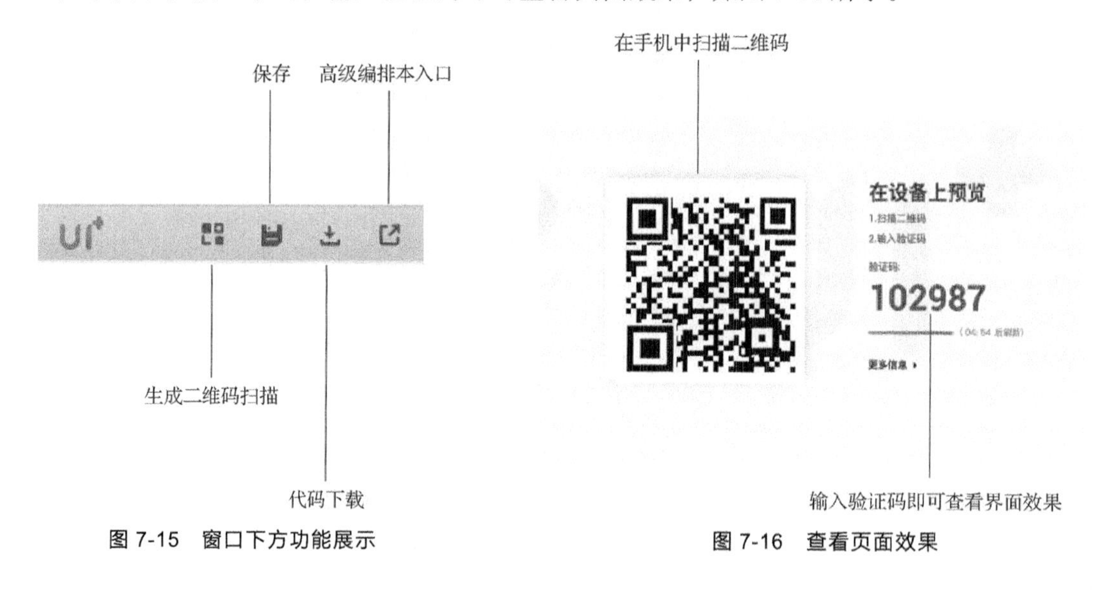

图 7-15　窗口下方功能展示

图 7-16　查看页面效果

7.3 Arduino

7.3.1 Arduino 简介

Arduino 是一款基于开放源码的 Simple I/O。Arduino UNO 开发板如图 7-17 所示，包含很多硬件及编程软件，这些硬件通常都已经带有兼容 Arduino 控制器的函数库，并且具有使用 Java、C 语言等软件的开发环境。Arduino 可以使用开发完成的电子元件（如转换器、传感器或其他控制器）、LED、步进马达或其他输出装置；也可以独立运作成为一个可以跟软件互通的界面，如 Flash、Processing、Max/MSP VVVV 或其他互动软件。

图 7-17　Arduino UNO 开发板

7.3.2　Arduino 的起源和发展

Arduino 由一个欧洲开发团队于 2005 年冬季开发。其设计初衷是让人们更加方便且成本更低地控制机器人。开发完成后，该团队将设计图放到了网上，为了保持设计的开放源码理念，他们采用 Creative Commons（CC）的授权方式公开了硬件设计图。在这样的授权下，任何人都可以生产电路板的复制品，甚至还能重新设计和销售原设计的复制品。

Arduino 发展至今，已经有多种型号及众多衍生控制器推出，是硬件开发的趋势。Arduino 简单的开发方式使得开发者更关注创意与实现，更快地完成自己的项目开发，大大节约了学习的成本、缩短了开发的周期。越来越多的专业硬件开发者在使用 Arduino 开发项目、产品，越来越多的软件开发者使用 Arduino 进入硬件、物联网等开发领域。

7.3.3　Arduino 的特点

Arduino 具有以下特点。

（1）采用 Open Source 电路图设计+程式开发界面。

（2）免费下载，也可依需求自己修改。

（3）Arduino 可使用 ISCP 线上烧录器，自我将新的 IC 晶片烧入 bootloader。

（4）可简单地与感测器、各式各样的电子元件连接，如红外线、超声波、热敏电阻、光敏电阻等。

（5）支持多样的互动程式，如 Flash、Max/MSP、VVVV、PD、C、Processing 等。

（6）使用低价格的微处理控制器 ATMEGA8/168/328。

（7）USB 接口，不需要外接电源，另外提供 9V DC 输入。

（8）应用方面，利用 Arduino，突破以往只能使用鼠标、键盘、CCD 等输入装置互动的限制，可以更简单地达成单人或多人游戏互动。

7.3.4 Arduino 的应用现状

现在的 Arduino 已经在更多领域展现了自身价值——它拥有几乎任何单片机都难以比拟的函数库，且各种传感器都具有惊人的通用性，这使得 Arduino 虽然主要是硬件，但是比传统硬件离程序员更近了。

7.3.5 开发实例

本小节以一个基于 Arduino 的智能温度报警器为实例介绍基于 Arduino 的开发设计过程。

（1）配件准备：温度检测传感器 LM35DZ 和 Arduino。

（2）电路原理图如图 7-18 所示。

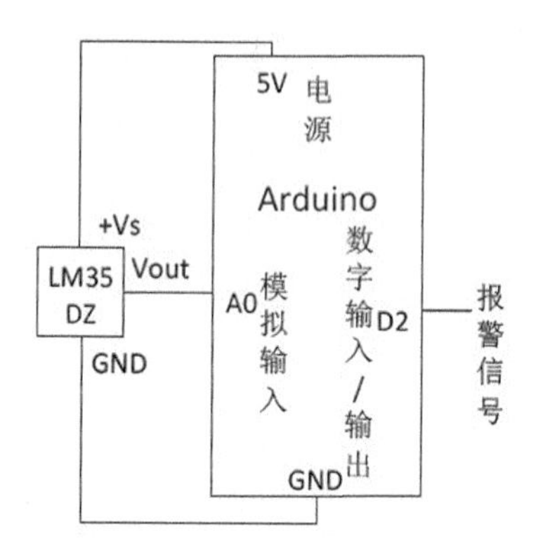

图 7-18 基于 Arduino 的智能温度报警器电路原理图

关键代码如下。

```
int LM35 = A0;
int LED = 2;
void setup() {
   Serial.begin(9600);
}
void loop() {
   float temp0 = (5.0*analogRead(LM35)*100.0)/1024;
   delay(1000);
   float temp1 = (5.0*analogRead(LM35)*100.0)/1024;
   delay(1000);
   if(temp1-temp0>=1.0)
   {
      float temp0 = (5.0*analogRead(LM35)*100.0)/1024;
      delay(100);
      float temp1 = (5.0*analogRead(LM35)*100.0)/1024;
      delay(100);
      float temp2 = (5.0*analogRead(LM35)*100.0)/1024;
      delay(100);
      float temp3 = (5.0*analogRead(LM35)*100.0)/1024;
      delay(100);
      float temp4 = (5.0*analogRead(LM35)*100.0)/1024;
```

```
        delay(100);
        float temp5 = (5.0*analogRead(LM35)*100.0)/1024;
        delay(100);
        float temp6 = (5.0*analogRead(LM35)*100.0)/1024;
        delay(100);
        float temp7 = (5.0*analogRead(LM35)*100.0)/1024;
        delay(100);
      if(temp7>temp6&temp6>temp5&temp5>temp4&temp4>temp3&temp3>temp2&temp2>temp1&
      temp1>temp0)
        {digitalWrite(LED,HIGH);}
    }
}
```

7.4 Android Things

7.4.1 Android Things 简介

Google 于 2016 年 12 月推出了物联网操作系统 Android Things。它可以运行在智能门锁、智能空调、智能照明灯、安全摄像头等设备上。Google 的理念是通过 Android Things 让 Android 开发者与公司能够以他们过去的开发方式继续开发物联网硬件设备。Android Things 使用和 Android 开发一样的工具——Android 框架和 Google APIs，结合 Google 为物联网推出的通信协议 Weave。Android Things 将会在 Google 的物联网战略中发挥重要作用。Android Things 的系统架构如图 7-19 所示，可以看出，Android Things 在核心 Android 框架之外扩展了 Things Support Library 的 API。这些 API 允许应用程序在移动设备上集成所没有的新类型的硬件。

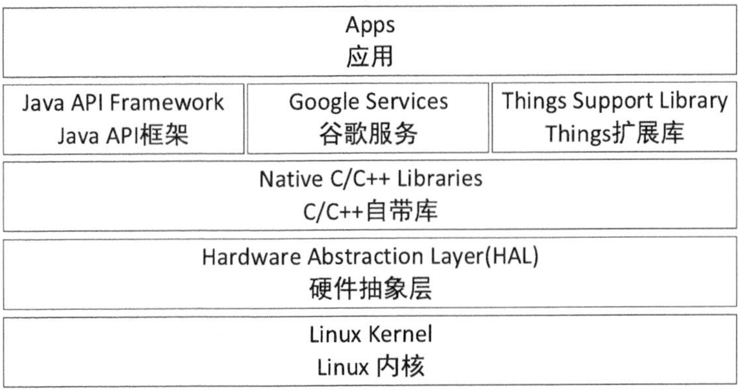

Apps 应用		
Java API Framework Java API框架	Google Services 谷歌服务	Things Support Library Things扩展库
Native C/C++ Libraries C/C++自带库		
Hardware Abstraction Layer(HAL) 硬件抽象层		
Linux Kernel Linux 内核		

图 7-19　Android Things 的系统架构

Android Things 的开发类似于传统的 Android 移动端设备的开发，涉及使用 Android 框架和工具编写应用程序，只需要一个 FLASH 中安装有 Android Things OS 的开发板和所需的外设。相对于核心的 Android 操作系统，Android Things 有几个关键不同点。开发者需要通过以后不断的学习来了解关键概念。Android Things 与 Android 移动端应用开发使用相同的集成开发工具、开发框架、谷歌 API，使基于嵌入式设备的 Android Things 应用开发变得非常容易。Android

Things 在核心 Android 框架之外扩展了 Things Support Library 的 API。这些 API 允许应用程序在移动设备上集成所没有的新类型的硬件。Android Things 平台为满足单一应用程序使用场景而进行了精简，所以不像 Android 系统上存在系统 App。

7.4.2 Android Things 硬件平台支撑

在开始开发之前需要一个支持开发板，官网给出 Android Things 支持的开发板如图 7-20 所示。

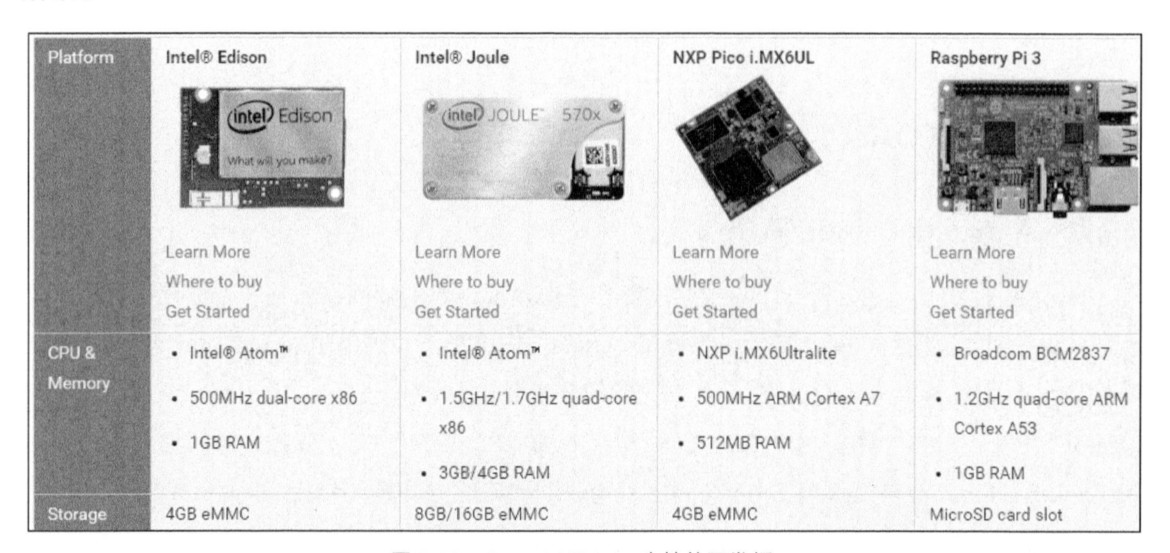

Platform	Intel® Edison	Intel® Joule	NXP Pico i.MX6UL	Raspberry Pi 3
	Learn More Where to buy Get Started	Learn More Where to buy Get Started	Learn More Where to buy Get Started	Learn More Where to buy Get Started
CPU & Memory	• Intel® Atom™ • 500MHz dual-core x86 • 1GB RAM	• Intel® Atom™ • 1.5GHz/1.7GHz quad-core x86 • 3GB/4GB RAM	• NXP i.MX6Ultralite • 500MHz ARM Cortex A7 • 512MB RAM	• Broadcom BCM2837 • 1.2GHz quad-core ARM Cortex A53 • 1GB RAM
Storage	4GB eMMC	8GB/16GB eMMC	4GB eMMC	MicroSD card slot

图 7-20 Android Things 支持的开发板

除图 7-20 中所列的开发板外，考虑到开发板的价格因素，Arduino 也是 Android Things 很好的支持板。

7.4.3 Android Things 的特点

（1）用户界面是可选的。Android Things 支持图形用户界面。在图形模式下，应用程序窗口占用了全部显示区域。在没有图形显示的界面上，Activity 仍然是 Android Things 的应用程序 App 的主要组件。

（2）权限请求。Android Things 不支持在运行时请求权限，因为不能保证嵌入式设备有一个 UI 来接收运行时的对话框，需要在清单文件 manifest 中声明权限，在安装的时候被授予。同理，Android Things 硬件设备没有系统范围的状态栏和窗口阴影，不支持通知，所以应当避免在应用中调用 Notification Manager APIs。

（3）效率高。使用 Android Studio 开发和调试程序，直接可以在物联网硬件上运行，提高了开发效率。

（4）机器学习能力。支持 TensorFlow，能够将深度学习应用到物联网领域，提高了物联网设备的智能性。

（5）安全性。通过 Cloud IoT 云平台进行安全管理，依靠 Google 的安全团队技术，提高了物联网产品的使用安全性，减少了数据泄露和被攻击的概率。

7.4.4 Android Things 的应用现状

Android Things 可以被部署在多个物联网领域，如智慧城市、车联网、智能音箱等，但目前受开发板成本的限制，Android Things 还没有开始在商业市场上大规模应用。

7.4.5 Android Things 的开发

Android Things 的开发主要包含以下主要步骤。

（1）更新 SDK 工具，版本要求为 24 或更高。

（2）下载并安装最新版 Android Studio。

（3）将项目模板示例项目导入 Android Studio。

（4）连接电路板并验证是否可以通过 adb 访问设备。

（5）将示例项目部署到开发板，并验证是否可以使用 logcat 查看活动消息。

（6）Android Things 需要的支持库不是公共 Android SDK 的，所以要自行在应用程序中声明支持依赖。

```
dependencies{
...
provided 'com.google.android.things:androidthings:0.4.1-devpreview'
}
```

将 Things 共享库条目添加到应用程序的清单文件中。

```
<application ...>
<uses-library android:name="com.google.android.things"/>
...
</application>
```

给 Activity 添加 action 筛选器。

```
<application android:label="@string/app_name">
 <uses-library android:name="com.google.android.things"/>
 <activity android:name=".HomeActivity">
     <!--Launch activity as default from Android Studio-->
     <intent-filter>
         <action android:name="android.intent.action.MAIN"/>
         <category android:name="android.intent.category.LAUNCHER"/>
     </intent-filter>

     <!--Launch activity automatically on boot-->
     <intent-filter>
         <action android:name="android.intent.action.MAIN"/>
         <category android:name="android.intent.category.IOT_LAUNCHER"/>
         <category android:name="android.intent.category.DEFAULT"/>
     </intent-filter>
 </activity>
</application>
```

7.4.6 开发实例

本小节以一个通过 App 操作界面设置 LED 灯的开和关，并通过滑动栏控制开灯的闪烁频率为例展示 Android Things 的开发过程。

1. 硬件准备

树莓派，面包板，红、黄、蓝 LED 灯各 1 个，电阻 3 个，杜邦线若干，HDMI 接口显示屏 1 个。

2. 软件开发环境配置

（1）Android Studio3.0 对 Android Things 提供支持，可在谷歌开发者官网下载。

（2）打开 Android Studio，新建一个项目，设置目标 Android 设备为“Android Things”，并选择合适的 API 版本，如图 7-21 所示。

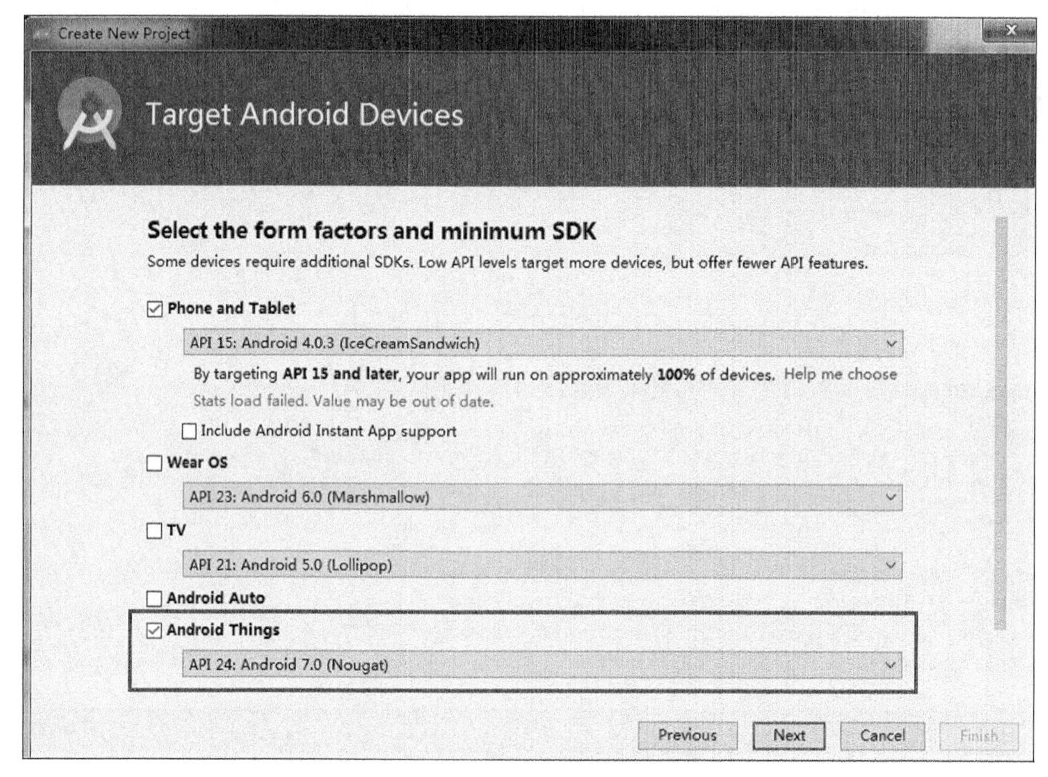

图 7-21 Android Studio 开发环境配置

3. 关键代码

实现的原理是获取连接在 GPIO 的引脚对象，通过该对象去访问连接在灯上的引脚 BCM6，然后进行 true/false 的值的设置来控制接通/关闭引脚（true 表示接通，false 表示断开），从而实现对灯的管理。

（1）定义一个 PeripheralManagerService 对象，PeripheralManagerService 是负责管理外设连接的类。

（2）定义一个 Gpio 对象，用于读取输入设备（如按钮开关）的二进制状态和控制二进制输出设备（如 LED 灯）的开关状态。PeripheralManagerService 对象的 openGpio 方法用于打开指定引脚名字的 Gpio 对象。

（3）通过 Gpio 对象的 setDirection 方法来设置 BCM6 引脚为输出信号引脚。

（4）调用 Gpio 对象的 setValue（true）方法打开 LED，或者调用 setValue（false）方法关闭 LED。

（5）调用 Gpio 对象的 close()方法关闭端口的连接，释放资源。

本案例的运行结果如图 7-22 和图 7-23 所示。

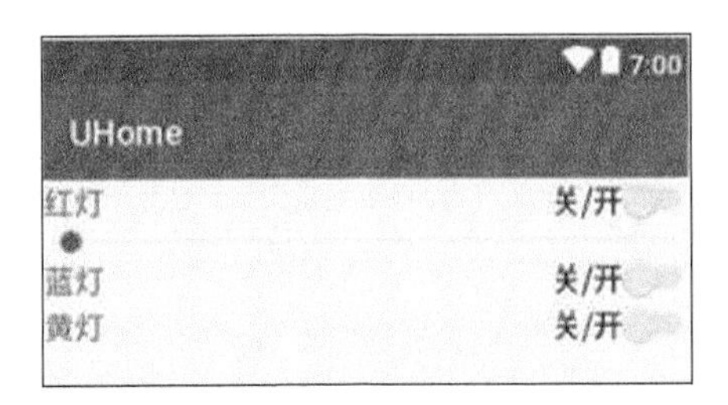

图 7-22　案例运行结果主界面

图 7-23　实际效果图像

本章小结

本章首先介绍了华为 HiLink Device SDK 的架构和智能硬件接入的主要步骤，接着介绍了 HiLink Device SDK 的两大功能模块，以及智联快连的两种组网方式，其中，详细介绍了每个模块的集成流程和适配接口；然后介绍了执行程序流程及样例结构和调试指导；之后介绍了 EMUI 智能家居界面设计工具 UI+的使用方法；最后介绍了两种常见的开发环境。

通过本章的学习，读者应对华为 HiLink Device SDK 的架构和智能硬件接入的主要步骤有深刻的理解，对 HiLink Device SDK 两大功能模块的功能和构成有细致的了解，掌握每个模块的集成流程、适配 SDK 的 API，尤其对于函数功能、参数的意义要有清晰的认识，以便于在以后遇到新的函数、新的接口时能够快速理解和上手实现。读者还需要掌握 UI+界面设计工具的使用，对常见开发环境有一定的了解。

思考与练习

1. 什么是华为 HiLink Device SDK？

2. UI 开发工具是如何“赋能”开发者平台的？

3. 当前 HiLink 开发者平台支持哪些接入方式？

4. 企业开发者自助进行开发认证的主要工作有哪些？整个开发认证周期是多长？

5. 根据本章给出的代码和第 8 章中的样例，实际操作 HiLink Device SDK 库的下载、编译、执行和调试全过程。

第 8 章 智能家居系统开发样例

学习目标

① 熟悉 HiLink 产品开发流程。
② 掌握 HiLink Device SDK 库的使用，能够进行 API 适配、编译、执行和调试。
③ 掌握 App H5 的开发和 JSAPI 的使用。
④ 能够开发一个简单的智能家居系统。

前面几章分别从架构、智能单品、产品开发流程的角度介绍了智能家居平台及其组成，讲解了组网方法、硬件接入方法。本章将通过多个样例一步步带领读者进行智能家居的开发实战。

8.1 HiLink 产品开发流程

HiLink 提供了基于云到端的整套智能家居解决方案，可以快速构建智能硬件并与 HiLink 生态圈内的硬件互联互通。本节通过开发样例带领读者按步骤体验开发流程，使读者对开发过程中的操作细节有所了解。

8.1.1 HiLink 产品创建指导

（1）首先打开华为 HiLink 官网主页，如图 8-1 所示。

（2）单击右上角的“加入联盟”按钮，打开华为 HiLink 开发主页，如图 8-2 所示。

（3）单击“注册”按钮，进入注册页面，如图 8-3 所示。可通过单击左上角的“手机号”按钮或“电子邮箱”按钮来选择不同的注册方式。

（4）在注册页面中填入手机号或邮箱信息，验证后，单击“注册”按钮，弹出“华为账号通知”窗口，如图 8-4 所示。

图 8-1　华为 HiLink 官网主页

图 8-2　华为 HiLink 开发主页

图 8-3　华为 HiLink 注册页面

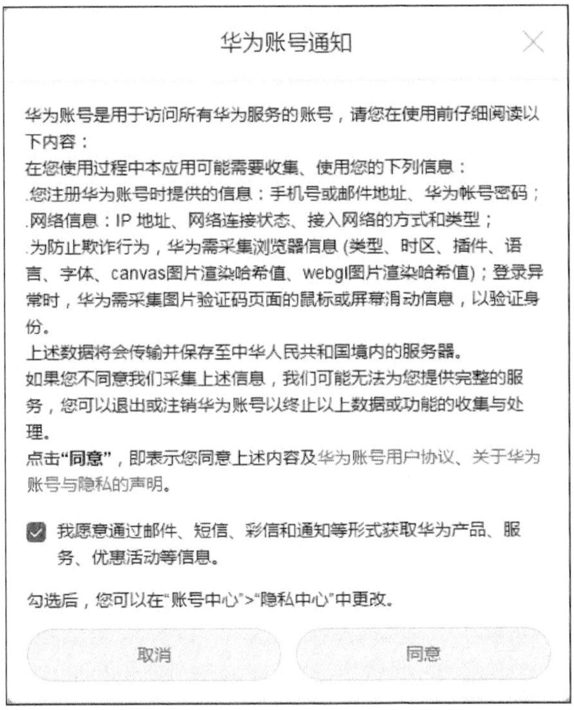

华为账号通知
华为账号是用于访问所有华为服务的账号，请您在使用前仔细阅读以下内容：
在您使用过程中本应用可能需要收集、使用您的下列信息：
.您注册华为账号时提供的信息：手机号或邮件地址、华为帐号密码；
.网络信息：IP 地址、网络连接状态、接入网络的方式和类型；
.为防止欺诈行为，华为需采集浏览器信息 (类型、时区、插件、语言、字体、canvas图片渲染哈希值、webgl图片渲染哈希值)；登录异常时，华为需采集图片验证码页面的鼠标或屏幕滑动信息，以验证身份。
上述数据将会传输并保存至中华人民共和国境内的服务器。
如果您不同意我们采集上述信息，我们可能无法为您提供完整的服务，您可以退出或注销华为账号以终止以上数据或功能的收集与处理。
点击“同意”，即表示您同意上述内容及华为账号用户协议、关于华为账号与隐私的声明。
我愿意通过邮件、短信、彩信和通知等形式获取华为产品、服务、优惠活动等信息。
勾选后，您可以在“账号中心”>“隐私中心”中更改。
取消
同意

图 8-4　“华为账号通知”窗口

（5）单击“同意”按钮，跳转到 HiLink 生态授权并登录页面，如图 8-5 所示。单击“授权并登录”按钮，跳转回图 8-2 所示页面。

HiLink生态
登录后应用将获得以下权限
• 获得您的公开信息（头像、昵称等）
分享给HiLink生态的数据由第三方隐私声明管辖。你可以在任何时候通过华为帐号的设置来取消授权。
取消
授权并登录

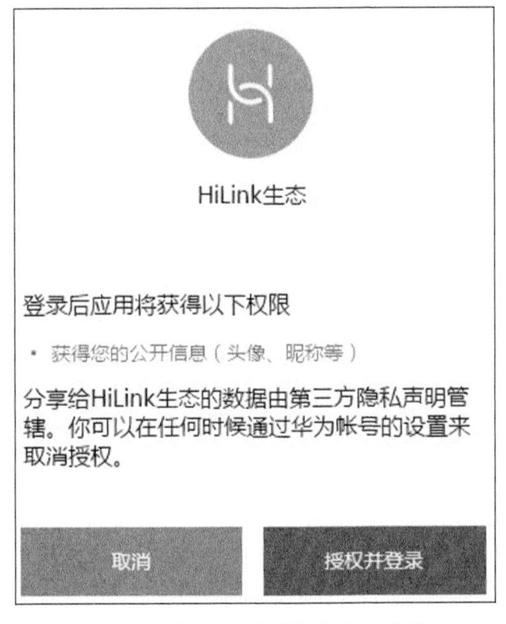

图 8-5　HiLink 生态授权并登录页面

（6）登录华为 HiLink 认证平台后，在图 8-2 所示页面中单击“跳入开发者联盟”按钮，进入开发者桌面，如图 8-6 所示。

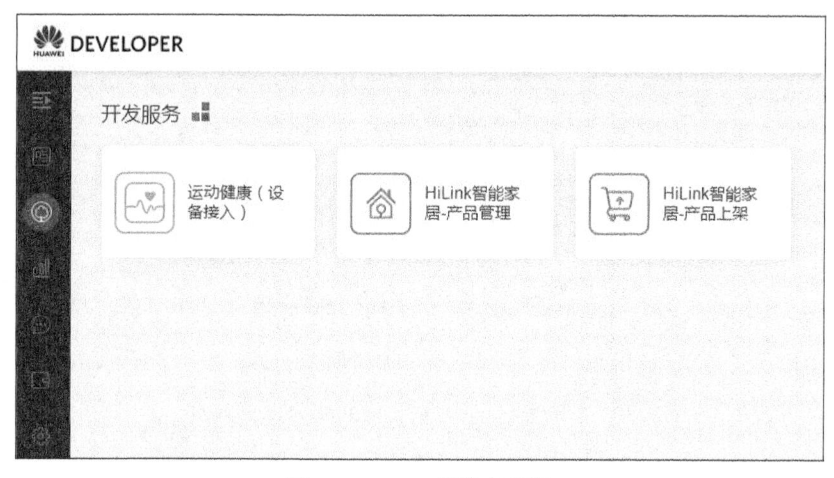

图 8-6　HiLink 开发者桌面

（7）选中左侧菜单栏中的“生态服务”选项，右侧出现“开发服务”界面，如图 8-7 所示。

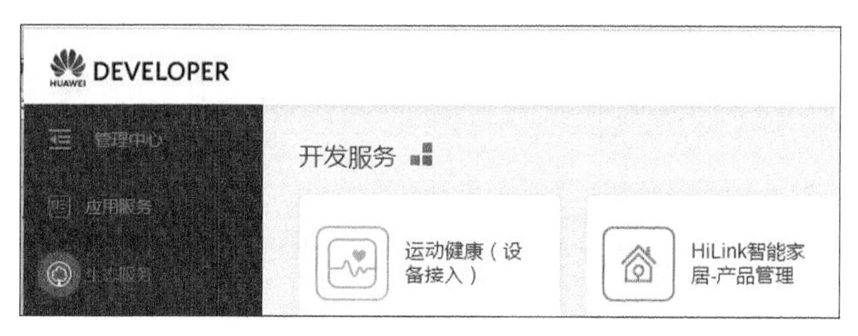

图 8-7　“开发服务”界面

（8）单击“HiLink 智能家居-产品管理”按钮，进入智能家居产品管理界面，如图 8-8 所示。

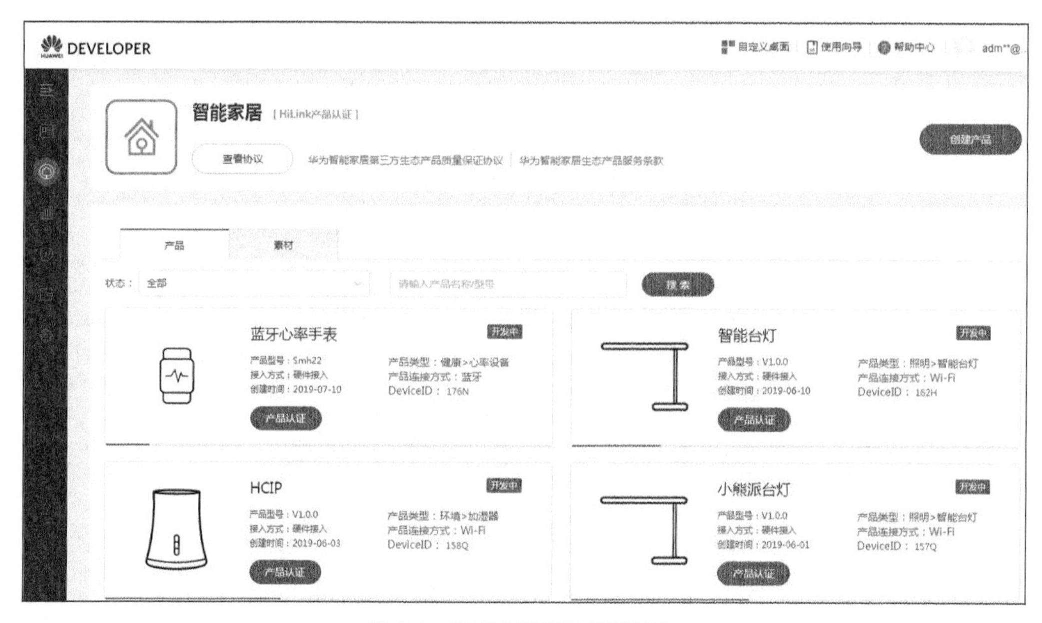

图 8-8　智能家居产品管理界面

（9）单击“创建产品”按钮，弹出创建产品类型选择窗口，如图 8-9 所示。

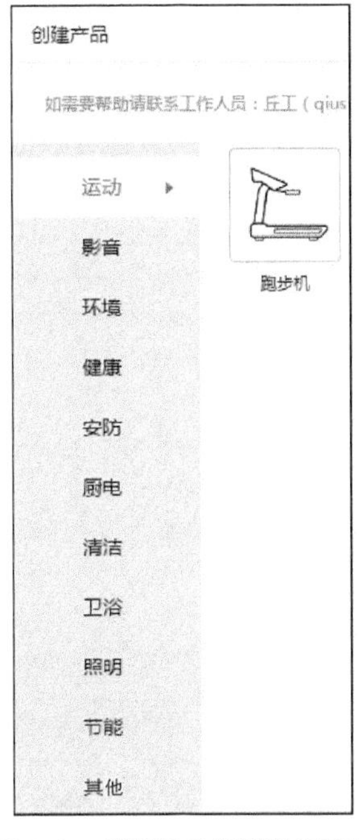

图 8-9　创建产品类型选择窗口

（10）在左侧菜单栏中单击选择某一个产品大类后，在右侧会出现相应的产品具体类型界面。以创建安防类产品为例，选中“安防”选项，右侧出现图 8-10 所示的界面。

图 8-10　创建安防类产品界面

备注：如果所选产品无法找到或所选产品处于“开发中”，请发邮件到相应界面中显示的华为工作人员的邮箱。

（11）以创建网络摄像头为例，选中“网络摄像头”选项，之后单击界面底部的“下一步”按钮，会弹出“创建产品”的对话框。在产品创建基本信息对话框中，分别填写产品的接入方式、品牌名称、产品名称、产品英文名称、产品连接方式、产品型号、产品硬件版本号、产品升级描述、上市时间等基本信息，如图 8-11 所示。

图 8-11　创建网络摄像头

（12）单击底部的“创建产品”按钮，完成产品的创建，弹出图 8-12 所示的对话框。

图 8-12　产品创建成功对话框

8.1.2　HiLink 产品设置指导

产品创建成功后，需要对其进行设置，包括定义其功能、设计其界面、对固件/接口进行开发，之后进行产品配置和认证。本小节继续以网络摄像头的案例进行产品设置流程的指导。

在产品创建成功对话框中单击“立即前往”按钮，进入产品设置界面，如图 8-13 所示。界面上半部分展示出了所有环节，包括功能定义、界面设计、接口开发、产品配置、产品认证 5 个环节。需要说明的是，在产品创建环节，接入方式分为“硬件接入”和“云云对接”。若选择

“硬件接入”，则在后续创建过程中进行“固件开发”环节；若选择“云云对接”，则在后续创建过程中进行“接口开发”环节。本例中，在产品创建过程中选择了“云云对接”，故在产品设置界面上显示的是“接口开发”。下一小节将介绍选择“硬件接入”的例子。

（1）单击“添加”按钮，可对标准功能、自定义功能和基础功能进行添加。

图 8-13　产品设置界面

（2）功能定义完成后，单击“界面设计”按钮，进入 App 的设计与开发界面，如图 8-14 所示。参照本书 7.2 节“EMUI 智能家居 UX 设计”的讲解进行 UI 界面的设计与开发，并上传 H5 文件包。

图 8-14　设计与开发界面

（3）单击“接口开发”按钮，进入接口开发界面，如图 8-15 所示。

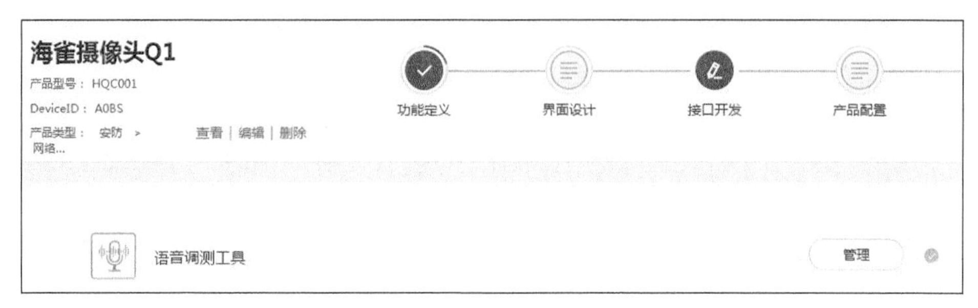

图 8-15　接口开发界面

（4）本例中，网络摄像头提供语音控制接口，故在接口开发环节有“语音调测工具”按钮。单击“管理”按钮，进入调测对话框，如图 8-16 所示。

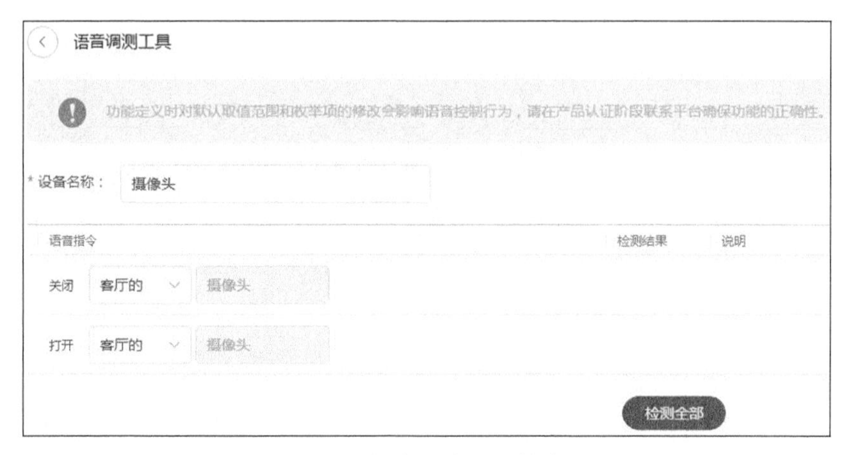

图 8-16　语音调测工具对话框

（5）接口开发完成后，单击“产品配置”按钮，进入产品配置界面，如图 8-17 所示。

图 8-17　产品配置界面

（6）单击“配网信息”栏中的“管理”按钮，弹出图 8-18 所示的对话框，在对话框中上传配置文件和图片。

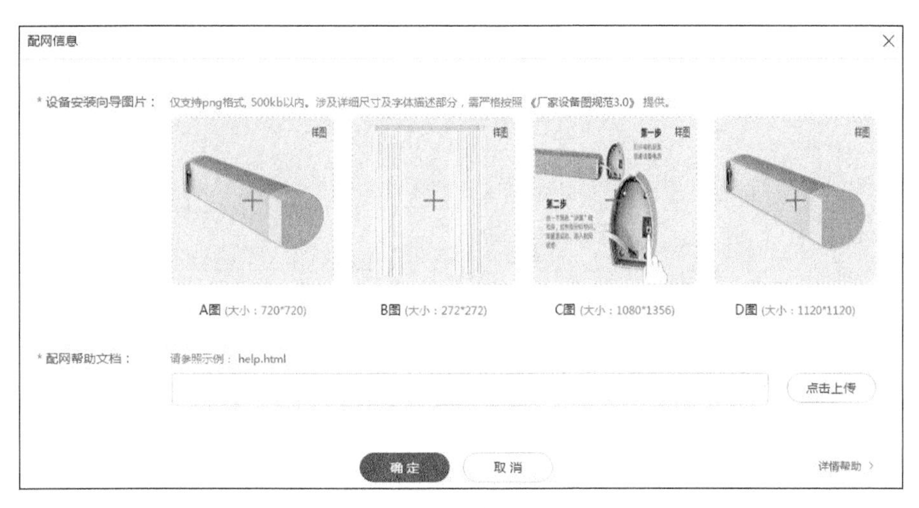

图 8-18　配网信息对话框

（7）单击图 8-17 中“产品状态图配置”栏中的“管理”按钮，弹出图 8-19 所示的对话框，在对话框中上传配置图片。

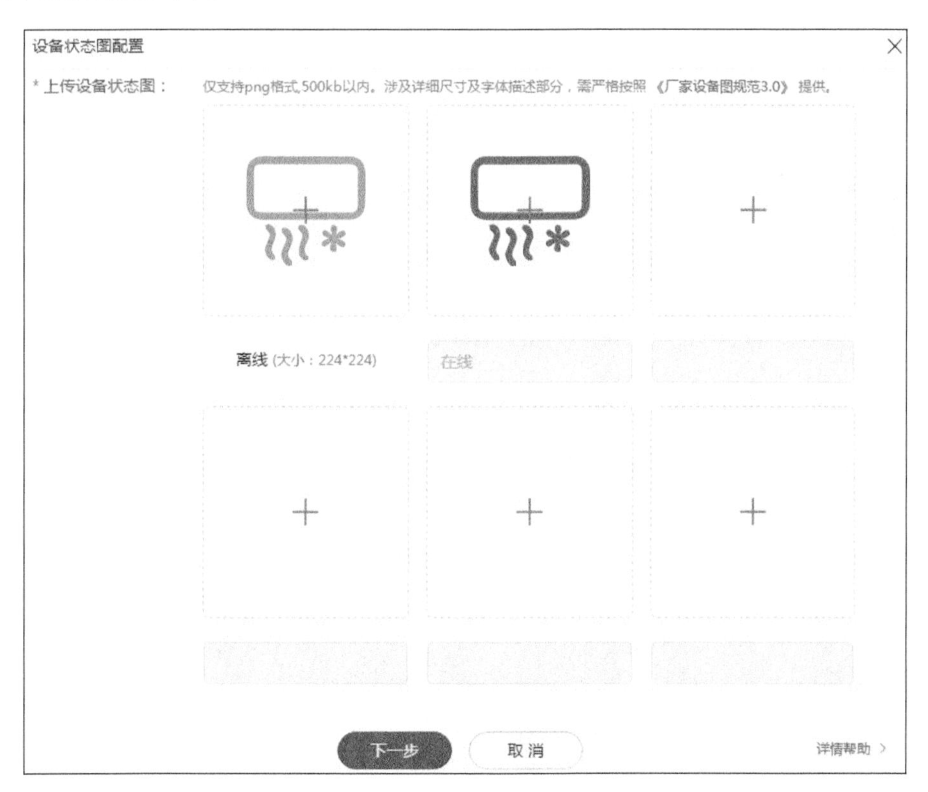

图 8-19　设备状态图配置对话框

（8）单击图 8-17 中“设备联动配置”栏中的“管理”按钮，弹出图 8-20 所示的对话框，在对话框中上传配置文件。

图 8-20　设备联动配置对话框

（9）完成产品配置后，单击图 8-13 中显示的“产品认证”按钮，弹出产品认证资料对话框，如图 8-21 所示，填写产品认证资料。

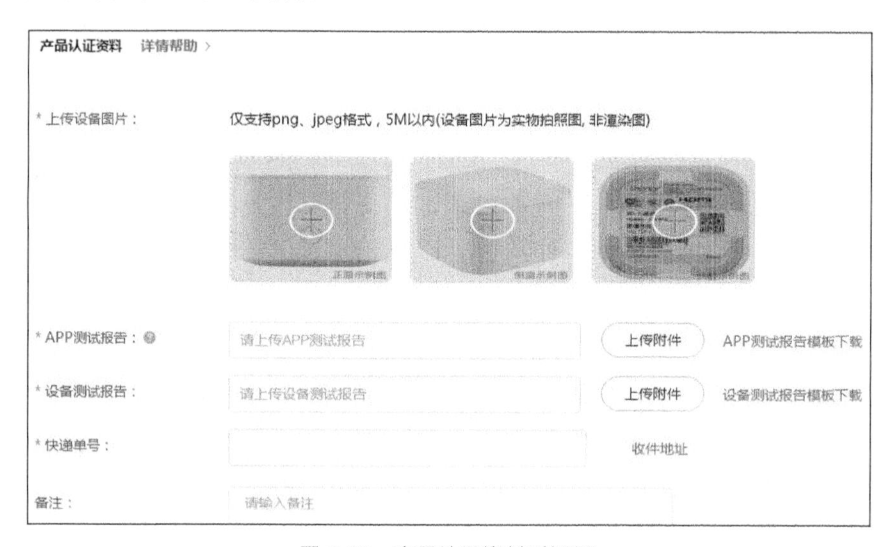

图 8-21　产品认证资料对话框

（10）单击图 8-13 中显示的“进度详情”按钮，可查看该产品开发的进度，出现图 8-22 所示的页面。

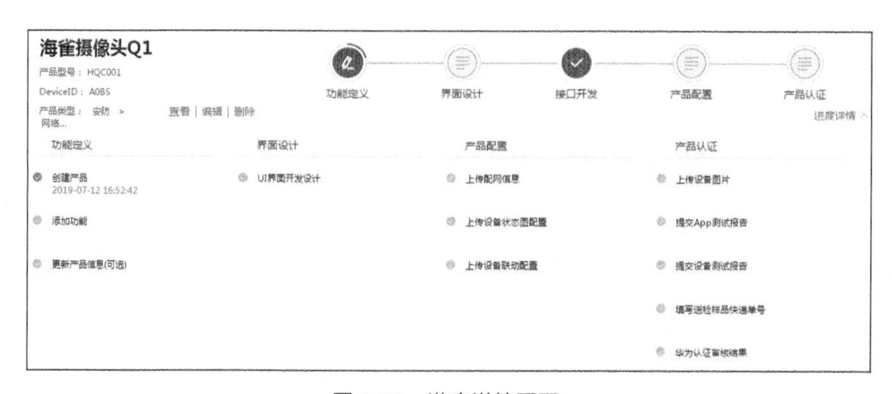

图 8-22　进度详情页面

8.1.3　HiLink Device 固件开发指导

在 8.1.1 小节的产品创建案例中，在接入方式中选择的是“云云对接”，因此在 8.1.2 小节中第 3 个步骤是“接口开发”。本小节展示在产品创建环节中选择“硬件接入”方式后，在产品设置中进行“固件开发”的步骤。

（1）在图 8-10 所示的创建产品对话框中，选中“照明”选项，右侧出现图 8-23 所示的界面。

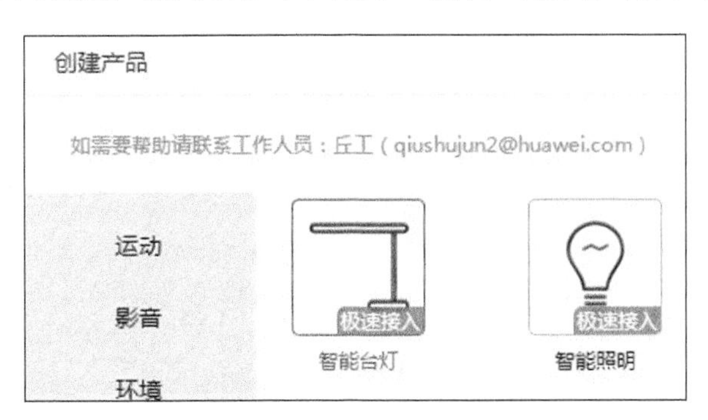

图 8-23　创建照明产品界面

（2）选中“智能台灯”选项，之后单击对话框下方的“下一步”按钮，弹出“创建产品”对话框，如图 8-24 所示。选中“硬件接入”选项，然后填入相应的信息，单击“创建产品”按钮。

图 8-24　创建产品对话框

（3）创建产品后进入产品设置界面，如图 8-25 所示。

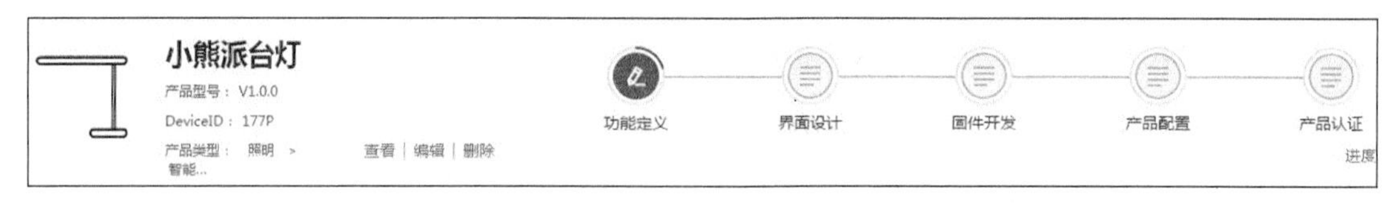

图 8-25 产品设置界面

（4）“功能定义”“界面设计”“产品配置”“产品认证”的步骤与 8.1.2 小节介绍的相同，在此不再赘述。与前不同的是，因为本产品的接入方式是硬件接入，本例中产品设置第 3 步是“固件开发”。单击“固件开发”，出现固件开发界面，包括选择开发方式和模组、下载 SDK 模块和固件上传模块。选择开发方式和模组模块界面如图 8-26 所示。

图 8-26 选择开发方式和模组界面

（5）在“选择模组”中，从“模组品牌”下拉列表中选择要开发产品使用的模组，如图 8-27 所示。

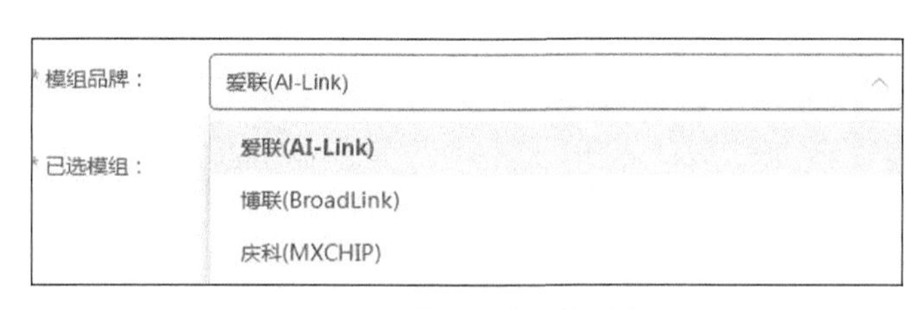

图 8-27 模组品牌下拉列表

（6）在图 8-28 所示的“MCU 程序开发测试”模块界面中，单击“MCU SDK 下载”，下载 SDK 开发所需材料。所含的材料包括 SDK 开发包、数据点文档（该文件罗列了 profile 对应的功能点信息）、需要执行的所有测试用例文件、认证测试指导说明书及自认证测试用例。开发完成后，用华为提供的华为智能家居开发调试 App 和华为智能家居自认证测试 App 进行调试和测试，可以通过扫描界面右侧的二维码获取 App。

图 8-28　MCU 程序开发测试模块界面

（7）开发包由以下几个部分组成。

① doc 目录：MCU SDK 集成指导书等文档。

② hilink_mcu_sdk 目录：HiLink MCU SDK 代码。

③ ××××.json 文件：设备功能描述 json 文件，用于用户直接阅读参考。

（8）在图 8-29 所示的“上传固件”模块界面中，补全所有固件信息。其中，带*号的为必填项。

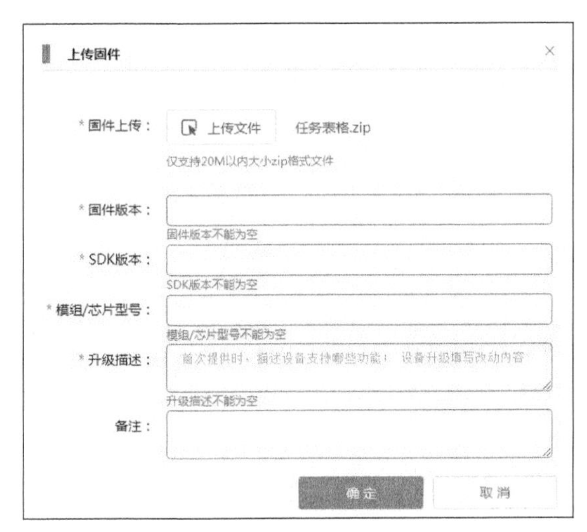

图 8-29　上传固件模块界面

① 单击“上传文件”按钮，选择本地固件进行上传。

② 在“固件版本”框中填写固件版本号（固件版本指和产品配套使用的软件版本、安装包或升级文件版本）。

③ SDK 版本：填写下载的 SDK 版本号。

④ 模组/芯片型号：填写产品和该固件配套使用的模组及芯片型号。

⑤ 升级描述：首次提供版本，需描述设备支持的具体功能。版本更新时，需填写升级改动内容。

建议格式如下：

【新增功能】×××

【修复 Bug】×××

（9）所有信息填写完毕后，单击“确定”按钮即可完成固件上传。

8.2 HiLink Device SDK 应用实例

本节通过智能灯泡和智能开关两个实例介绍 SDK 应用开发过程。

8.2.1 智能灯泡实例

智能灯泡运行了 HiLink Device SDK 后，HiLink Device SDK 会将灯泡所提供的服务自动注册到智能家居网关或云上，这个过程即设备入网。本小节介绍如何将智能灯泡添加进 App 设备并解释 profile 中各项参数的含义及取值范围。

（1）包含智能灯泡的智能家居组网示意图如图 8-30 所示。

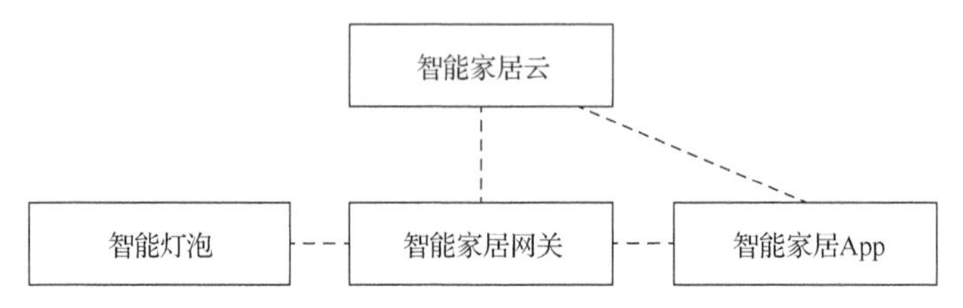

图 8-30 包含智能灯泡的智能家居组网示意图

（2）用户可以通过智能家居 App 添加设备，添加的流程如图 8-31 所示。

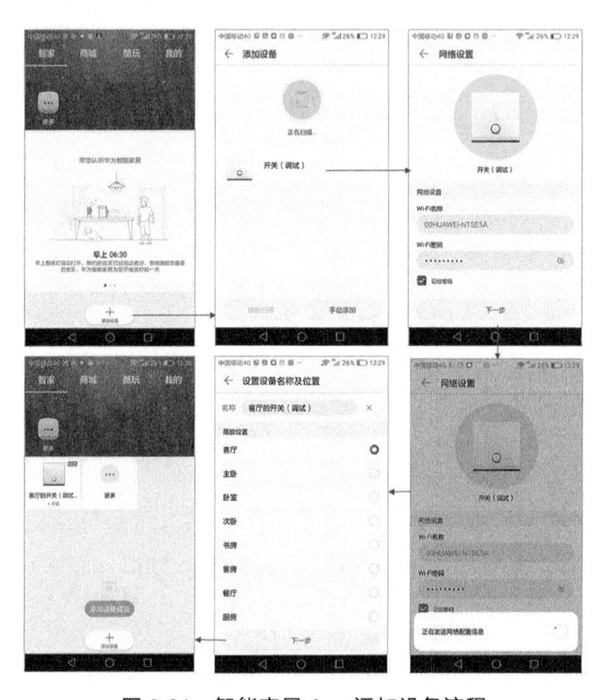

图 8-31 智能家居 App 添加设备流程

（3）当设备入网正常并成功启用服务后，用户就可以通过智能家居 App 查看当前联网的设备状态，并进行设置，如设置“打开/关闭灯泡”和“调节灯泡亮度”等功能。

（4）灯泡 profile 的 JSON 描述如下。其中各参数的含义及取值范围如表 8-1 所示。

```
{
    "on":"1",    //点亮灯泡
    "brightness":"80",    //灯泡亮度为 80%
    "hue":"200",    //设置灯泡的颜色
    "colorTemperature":"5000",    //设置灯泡的色温
}
```

表 8-1　　灯泡 profile 各参数含义及取值范围

参数	含义	值
on	开关状态	1 为开，0 为关
brightness	亮度	亮度百分比
hue	颜色	颜色值 0～360
colorTemperature	色温	2 000～6 500 K

8.2.2　智能开关实例

上一章介绍了 HiLink 中配网和互联互通等功能，继而介绍了 HiLink SDK 库、HiLink Device SDK 开发指南，包括业务头文件、配网头文件及详细的函数说明。本节以最基本的开关为例具体指导 SDK 集成开发，详细地描述配网和互联互通业务的代码逻辑，配合使用调试 App，完成基本功能开发。

1. 完成配网功能

（1）请参考样例 hilink_link_sample.c 关于配网流程的详细描述。

（2）部分芯片和 OS 相关函数需要集成方能适配对应函数，如表 8-2 所示。

表 8-2　　适配对应函数

函数名称	功能
wifi_register_cb	802.11 MAC 帧 Wi-Fi 裸数据接收回调
wifi_send_beacon	发送 HiLink 规则 SSID beacon，用于 HiLink App 扫描发现设备
wifi_set_channel	设置 Wi-Fi 信道
wifi_sta_connect	连接 Wi-Fi
pthread_create	创建任务

在生成 SSID 的时候填写对应的 prodID，于调试阶段打印确认。以开关 9004 为例，代码如下所示。参考文件目录：sample-v2.0\link\hilink_smartlink_main.c。

```
#define HI_ssid_type    "11"    /*华为指定*/
#define HI_sec_type     "B"     /*华为指定*/
#define HI_prod_id      "9004"  /*华为分配*/
    hilink_link_get_devicessid( HI_ssid_type,
```

```
                                    HI_prod_id,
                                    hilink_sn + 11,
                                    HI_sec_type,
                                    hilink_sec_key,
                                   devicessid,
                                    &ssid_len);
    /* output e.g  device ssid:Hi1190047B0000000000000000E6A17, ssidlen:32 */
    printf("[DEBUG]:Get hilink ssid [%s] len[%d] \r\n", devicessid, ssid_len);
```

2. 完成互联互通业务功能

（1）入口文件为 hilinkmain.c，初期调试使用最简单的开关。基本功能调试完成后，可根据同华为协商下的 profile 格式及 HiLink 认证表格的产品信息，修改代码中的产品信息。相关参考文件：hilink_process.h，hilink_process.c。

```
/**BEGIN 设备相关信息根据具体产品更改填写,具体产品查询智能家庭产品设备名称显示规范，附表-HiLink 认证设备清单*/
#if HL_SmartSwitch //以开关为例
#define HILINK_PRODID  "9004"
#define HILINK_MANUID  "005"
#define HILINK_DEVTYPE "012"
#define HILINK_MODEL   "HBL-4"
#define HIV          "1.0"          /*设备 HiLink 协议版本*/
#define FWV          "20000"        /*设备固件版本*/
#define HWV          "20000"        /*设备硬件版本*/
#define SWV          "1.0.9.003"    /*设备 SDK 软件版本*/
#define DIT          1              /*设备协议类型*/

/**profile config
具体产品查询 HiLink 智能家居 Profile */
const hl_key_t hikeys[] =
{
    {0, "switch", "on"}
};
static const svc_info_t hilink_svc[] =
{
    {"binarySwitch", "switch"},
    {"netInfo", "netInfo"}
};
#endif

dev_info_t dev_info =
{
    "B4430DDE6A17",                 /*设备 SN*/
    "9004",                         /*设备 ID*/
    "switch",                       /*设备型号*/
    "012",                          /*设备类型*/
    "005",                          /*设备制造商*/
    "B4:43:0D:DE:6A:17",            /*设备 MAC 地址*/
    "1.0",                          /*设备 HiLink 协议版本*/
    "20000",                        /*设备固件版本*/
```

```
        "20000",                          /*设备硬件版本*/
        "1.0.9.003",                      /*设备软件版本*/
        1,                                /*设备协议类型*/
    };
```

（2）hilink_profile.c 完成设备控制、数据上报和信息获取、升级、恢复出厂、Wi-Fi 密码等主要功能，根据设备功能做修改。

（3）hilink_osadapter.h 和 hilink_socket.h 文件与设备 OS 有关，如有需要请替换为平台 OS 相关函数，hilink_osadapter.c、hilink_socket_stub.c 供参考。

（4）请向华为申请 CR(hilink_bi_get_cr)和 AC(hilink_sec_get_Ac)文件替换函数内容，否则将影响业务使用。

（5）设备控制和设备信息获取的数据格式都是 JSON format，需要适配 JSON 函数，如表 8-3 所示。样例代码的 JSON 供参考，推荐使用 cJSON。

表 8-3　　JSON 函数

函数名称	功能
hilink_json_parse	初始化 JSON 解析
hilink_json_get_string_value	解析字符串
hilink_json_get_number_value	解析数值
hilink_json_get_object	解析对象
hilink_json_free_object	部分 OS 平台需要同 hilink_json_free_object 成对使用
hilink_json_delete	去初始化 JSON 解析

3. 开关样例

本样例基于 64 位 Linux 环境，以开关为例，产品 prodID 为 9004。build 语句如下。

```
./build SmartSwitch
```

4. 配合调试 App 完成基本功能调试

完成 SDK 集成后，请使用 HiLink 智能家居解决方案 SDK 基本功能测试用例 V1.4 验收基本功能，作为交付件提交给华为，然后可启动本产品的功能开发。

（1）选择服务器。获取华为智能家居 App 调试版本 APK——smarthome-local-debug.apk，建议使用 Android 版本调试，下面以 Android 版本为例。安装调试智能家居 APK 后，添加设备（SDK demo 使用的设备 ID 为 9004）。登录智能家居 App，注意首次打开 App 需要选择服务器，如图 8-32 所示，选择“武汉云”选项即可，后续无须再选择（在首次选择服务器后，如果需要切换服务器，可在“我的-设置-关于”页面中选择“切换服务器”）。

（2）打开 App 后进入“我的-设置-关于”页面，如图 8-33 所示。

（3）选择“切换分支”后，选择分支“主线”，如图 8-34 所示。切换分支后 App 将自动关闭，请重启。

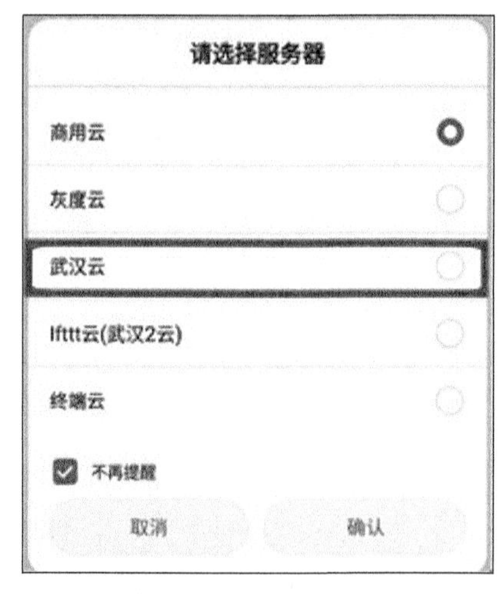

图 8-32　首次打开智能家居 App 选择服务器页面

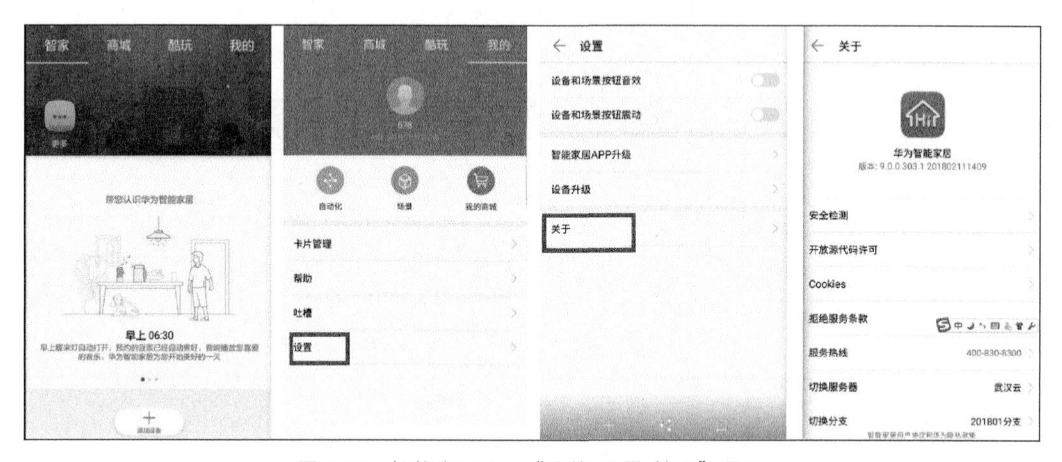

图 8-33　智能家居 App“我的-设置-关于”页面

图 8-34　切换分支选择主线

（4）重启 App 后再次进入“我的-设置-关于”页面，单击“切换环境目录”，在弹出的对话框中点击“开发环境（debug 目录）”，如图 8-35 所示。之后 App 将自动关闭，请重启。

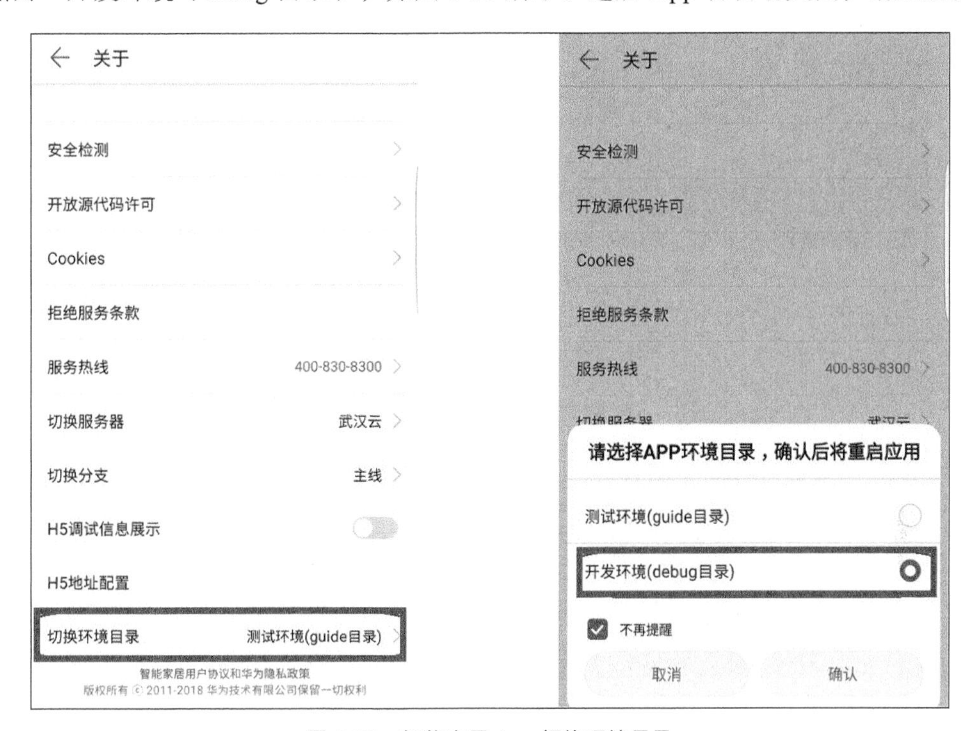

图 8-35　智能家居 App 切换环境目录

（5）最终“关于”页面的设置应如图 8-36 所示。

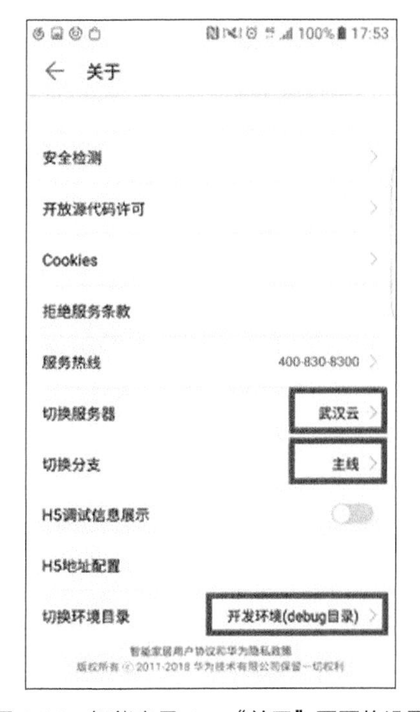

图 8-36　智能家居 App“关于”页面的设置

（6）进入首页下方，选择“添加设备”，即可扫描到需要对接的设备，若设备 ID 为 9004，则 App 扫描结果会将设备识别为“开关（调试）”，如图 8-37 所示。

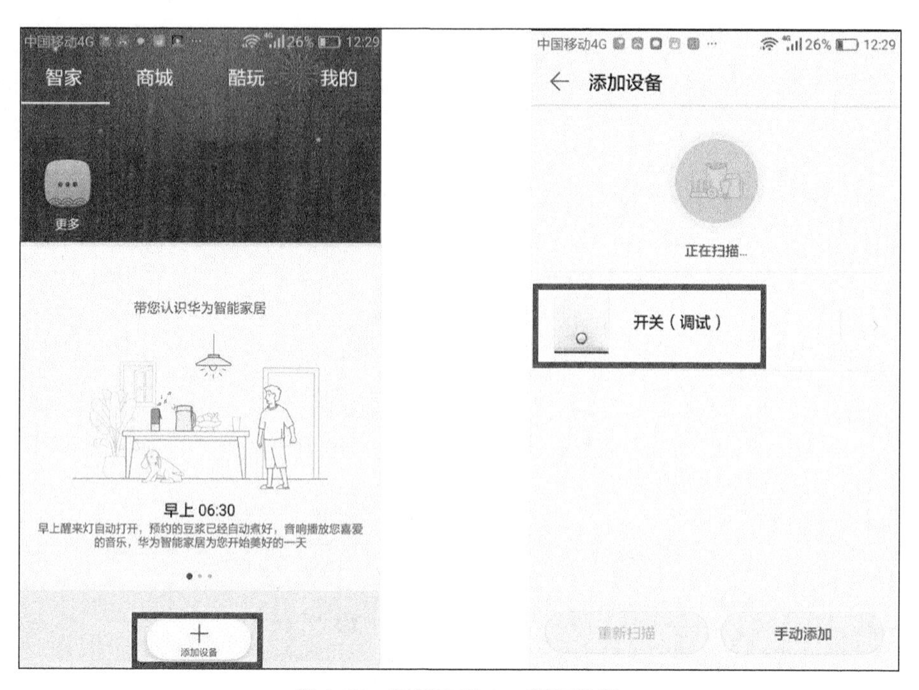

图 8-37　智能家居 App 添加设备

（7）按照提示一步步添加设备（注意如果使用华为路由，可直接添加设备，否则需输入 Wi-Fi 密码，按照提示操作即可），添加设备流程如图 8-38 所示。

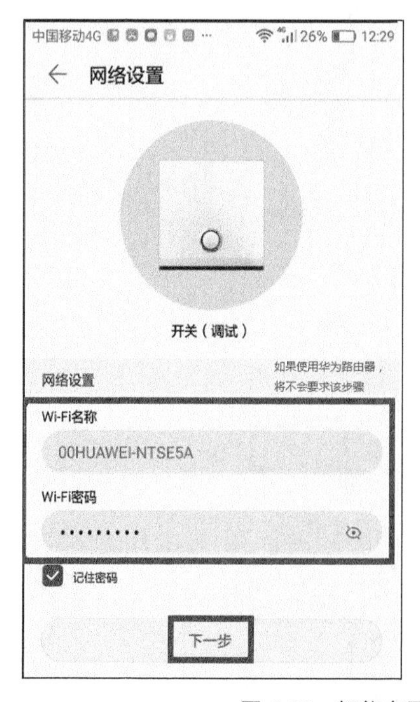

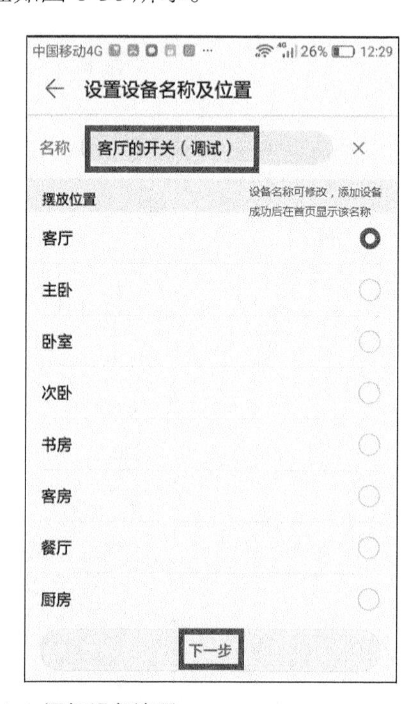

图 8-38　智能家居 App 添加设备流程

（8）添加完成后可在首页看到刚刚添加的设备，如图 8-39 所示。

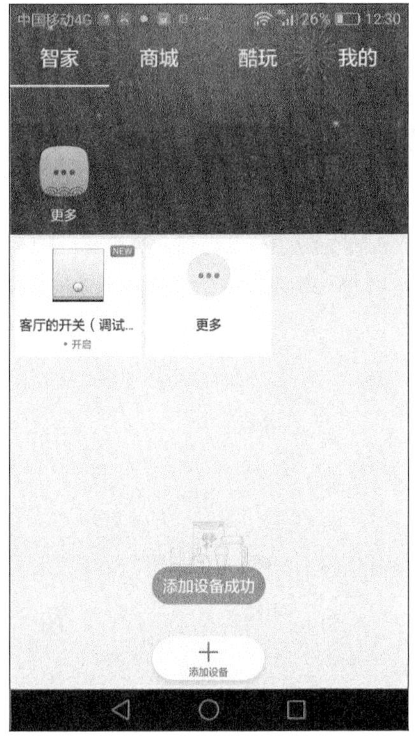

图 8-39　智能家居 App 添加设备完成后页面

（9）SDK 集成调试。进入智能家居调试 App 主界面后，点击“开关”按钮，显示调试页面，如图 8-40 所示。

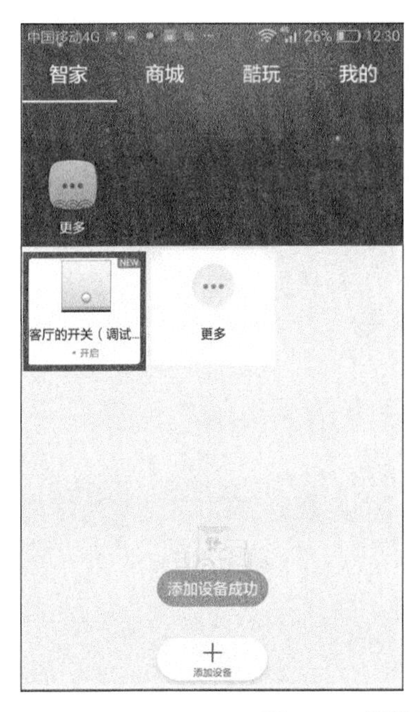

图 8-40　智能家居 App 调试页面

（10）调试页面提供按钮测试SDK集成效果，点击“开启/关闭”按钮，观察App下发给设备的消息响应，以及设备上报的状态信息，如果能显示图8-41所示的信息即表示SDK集成成功，数据通路已经打通。

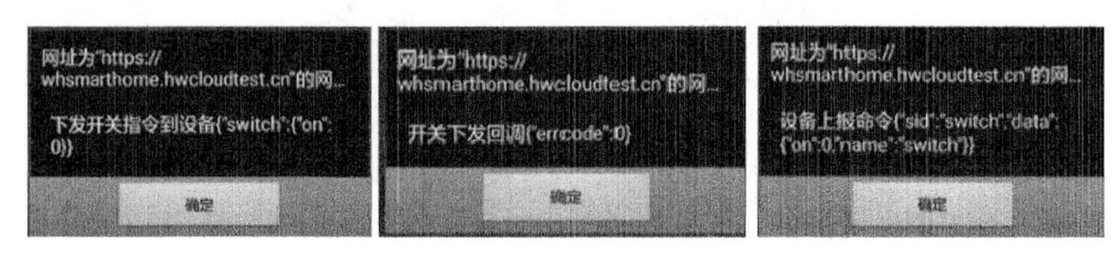

图8-41　智能家居App中SDK集成成功显示信息

5. SDK调试打印信息

（1）配网调试。

切频代码如下所示。

```
Channel 5 count 28
Channel 6 count 231
Channel 7 count 9
=====ssid = Hi119004FB0000000000000000E650F,len = 32=====
```

锁频代码如下所示。

```
>>CHANNEL_LOCKED
```

收包成功代码如下所示。

```
>>WIFI_STATUS_FINISH
Channel 5 count 7
[<HIDBG>=============enter=============
[<HIDBG>token:[14],pwd[9],ssid[16]:[000HUAWEI-NTSE5A]
 dump hex:[0x30, 0x30, 0x30, 0x48, 0x55, 0x41, 0x57, 0x45, 0x49, 0x2d, 0x4e, 0x54,
0x53, 0x45, 0x35, 0x41]
[<HIDBG>=============exit=============
```

然后用解析的SSID和密码连接路由器。

（2）互联互通调试。

设备注册成功上线代码如下所示。

```
LD_DEBUG:liteframe/hilink_login_to_cloud.c, sync_dev_info_to_cloud() 90, Send
       Seq=216460853
Header:
  len  0x0042
  ver  0x01
  t    0x01
  tkl  0x02
  code 0x02
tp:1 Token:7043.
Options:
  0x0B  .sys
  0x0B  devInfoSync
  0x801  6151670f-ad61-4967-929a-5a2496ea6df0
  0x805  0x35EEE60C
Payload:
[{"devId":"736a10fc-d544-441c-9645-105b44517844","devInfo":{"sn"  :"B4430DDE650F"
       ,"model":"HBL-4","devType":"005","manu":"001","pr  odId":"9004","mac":"B4:
```

```
    43:0D:DE:65:0F","hiv":"1.0","fwv":"20018"  ,"hwv":"1.0","swv":"1.0.9.001",
    "protType":1},"services":[{"st":"
    binarySwitch","sid":"switch"},{"st":"devOta","sid":"update"}]}]

hilink_notify_devstatus [1]
```

收到 App 的控制命令。

```
LD_DEBUG:liteframe/hilink_m2m.c, parse_coap_msg() 886, after decrypt payload len:8
{"on":1}
Header:
  len  0x00EE
  ver  0x01
  t    0x01
  tkl  0x05
  code 0x02
tp:1 Token:FC4A0952AC.
Options:
  0x0B  switch
  0x802  705be8e3-d83d-44d5-8725-8fdc636b6d51
  0x803  /devices/736a10fc-d544-441c-9645-105b44517844/services/switch
  0x804  /apps/f236686f-78b1-4dd0-9b76-5a12a7a959e1/users/260086000022313016
  0x805  0x7BFF14B0
Payload:
{"on":1}
```

然后控制设备 hilink_put_char_state(服务"switch ", 解析 JSON 体{"on":1}执行控制)回复响应给 App。

```
LD_DEBUG:services/hilink_handle_ctrl_request.c, build_ctrl_response_pkt() 337,
      SEQ:cloud_send_seq = 216460857,make_ctrl_response!
Header:
  len  0x00DE
  ver  0x01
  t    0x01
  tkl  0x05
  code 0x45
tp:1 Token:FC4A0952AC.
Options:
  0x801  6151670f-ad61-4967-929a-5a2496ea6df0
  0x802  705be8e3-d83d-44d5-8725-8fdc636b6d51
  0x803  /devices/736a10fc-d544-441c-9645-105b44517844/services/switch
  0x804  /apps/f236686f-78b1-4dd0-9b76-5a12a7a959e1/users/260086000022313
016
  0x805  0x39EEE60C
Payload:
{"errcode":0}
```

相应的设备属性数据发生变化后上报，SDK 通过 hilink_get_char_state 获取。

```
LD_DEBUG:liteframe/hilink_upload_status.c, build_upload_coap_packet() 321,
      SEQ:cloud_send_seq = 216460858,build_upload_coap_packet!
LD_DEBUG:security/hilink_security.c, hilink_encrypt_coap_buf() 517, the sec mode is 3
LD_DEBUG:security/hilink_security.c, hilink_encrypt_coap_buf() 532, plain text
      before encrypt:
.sysdata6151670f-ad61-4967-929a-5a2496ea6df0D
                                          :{"devId":"736a10fc-d544-441c-9645-105
      b44517844","services":[{"sid":"switch","data":{"on":1,"name":"switch"}}]}]
```

8.3 HiLink App 设备 H5 页面开发

本节将以华为开发的 H5 DEMO 页面为例，说明如何在华为提供的调试 App 上加载开发者自己开发的 H5 界面，与集成 HiLink SDK 设备进行互通。H5 开发在整个产品开发流程中的位置及其与 SDK 开发的关系如图 8-42 所示。

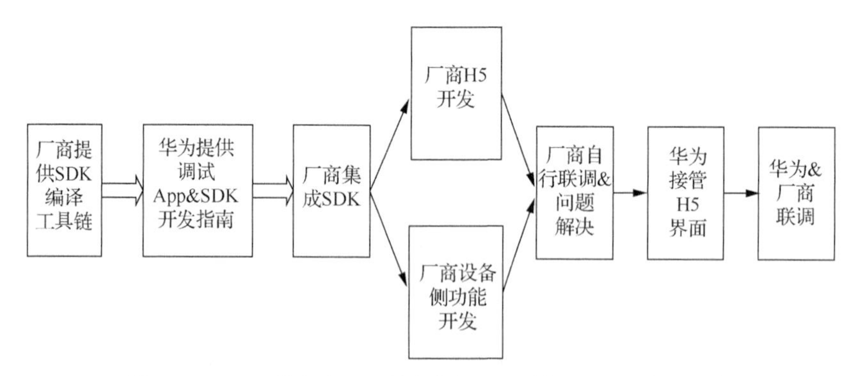

图 8-42　H5 开发在产品开发中的位置及其与 SDK 开发的关系

8.3.1　App 设备界面设计

本小节继续以智能灯泡为例介绍智能家居 App 中设备应用界面的设计实例。清晰的界面层级和导航结构能够使用户轻松地在不同界面间跳转而不会迷失。智能家居 App 采用 3 层界面架构、层级递进式导航，如图 8-43 所示。

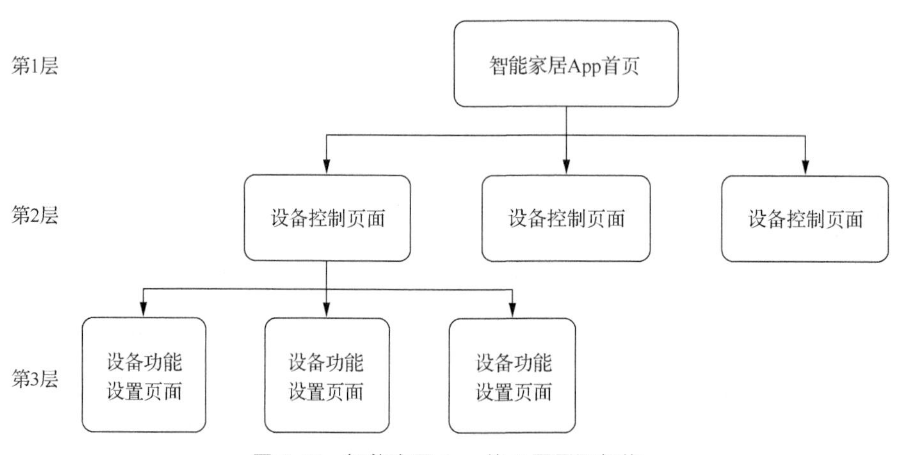

图 8-43　智能家居 App 的 3 层界面架构

1．第 1 层：智能家居 App 首页

智能家居 App 首页作为总入口是应用的第 1 层级，所有的操作都从此界面开始，如图 8-44 所示。点击页面内的设备将跳转到设备控制页面。

2．第 2 层：设备控制页面

设备控制页面是应用的第 2 层级。每个设备都有一个单独的设备控制页面，页面内包含了设备的状态和功能展示，以及针对设备特性的个性化推荐。本实例主要对设备控制页面的设计进行说明。例如，三思灯的设备控制页面如图 8-45 所示，净化器的设备控制页面如图 8-46 所示，插排的设备控制页面如图 8-47 所示。

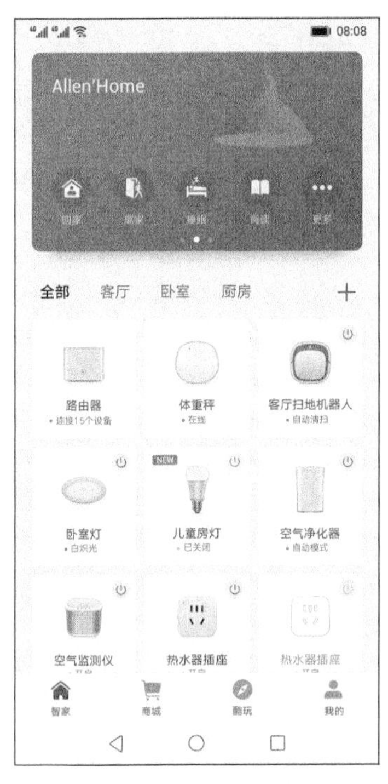

图 8-44　智能家居 App 首页

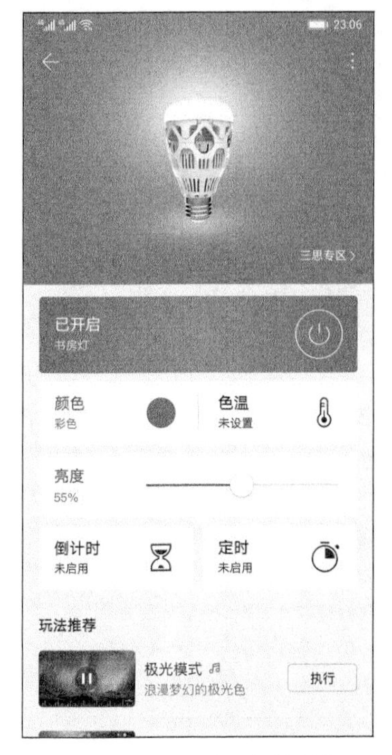

图 8-45　三思灯的设备控制页面

图 8-46　净化器的设备控制页面

图 8-47　插排的设备控制页面

3. 第 3 层：设备功能设置页面

通常设备的各项功能设置可以在设备控制页面直接完成，但比较复杂的设置需要跳转到下一级页面进行操作。建议所有复杂功能都能在此层级页面完成，过多的层级将不便于用户的理解和操作。设备功能设置页面如图 8-48 所示。

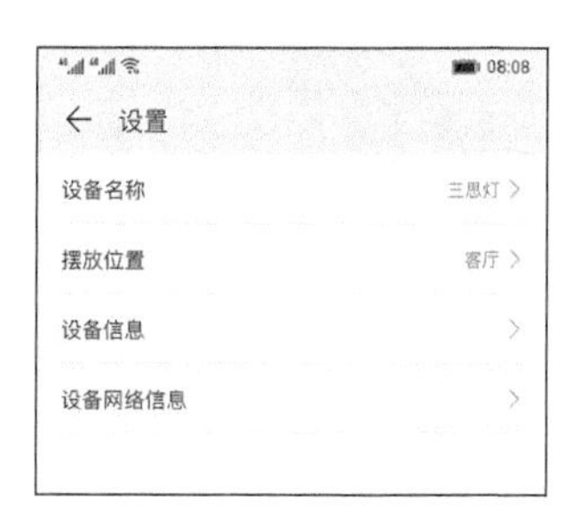

图 8-48　设备功能设置页面

4. 典型案例

下面以三思灯为例介绍功能设置界面的设计。本例中所用的三思灯是一种三色灯，通常包含图例、状态栏、颜色、色温调整、亮度调节、倒计时、定时等功能。

（1）三思灯的设备控制页面如图 8-45 所示。在开启状态下，亮度调节可通过直接拉动滑杆来实现，方便快捷。选中定时功能，设置好时间，状态栏进入倒计时。点击右侧的“开始”按钮，实现开启/关闭。设备处于开启状态时如图 8-45 所示；处于关闭状态时，状态栏变为灰色，如图 8-49 所示。

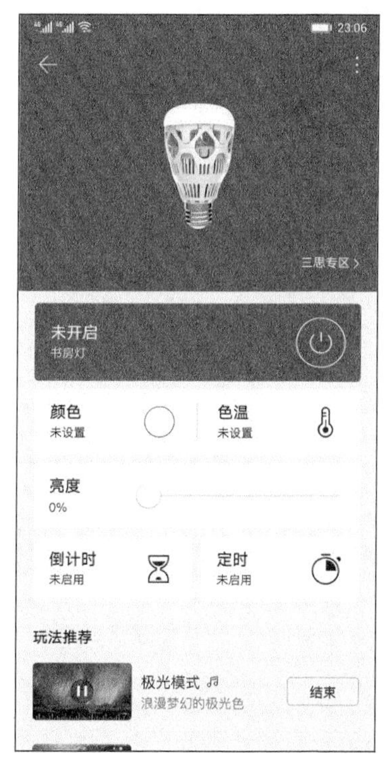

图 8-49　三思灯处于关闭状态时的界面

（2）颜色调节界面实例如图 8-50 所示。用户可根据习惯选择颜色，也可以收藏喜欢的颜色，方便再次使用。选中颜色后，点击颜色盘下的“+”进行添加。

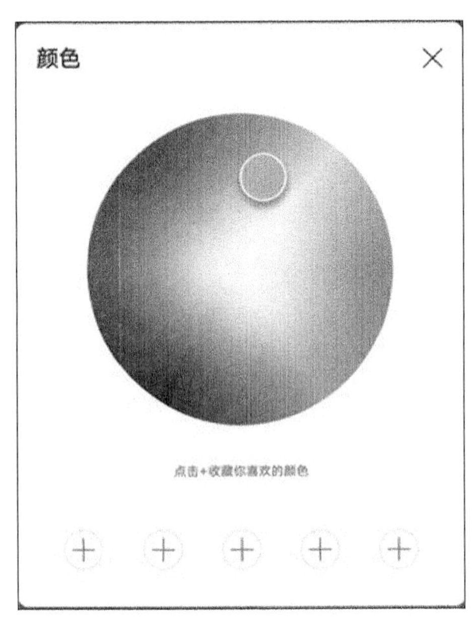

图 8-50　三思灯颜色调节界面

（3）色温调节界面实例如图 8-51 所示。用户可根据习惯调节色温，也可选择预置好的模式，如图中色温圈下图标所示模式。

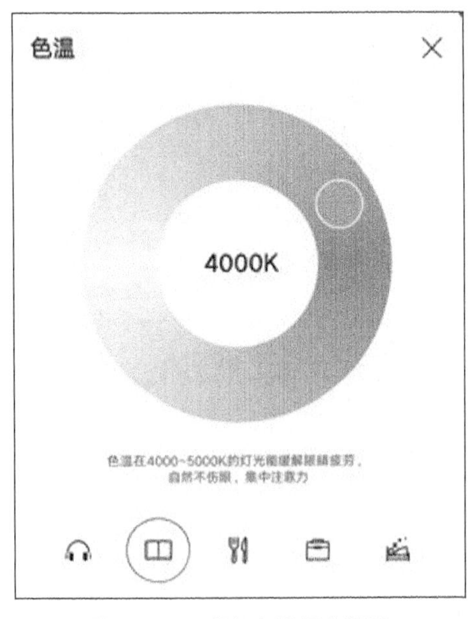

图 8-51　三思灯色温调节界面

8.3.2　H5 页面测试

H5 页面测试分为 5 个步骤，分别是切换测试服务器、添加设备、本地设备控制测试页面环境搭建、厂商自定义 H5 加载及打开设备开始调试。其中，第 1、2 步与 8.2.2 小节中第 4 小部分中的步骤（1）～（8）相同，在此不再赘述。以下从第 3 步开始介绍。

1. 本地设备控制测试页面环境搭建

（1）下载一个免费 HTTP 服务器小工具 HFS，将 PC 与 App 所在的手机置于同一个局域网中。在 PC 上打开 HFS，界面如图 8-52 所示。

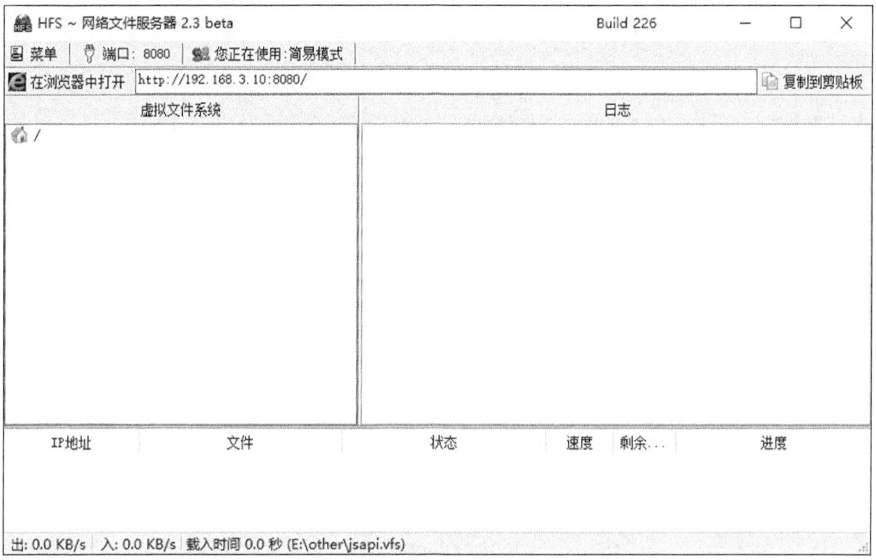

HFS ~ 网络文件服务器 2.3 beta
Build 226
菜单
端口：8080
您正在使用：简易模式
在浏览器中打开
http://192.168.3.10:8080/
复制到剪贴板
虚拟文件系统
日志
/
IP地址
文件
状态
速度
剩余...
进度
出: 0.0 KB/s
入: 0.0 KB/s
载入时间 0.0 秒 (E:\other\jsapi.vfs)

图 8-52　HTTP 服务器小工具 HFS 界面

（2）以华为的 HiLinkJSAPIDemo.html 为例。将文件 HiLinkJSAPIDemo.html 置于文件夹 tmp 中，将 tmp 文件夹拖曳至 HFS 界面内，选择 tmp 文件夹的路径“http://192.168.3.10:8080/tmp/”，如图 8-53 所示。

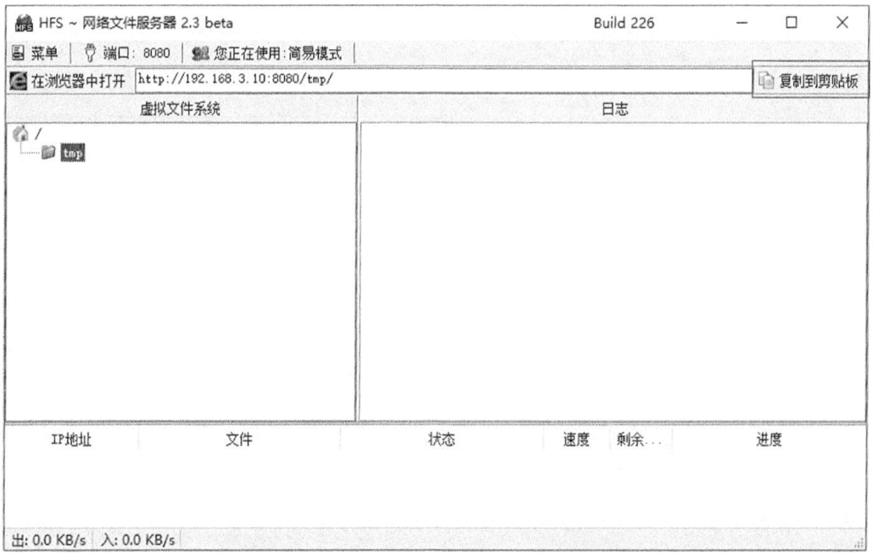

HFS ~ 网络文件服务器 2.3 beta
Build 226
菜单
端口：8080
您正在使用：简易模式
在浏览器中打开
http://192.168.3.10:8080/tmp/
复制到剪贴板
虚拟文件系统
日志
/
tmp
IP地址
文件
状态
速度
剩余...
进度
出: 0.0 KB/s
入: 0.0 KB/s

图 8-53　HFS 界面中 tmp 文件夹路径

（3）单击“复制到剪贴板”按钮，复制服务器路径，在浏览器中可以打开当前路径，如图8-54所示。

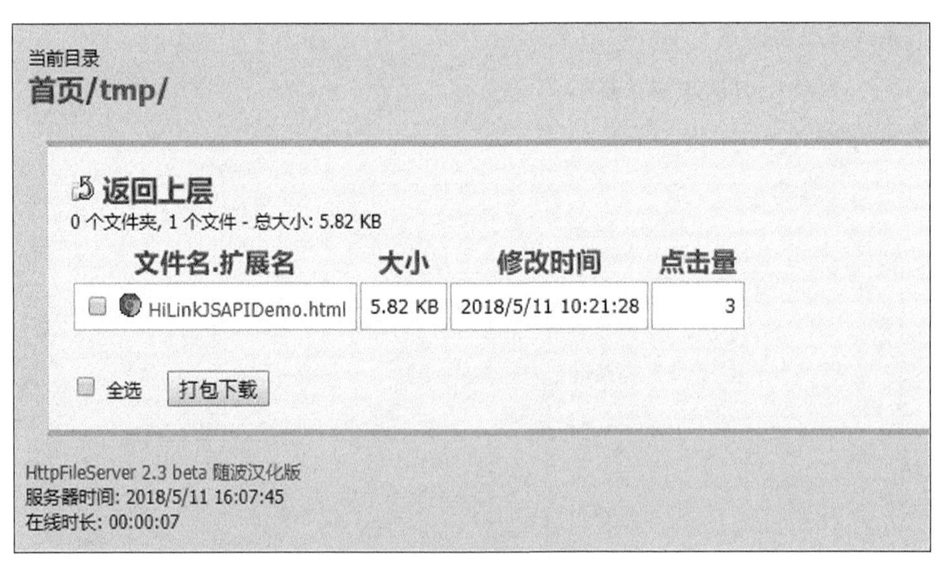

图 8-54　复制服务器路径

（4）单击 HiLinkJSAPIDemo，在浏览器中打开新链接，获取当前页面地址，如图 8-55 所示。

图 8-55　在浏览器中打开复制的服务器路径页面

2. 厂商自定义 H5 加载

智能家居 App 提供 H5 页面调试功能，支持在设备详情页面加载开发者自定义的地址。

（1）进入“我的-设置-关于”页面，如图 8-56 所示。

（2）单击“H5 地址配置”，在弹出的对话框内输入服务器地址，则后续打开设备详情页面时，App 将访问所指定的地址，如图 8-57 所示。

回到 App 首页，选择进入设备同一页面，可见加载了厂商自定义的网页，此时可开始进行 H5 与设备的联调。

图 8-56　智能家居 App 关于页面

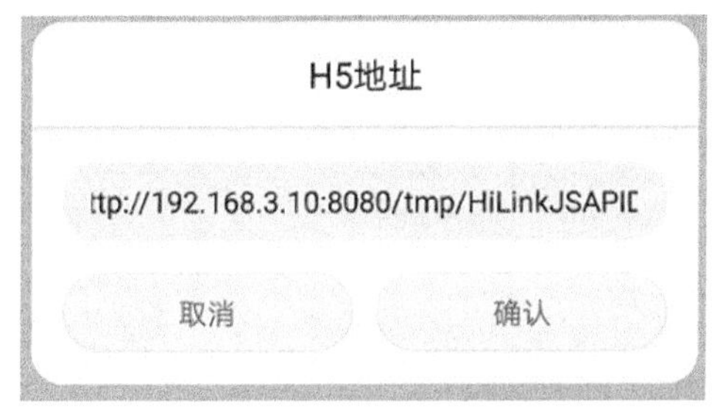

图 8-57　H5 地址配置

3. 打开设备开始调试

（1）进入“智家”页面，打开调试设备，如“卧室的控客 Wi-Fi 智能插座”，如图 8-58 所示。

（2）当 App 下发指令到设备时，可以实时查看请求和响应信息，也可以查看设备主动上报信息，如图 8-59 所示。其中，文本框显示的“想要获取的服务 id：switch”和“服务属性：on”等设备示例参数，可根据 profile 文件修改。

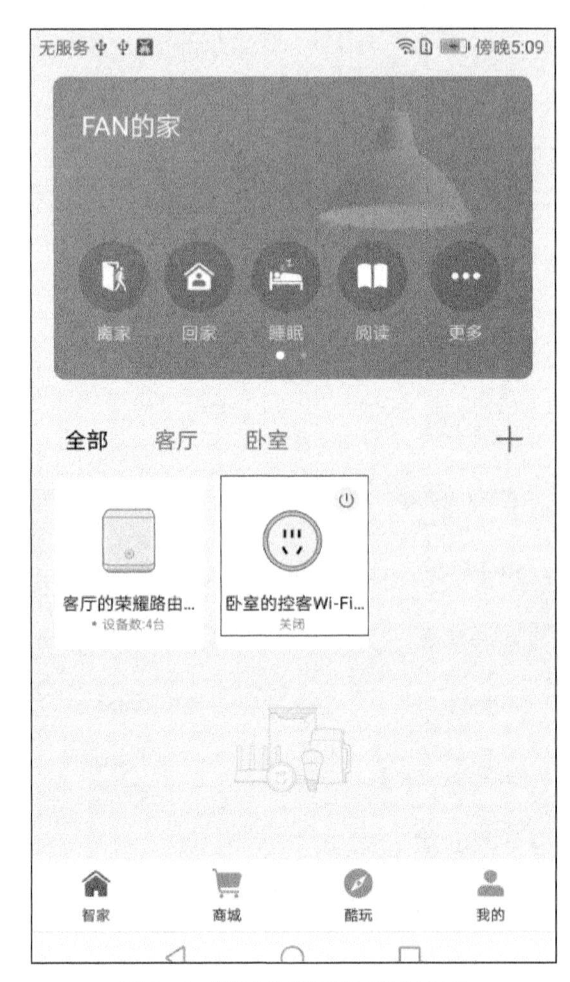

图 8-58 “智家”页面打开调试设备

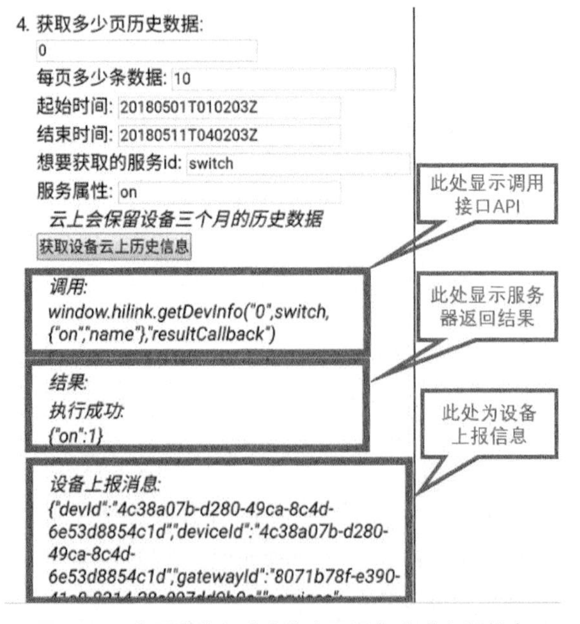

图 8-59 查看请求和响应信息及设备主动上报信息

4. 注意事项

（1）本范例默认可以与已经实现了 seviceid:switch characteristic:on 的设备直接通信。

（2）通过修改传入参数，本范例可以控制任意集成了 HiLink SDK 的设备通信。

（3）执行后将页面拖动到底线查看结果。

8.4　App JSAPI 接口开发实例

智能家居 App 提供了浏览器 JSAPI 扩展功能，用于实现设备联动、场景配置、路由器交互功能；同时提供了在 App 内部加载呈现 HTML 格式 Web 页面（H5 页面）的功能，允许在页面中通过 JavaScript 调用 App 所特有的 JSAPI 接口，从而实现对智能家居 App native 功能的联动控制。智能家居 App 与智能设备之间的组网关系如图 8-60 所示。

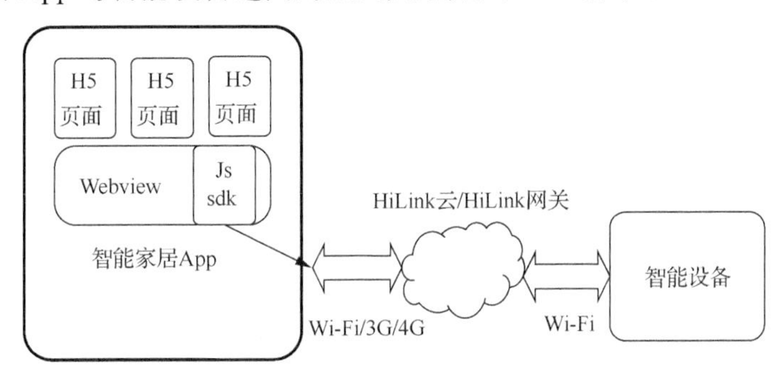

图 8-60　智能家居 App 与智能设备的组网关系

8.4.1　功能流程介绍

（1）智能家居 App 中集成了 JSSDK，提供了一套 JSAPI 供页面调用。

（2）H5 页面可使用 JavaScript 调用 JSAPI 接口，将命令下发给 App。

（3）此时，App 将收到该 JSAPI 调用，进行解析处理。例如，智能设备的控制命令将通过 HiLink 云/HiLink 网关下发到智能设备。

（4）HiLink 智能家居 App 的 JSSDK 中实现了 JavaScript 的 hilink 对象。该 SDK 的初始化接口定义如下。

```
hilink.config(
appId,              //string,必填，应用的唯一标识，由华为提供给具体产品合作方
configToken,        //string,configToken,留空
JSAPIList,          //string, JSON 格式字符串，用于 web 页面宣示即将调用的 API 列表，JSON
                    //格式。没有在此填写的 API 将无权限调用
isDebug,            // bool, 1 开启调试模式,调用的所有 API 的返回值会在客户端显示
);
```

示例如下。

```
hilink.config(
"com.yoguo.myappname",
"",
```

```
"",
"0",
);
```

当 H5 页面需要使用 JSAPI 接口时，需要先调用 hilink.config 接口，实现 hilink 接口的初始 config。

8.4.2 JSAPI 列表

本小节介绍 JSAPI 的各种接口，主要包括设备通信接口和扩展接口两部分。设备通信接口部分，可以按获取数据的不同方式划分，也可以按数据上行、下行划分。扩展接口部分，按功能分为 4 类，分别是退出设备页面、设置标题栏是否可见、跳转设备设置页面及重写安卓物理返回键。下面首先介绍设备通信接口，然后介绍扩展接口。介绍接口时，所有接口的回应和错误码用【 】标出，异常错误码的描述在最后的表格中列出。

1. **设备通信接口**

（1）获取设备在云上的所有数据。

当需要一次性获取 App 本地缓存的设备的全部状态时，在 Web 中调用 js 的方法如下。此接口一般用于设备界面刚刚打开时，快速展示设备界面。此接口仅涉及本地调用，不发出网络请求，将快速返回结果。请求消息代码如下所示。

```
hilink.getDevCacheAll(
devid,   //string,请取“0”，表示当前设备，暂不支持其他取值
body,    //string, json 格式，留空，可选
    resultCallback   // string，传入回调函数名称。成功或失败时，将调用传入 resultStr
         //返回结果
);
```

示例如下。

```
hilink.getDevCacheAll(
"0",
"",
    "resultCallback"
);
```

回调函数示例。

```
//web 页面中需实现该函数，用来获取执行结果
function resultCallback  (resultStr) {
     var result = resultStr; //请求的返回结果
    }
```

【回应】当调用成功时，JSSDK 将调用 success 对应的回调函数，将结果返回到 resultStr 中。resultStr 的结构如下。

```
{
  "devId": "xxxxx",
  "gatewayId": "xxxxx",
  "nodeType": "xxxxx",
"devInfo": {
         "sn": "00E0FC018008",
```

```
        "model": "SmartSpeaker",
        "devType": "004",
        "manu": "002",
        "mac": "",
        "hiv": "1.0",
        "fwv": "10.01",
        "hwv": "VER.C",
        "swv": "V100R001C01B010",
        "protType": 1,
        "prodId": "000b"
  },
    "services": [{
          "st": "light",
          "ts": "20151212T121212Z",
          "sid": "/light1",
"data": {
              "characteristicName1": "value1",
              "characteristicName2": "value2"
     }]
}
```

【错误码】

```
{
  "errcode": 12
}
```

（2）从云上获取历史信息。

当需要获取 Device 历史信息时，Web 中调用 js 方法如下。

请求消息方法如下。

```
hilink.getDevHistory(
devid,  //string,请取“0”，表示当前设备，暂不支持其他取值
pageNo, //string，缺省 0
pageSize,   //string，缺省 10
startTime, //string，格式：20150501T010203Z
endTime,//string，同上
sid, //string，为该设备的 service id，取值参见 HiLink Profile 定义
character,  //string，为该设备的 characteristicName，取值参见 HiLink Profile 定义
   "resultCallback"  //resultCallback，成功或失败时，将调用传入 resultStr 返回结果
);
```

示例如下。

```
hilink.getDevHistory(
"0",
" 0",
" 10",
" 20150501T010203Z",
" 20150601T010203Z",
" button1",
" on",
   "resultCallback"  //resultCallback，成功或失败时，将调用传入 resultStr 返回结果
);
```

【回应】当调用成功时，JSSDK 将调用 success 对应的回调函数，将结果返回到 resultStr 中。回调函数示例如下。

```
//web 页面中需实现该函数，用来获取执行结果
function resultCallback  (resultStr) {
     var result = resultStr; //请求的返回结果
    }
```

resultStr 的结构如下。

```
{
   "totalCount": 2,
   "pageNo": 0,
   "pageSize": 10,
   "list": [{
      "devId": "xxxxx",
      "gatewayId": "xxxxx",
      "sid": "/light1",
"data": {
               "characteristicName1": "value1",
               "characteristicName2": "value2"
         },
         "timestamp":"20151212T121212Z"
      }
]
}
```

【错误码】

```
{
  "errcode": 12
}
```

（3）直接从设备获取数据。

该接口为带 proId 的获取设备状态的接口。该接口为实时通过网络从设备获取，若网络情况不佳可能比较耗时。当需要获取设备状态时，Web 中调用 js 方法如下。

```
hilink.getDevInfo(
devid,  //string,请取“0”，表示当前设备，暂不支持其他取值
sid,    //string，为该设备的 service id，取值参见 HiLink Profile 定义
body,   //string，json 格式，可选，见下描述
   resultCallback  //string，回调函数名称，成功或失败时，将调用传入 resultStr 返回结果
);
```

示例如下。

```
hilink.getDevInfo(
"0",
"switch",    // 获取某设备的开关状态
body,    // string,可选，见下描述
   "resultCallback"
);
```

body 为可选项，可在其中列出需要获取的设备的 characteristicName，如下所示。

```
{
  "characteristicName1",
```

```
  "characteristicName2"
}
```

如果 body 为空，此接口将返回该 sid 下对应的所有 characteristicName 的取值。

回调函数示例如下。

```
//web 页面中需实现该函数，用来获取执行结果
function resultCallback  (resultStr) {
     var result = resultStr; //请求的返回结果,Json 格式
   }
```

sid 为该设备的 service id，取值参见 HiLink Profile 定义。

【回应】当调用成功时，JSSDK 将调用 success 对应的回调函数，将结果返回到 resultStr 中。resultStr 的结构如下。

```
{
  "characteristicName1": "value1",
  "characteristicName2": "value2"
}
```

【错误码】

```
{
  "errcode": 12
}
```

（4）下发设置命令到设备。

当需要将命令下发给设备时，Web 中调用 js 方法如下，一般用在接收到用户对设备的操作指令时。

```
hilink. setDeviceInfo(
devid,  //string,请取“0”，表示当前设备，暂不支持其他取值
body,   //string,json 格式，可选，见下描述
   resultCallback  //string，回调函数名称，成功或失败时，将调用传入 resultStr 返回结果
);
```

示例如下。

```
hilink. setDeviceInfo(
"0",
json_body,  //见下描述
   "resultCallback"
);
```

json_body 中列举出需要设置的设备 characteristicName 及要设置的 value。

```
{
"sid1":{
     "characteristicName1": "value1",
     "characteristicName2": "value2"
},
"sid2":{
     "characteristicName1": "value1",
     "characteristicName2": "value2"
}
}
```

body 不能为空，否则将失败。

sid 为该设备的 service id，取值参见 HiLink Profile 定义。

回调函数示例如下。

```
//web 页面中需实现该函数，用来获取执行结果
function resultCallback  (resultStr) {
     var result = resultStr; //请求的返回结果
   }
```

【回应】当调用成功时，JSSDK 将调用 success 对应的回调函数，将如下结果返回到 resultStr 中。

```
{
  "errcode": 0
}
```

【错误码】

```
{
  "errcode": 12
}
```

（5）设备上报消息处理函数。

```
//web 页面中需实现该函数，用来获取设备产生的事件
function deviceEventCallback(event) {
     var result = event; //事件详情
   }
```

当需要处理设备产生的事件时，Web 中需要实现如下方法。获取的 event 格式如下。

```
{
        "devId":"{deviceId}",
        "gatewayId":"xxxxx",
        "services": [{
            "st": "air_conditioner",
            "ts": "20151212T121212Z",
            "sid": "1",
            "data": {
                "characteristicName1": "value1",
                "characteristicName2": "value2"
}
        }
      ]
   }
```

2. 扩展接口

（1）退出设备页面。

当需要退出当前设备页面时，Web 中调用 js 方法如下。

```
hilink. finishDeviceActivity ();
```

【回应】该函数无须返回。

（2）设置标题栏是否可见。

当需要在页面中设置标题栏背景时，Web 中调用 js 方法如下。

```
hilink. setTitleVisible(
```

```
visible, //boolean, true 标题可见, false 标题不可见
    resultCallback  //string, 成功或失败时, 将调用传入 resultStr 返回结果
);
```

示例如下。

```
hilink. setTitleVisible(
true,
    "resultCallback"
);
```

回调函数示例如下。

```
//web 页面中需实现该函数, 用来获取执行结果
function resultCallback  (resultStr) {
      var result = resultStr; //请求的返回结果
    }
```

【回应】当调用成功时，JSSDK 将调用 success 对应的回调函数，将如下结果返回到 resultStr 中。

```
{
  "errcode": 0,
}
```

【错误码】

```
{
  "errcode": 12
}
```

（3）跳转设备设置页面。

当需要在页面中跳转设备设置页面时，Web 中调用 js 方法如下。

```
hilink.jumpTo(
URI,//string,设置页面 url 固定填写
    // “com.huawei.smarthome.
deviceSettingActivity”
    resultCallback  //string, 成功或失败时, 将调用传入 resultStr 返回结果
);
```

示例如下。

```
hilink.jumpTo(
" com.huawei.smarthome.deviceSettingActivity",
    "resultCallback"
);
```

回调函数示例如下。

```
//web 页面中需实现该函数, 用来获取执行结果
function resultCallback  (resultStr) {
      var result = resultStr;  //请求的返回结果
    }
```

【回应】当调用成功时，JSSDK 将调用 success 对应的回调函数，将如下结果返回到 resultStr 中。

```
{
  "errcode": 0
}
```

【错误码】

```
{
  "errcode": 12
}
```

（4）重写安卓物理返回键。

当重写安卓物理返回键时，Web 中调用 js 方法如下。

```
hilink. overrideBackPressed (
enable, //boolean, true 启用，false 不启用
   resultCallback  //string，成功或失败时，将调用传入 resultStr 返回结果
);
```

调用示例如下。

```
hilink. overrideBackPressed (
true,
   "resultCallback"
);
```

回调函数示例如下。

```
//Web 页面中需实现该函数，用来获取执行结果
function resultCallback  (resultStr) {
     var result = resultStr;  //请求的返回结果
   }
```

【回应】当调用成功时，JSSDK 将调用 success 对应的回调函数，将如下结果返回到 resultStr 中。

```
{
  "errcode": 0
}
```

【错误码】

```
{
  "errcode": 12
}
```

当 enable 为 true 时，安卓物理返回键将重写为调用一个 js 方法 goBack()，Web 页面中需实现该函数来实现自己的返回功能。

```
//Web 页面中需实现该函数，用来实现自定义的返回
function goBack() {
     //Web 实现自定义的返回
          }
```

3. 异常错误码描述

错误码规范：0 表示成功，其他值表示失败。异常错误码描述如表 8-4 所示。

表 8-4 异常错误码描述

错误值	枚举宏	说明
10	HILINK_DEV_TIMEOUT	设备请求没有响应
11	HILINK_DEV_OFFLINE	设备已离线
12	HILINK_VALIDATE_ERR	设备数据参数校验非法，在设备控制参数校验失败时，返回 App 或者云端

本章小结

本章展示了利用华为 HiLink 平台进行智能家居产品开发的全过程，包括产品创建、产品定义、固件开发、固件上传、界面开发、申请认证等步骤；详细介绍了一个智能灯泡和一个智能开关硬件接入的实例，介绍了智能灯泡界面设计的实例，讲解了 H5 页面调试的步骤；最后介绍了 JSAPI 接口开发的实例。

通过本章的学习，读者应该对华为 HiLink 平台的硬件接入过程有一定的了解，能够充分理解华为 HiLink 平台所实现的智能连接和智能联动的意义及实现过程。

思考与练习

学习完前面的内容，下面来动手实践一下吧。

结合给出的实例，自己选择一款智能单品，利用华为云和华为智能家居 App，接入云端，并能够从 App 端进行数据上传和指令下达。